钢结构工程先进焊接技术应用指南

中建一局集团建设发展有限公司
周文瑛　主编

中国建筑工业出版社

图书在版编目（CIP）数据

钢结构工程先进焊接技术应用指南/周文瑛主编. —北京：
中国建筑工业出版社，2014.3
ISBN 978-7-112-16389-2

Ⅰ.①钢… Ⅱ.①周… Ⅲ.①钢结构-焊接工艺-指南
Ⅳ.①TG457.11-62

中国版本图书馆 CIP 数据核字（2014）第 027053 号

本书内容广泛涉及钢结构工程行业如建筑钢结构、工程机械、桥梁、储罐、管线、船舶、炉窑等，从新型高强钢材焊接性评定、先进高效焊接工艺应用、大型复杂钢结构工程结构形位及焊接质量控制实践、焊接钢结构疲劳失效和脆断控制等方面，归纳、论述、呈现了钢结构工程焊接领域中的先进技术。

本文注重引用翔实的数据、图表资讯，丰富的重大标志性工程实践经验和适度简要的基础知识阐述，重点对从事钢结构工程的中、高级施工技术人员提供先进焊接技术应用指导。

* * *

责任编辑：岳建光　王华月
责任设计：董建平
责任校对：李美娜　刘　钰

钢结构工程先进焊接技术应用指南
中建一局集团建设发展有限公司
周文瑛　主编

*

中国建筑工业出版社出版、发行（北京西郊百万庄）
各地新华书店、建筑书店经销
北京红光制版公司制版
北京同文印刷有限责任公司印刷

*

开本：787×1092毫米　1/16　印张：21½　字数：530千字
2014 年 5 月第一版　　2014 年 5 月第一次印刷
定价：**52.00** 元
ISBN 978-7-112-16389-2
（25116）

编　委　会

主　　编：周文瑛

参编人员：葛冬云　王维迎　王　忠

　　　　　　路　兰　任常保　刘　强

前　言

改革开放以来，随着科学技术的发展，我国各行业钢结构建筑物和机械产品得到快速发展。尤其进入 21 世纪的 10 余年来，发展势头更为迅猛。结构形式越来越新颖复杂、体量及规模越来越大，适合各类钢结构应用的钢材品种、规格越来越齐全，钢结构施工技术越来越发达，施工质量有了很大的提高。

以桥梁为例，已有百余座气势恢宏的钢桥飞架江河，以及十余座宏伟壮观的跨海大桥横跨海湾（如全长 36km 的杭州湾大桥），使天堑变通途 。

在建筑钢结构方面，数十座高度四五百米的超高层钢结构如雨后春笋般拔地而起，上海中心大厦甚至高达 632m。跨度近百米甚至更大的体育场馆、航站楼、会展中心钢结构遍布华夏，成为各省市地标性建筑，而巧夺天工、美轮美奂的鸟巢和水立方不仅永载于奥运史册，而且已进入世界著名旅游观光景点之列。

在油气行业中，西气东输二线工程干线及支线，总长九千余公里的 X80 钢输气管线绵亘蜿蜒，横贯神州广袤原野，源源不断地输送天然气绿色能源，大动脉之称名副其实。数十余座容积大至 10 万 m^3、15 万 m^3 的储油罐星罗棋布坐落于九州大地。

在工程机械领域，混凝土机械、桩工机械、履带起重机械、混凝土泵车等产销量已占世界三分之一。

造船业的造船完工量已位列世界第一，包括第一艘国内建造的液化天然气（LNG）船，当今世界最大的 30 万载重吨原油远洋运输轮，3000m 水深海上钻井平台，半潜式储油船等，正乘风破浪驶向蓝色海洋。

焊接连接是钢结构制作与安装中应用最广泛的连接形式，不仅要求密封连接的高压容器管道、槽罐、船舶等必须用焊接，不要求密封连接的桥梁、工程机械、建筑结构、塔架等，焊接连接也因其节约钢材和便于构建复杂造型的特点，因此更多地取代螺栓连接而得到了日益广泛的应用。可以认为焊接技术已成为现代钢结构发展中最为重要而且无可替代的关键技术之一。

正是钢结构日趋大型化和多样性的发展对焊接技术提出了更高、更严格的要求，促进了先进焊接技术在钢结构建造领域的引进应用和创新。如高强度结构钢的焊接性研究、匹配焊材、焊接工艺与接头性能优化试验研究，所涉及的钢材品种包括抗震建筑结构用钢、耐候耐腐蚀钢材、工程机械用高强钢、高强度管线钢、高性能桥梁用钢、大热输入焊接储罐用钢等。焊接工艺方面更需要适应现时代对高效、优质、减少人工改善作业条件的特殊需求。此外对于大型、重型钢结构建造中特别突出的关键问题，如焊接应力、变形及接头脆化、断裂敏感性以及抗震性能等，均应对其自身规律重点深入探究、提出有效的改善方法，以满足设计要求、提高使用寿命和安全性。

在实现中华民族伟大复兴梦想的进程中，节能减排的任务迫在眉睫，基础建设规模宏大而持久，工业强国的建设十分艰巨。目前，西气东输二线工程管线建设已经开工，管道压力 12MPa 的四线工程也已启动。工程机械、造船业产量占据世界的份额将更大。钢结构建筑由于其绿色环保的特点未来必将向中高层、住宅建筑发展。无论在研究开发或生产施工实践领域，为适应钢材品种和结构形式的发展，在焊接节点构造优化设计、在焊接接头的强韧性匹配和质量提升方面，特别是在焊接工艺技术的高效、智能化机器人领域，焊接技术工作者面临着严峻的挑战，在缩小与世界发达国家先进技术差距的道路上，任重而道远。

为此，编者归纳、介绍并总结了近 10 年来相关企业在上述各类重大钢结构工程建造中所应用、积累的先进焊接技术及成熟经验，以供钢结构同行们在今后的建设工程中，从相关研究方法、工艺技术到实际参数的应用上，得以借鉴和推广应用。

在此，编者对发表和提供了宝贵技术信息及文献的专家、学者、工程技术工作者们致以诚挚的谢意！

目　　录

第1章　高强度结构钢的焊接性评定、焊接参数优选及接头性能

1.1　结构钢材的焊接性

钢材在经受焊接热循环作用后，近缝区约 1～2mm 处热影响区显微组织和力学性能发生了改变，不同种类的钢材焊接后变化有所不同，其变化取决于钢材的含碳量、微合金元素组配及焊接热输入。钢材的成分设计在考虑满足良好综合性能要求的同时，需采取适当技术措施避免焊接热影响区强韧性的下降，在焊接工艺技术上深入研究热输入对焊接热影响区组织、性能的影响规律并将其影响程度控制于适当的范围，是钢材焊接性研究的主要任务，焊接性研究有理论计算方法和试验评定方法，理论计算方法有 20 世纪 50 年代由日本、美国及国际焊接学会建立的碳当量计算公式，如 CE（JIS）、CE（AWS）、CE（IIW）。还有 1969 年由日本学者建立的裂纹敏感性组分（Pcm）计算公式。但这些碳当量算式建立的条件为 C≥0.18%，Pcm 的限定为 C＝0.07～0.22%。现代的低合金高强钢含碳量一般在 0.1%以下，甚至低至 0.06%以下（超低碳），均不在其限定范围内，但目前国内外冶金、焊接界仍然沿用其作为评价钢材焊接性的主要指标。一般在钢材含碳量 0.12%以上时，各国目前普遍应用 CE（IIW）评估钢材的焊接性。含碳量更低，微合金含量较高时，则应用 Pcm。

日本学者建立了通过裂纹敏感性组分、扩散氢含量、焊接拘束度确定裂纹敏感性指数及最低预热温度的计算公式，以此确定影响焊接热输入量并对冷裂纹控制起重大作用的最低预热温度。该裂纹敏感性指数计算公式适用于板厚 50mm 以下。

德国、日本等国学者通过热输入量、800℃至 500℃的冷却时间（$t_{8/5}$），建立了特定钢种最低预热温度的曲线图表法与计算公式，但曲线图表的试验工作量较大，而公式计算结果与施工实测数据则有较大差距。

美国焊接规范应用硬度及氢控制法。硬度控制法根据 T 形接头角焊缝热影响区硬度达到 350HV 对应的冷却速度（540℃时）查图确定焊接线能量。氢控制法根据裂纹敏感度指数、板厚、拘束度范围及熔敷金属扩散氢含量等级查表确定最低预热温度[1]。

欧洲标准 EN1011-1：1998 也建立了碳当量、板厚、焊缝含氢量、热输入各因素与预热温度的函数关系，以及各因素综合作用计算预热温度的公式，以指导控制焊接冷裂纹[2]。

试验评定方法上，国外早期就有一整套评价钢材焊接性的试验方法，如热模拟试验绘制连续冷却组织状态曲线图、焊接热影响区最高硬度试验、插销法冷裂纹试验、斜 Y 形坡口裂纹试验等。国内也已在 80 年代形成了等效国家标准，目前这些标准虽已废止，但因未有新的适用方法，仍在工程界参照应用作为相对的比较方法。

由于各种焊接性试验方法各有特点，在应用时试验方法和相关试验条件的执行细节是

很关键的，否则评定结果会有较大差异。只有严谨、细致的试验，才能保证所得数据的可靠性、重复性和可比性。根据实践经验，总体上三种确定最低预热温度以控制冷裂纹的方法：热影响区最高硬度法、斜 Y 形坡口焊接试验法及插销实验法，其评定结果大致相似，可以作为工程焊接参数优化的指导。

1.1.1　常用的钢材焊接性评定方法

1. 碳当量（CE，％）、焊接裂纹敏感性组分（Pcm，％）评定法

碳元素对结构钢的淬硬性起决定作用，对焊接裂纹的发生影响最大，其他微合金元素则依据其对裂纹发生的贡献确定当量系数。普遍应用的公式如下：

$$CE(IIW) = C + Mn/6 + (Cr + Mo + V)/5 + (Cu + Ni)/15$$
$$Pcm = C + Si/30 + (Mn + Cu + Cr)/20 + Ni/60 + V/10 + 5B$$

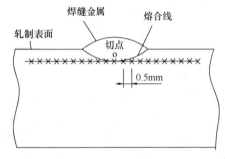

图 1.1-1　热影响区最高硬度
测试点布置示意图

注：图中"o"点是测定线与熔合线的切点

2. 焊接热影响区最高硬度评定法

焊接热影响区的淬硬组织是诱发焊接冷裂纹的主要影响因素之一，而硬度可以反映出组织的状态，所以通过测定焊接热影响区最高硬度可以用来评价母材的冷裂纹敏感性，焊接热影响区（HAZ）最高硬度试验方法主要以测定焊接热影响区的淬硬倾向来评定钢材的冷裂敏感性。试验按照《焊接热影响区最高硬度试验方法》GB 4675.5—84 的规定进行，将钢板经机械加工成 20mm 厚的试件，并保留一个原轧制面进行试验，测试点布置见图 1.1-1。

焊接参数：焊条直径 4mm，电流(170±10)A，电压(24±2)V。

评定标准：按照 AWSD1.1 的规定，钢材抗拉强度不超过 415MPa 时控制热影响区最高硬度为 225HV10，钢材抗拉强度大于 415MPa 但不大于 485MPa 时，控制最高硬度为 280HV10。对于强度更高的钢材，一般控制最高硬度为 $350HV_{10}$。

3. 斜 Y 形坡口焊接裂纹敏感性评定法

主要是评定焊接热影响区及焊缝金属产生冷裂纹的倾向性。试验参照《斜 Y 坡口焊接裂纹实验方法》GB 4975.1—84 的规定进行。图 1.1-2 为试样形式及尺寸（板厚不限定，一般为 9～38mm）。

焊接参数：焊条直径 4mm，电流(170±10)A，电压(24±2)V，焊接速度(150±10)mm/min。

检查：试验焊缝施焊结束，经 48 小时后，进行表面裂纹检查，每块均经发蓝处理后解剖取五块横断面试样观察测量焊缝根部裂纹长度，并计算裂纹率。

评定标准：标准并无明确规定，通常认为裂纹率 20％对于一般结构拘束度条件施工焊接时出现裂纹的可能性很小，钢材抗裂性合格。在结构拘束度大的条件下裂纹率为零时可认为抗裂性良好。

4. 插销试验焊接冷裂纹敏感性评定法

试样形式：插销试样采用环形缺口或螺形缺口，外形如图 1.1-3、图 1.1-4 所示（直

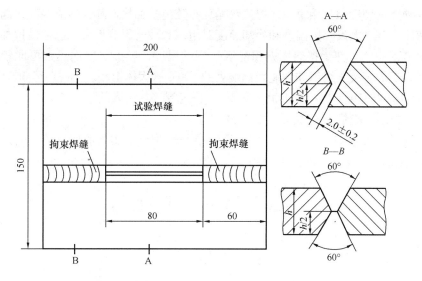

图 1.1-2 斜 Y 形坡口试验试样的形状及尺寸图

径 $\phi6mm$ 或 $\phi8mm$）。插销插入底板孔中，底板采用与插销试样物理参数一致的钢材，底板的尺寸为 300mm ×200mm，厚度为 20mm。底板钻孔数小于等于 4，位置处于底板纵向中心线上，孔的间距为 33mm。插销试样和底板的制备及试验参照《焊接用插销冷裂纹试验方法》GB 9446—88 的要求进行。

试验方法：在底板上熔敷 100～150mm 长的焊道，焊道中心线通过插销端面中心。焊道的熔深适宜，试样缺口位于该焊道热影响区的粗晶区中。焊后试样冷却至规定温度时对插销施加所需拉伸载荷并在 1min 内加载完毕。

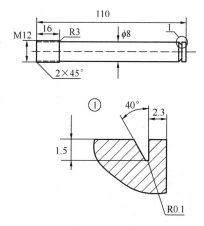

图 1.1-3 环形插销试样形状和尺寸

评定标准：评判准则为断裂准则，即以试样拉伸断裂应力大于被测试钢材的屈服强度作为抗裂性合格标准。

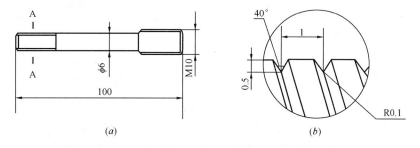

图 1.1-4 螺形插销试样形状和尺寸

5. 焊接热循环连续冷却曲线（ST-CCT）评定法

测定焊接热循环连续冷却曲线的目的是据以优化控制焊接热循环参数与接头性能。利用热模拟试验机以小试样模拟焊接热循环过程，测得钢材的 Ac_3、Ac_1，并获得钢材在不同冷却速度下的硬度、韧性和金相组织。焊接热循环参数包括加热速度、峰值温度、高温停留时间、冷却速度。其中尤以峰值温度和冷却速度对组织和性能影响最大。通常模拟加热峰值温度 1350℃较符合一次加热焊接热影响粗晶区达到的温度，模拟二次加热则可取较低的峰值温度。通常以对焊接接头组织和性能影响最大的 800℃（大体上相当 Ac₃）至 500℃或 300℃（大体上相当 Ms 点温度）的冷却时间 $t_{8/5}$（s），作为焊接热输入的指导参数。

6. $t_{8/5}$ 与焊接线能量 E 的关系计算公式[3]

各国学者建立了多种计算公式，但计算结果与焊接接头实测值均有较大的差异，以下推介的公式与实测值较接近，但也有约 15% 的误差。

二维热流 $$t_{8/5} = \frac{K_0 \varphi_2}{4\pi\lambda c\rho} \left(\frac{E\eta}{\delta}\right)^2 \left[\frac{1}{(500-T_0)^2} - \frac{1}{(800-T_0)^2}\right]$$

三维热流 $$t_{8/5} = \frac{K_0 \varphi_3}{2\pi\lambda} (E\eta) \left[\frac{1}{(500-T_0)} - \frac{1}{(800-T_0)}\right]$$

临界板厚 $$\delta_{cr} = \sqrt{\frac{E\eta}{c\rho(600-T_0)}}$$

$\delta < 0.75\delta_{cr}$，按二维热流计算；

$\delta \geqslant 0.75\delta_{cr}$，按三维热流计算；

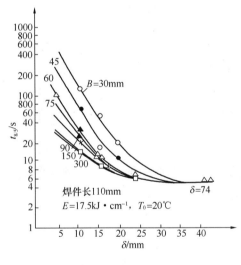

图 1.1-5 板厚对 $t_{8/5}$ 的影响

式中，K_0 为预热修正系数：$K_0 = 1.1 - 0.001T_0$；

φ_2、φ_3 为接头修正系数：

V 形 60° 坡口对接接头时，φ_2 取 1；φ_3 为根焊道时取 $1.0 \sim 1.2$，为填充焊道时取 $0.8 \sim 1.0$，为盖面焊道时取 $0.9 \sim 1.0$；

T 形接头时，$\varphi_2 = \varphi_3 = 2\delta/(2\delta + \delta_1)$；

δ——T 形接头中翼板厚度（cm）；

δ_1——T 形接头中腹板厚度（cm）；

$\lambda = 0.28 J \cdot (cm \cdot s \cdot ℃)^{-1}$，$c\rho = 6.7 J \cdot cm^{-3} \cdot ℃^{-1}$；$E$—$J \cdot cm^{-1}$；

η 为热效率，SMAW：$\eta = 0.75 \sim 0.85$；

SAW：$\eta = 0.95 \sim 1.0$；

GMAW：$\eta = 0.8 \sim 0.9$；

GTAW：$\eta = 0.3 \sim 0.5$。

图 1.1-5、图 1.1-6、图 1.1-7 则更为直观地显示了公式中各因素对 $t_{8/5}$ 的影响。板厚和接头形式影响热传导过程，进而影响冷却速度，各种电弧焊接方法的能量密度不同，电弧区及熔池区保护方式也不同，影响其热效率，也进而影响冷却速度。

焊接线能量 E 作为可直接指导焊接施工的热输入参数，广泛应用于各钢种焊接参数优化的研究和工程实践。焊接热输入对钢材焊接热影响粗晶区性能的主要负面影响为强韧性下降，不同钢材依其化学成分、强化方式的区别，对焊接线能量的适应范围大小有所不同。

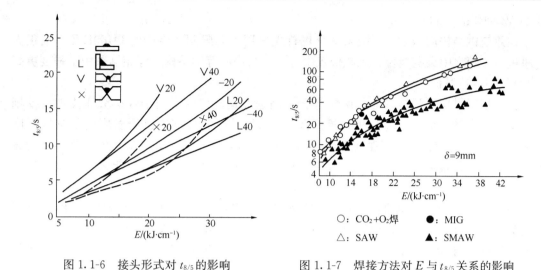

图 1.1-6　接头形式对 $t_{8/5}$ 的影响　　　图 1.1-7　焊接方法对 E 与 $t_{8/5}$ 关系的影响

1.1.2　低合金高强度结构钢的应用

目前我国低合金高强度结构钢已得到广泛应用，按照强化方式主要有固熔强化、析出强化、形变强化[23]，按照供货状态主要可分为热轧、正火、调质、热机械轧制（TMCP）等类别。

Q500 以下强度等级采用碳、锰及铌固熔强化，热轧或离线正火处理，显微组织为铁素体及珠光体。这类钢材含碳量较高，强度提高碳当量更高，在重型建筑结构中应用时由于板厚较大，结构节点复杂，拘束度大，焊接裂纹敏感性强是主要问题，要求较高的预热温度。其次，由于焊接热影响过热区的晶粒粗化，导致韧性下降。

Q500 以上强度等级一般采用碳、锰固熔强化及微合金元素铬、镍、钼、钛与碳（氮）形成化合物析出强化铁素体，应用离线淬火加回火调质处理，钢材显微组织为细密的贝氏体，强度及韧性均较高。这类钢材的含碳量一般低于 0.1%，裂纹敏感性组分 Pcm 一般在 0.15%～0.25% 范围内。如冷却速度过大，形成马氏体使强韧性下降。冷却速度过小则产生珠光体，并且第二相析出物尺寸长大，使韧性严重下降，此类钢材的线能量适应范围较窄。

采用低碳（超低碳）及多元微合金元素铬、镍、钼、钛、钒、硼，通过合金元素的氮化物（特别是钒、钛的氮化物）、氧化物、碳化物和碳氮化物，在先共析铁素体和珠光体中的铁素体中析出，产生钉扎作用达到强化效果，并抑制焊接高温时奥氏体的粗大化。不同合金元素第二相质点析出物的作用是不一样的，其中氮化物作用最大，其次为碳化物。在氮化物中。TiN 的熔点高，高温稳定性较好，在 1400℃ 以上只有 25% 质点熔解，可有效抑制晶粒长大，但是 Ti 与 N 的含量应有一定的比例，如果 Ti 多 N 少，大量 Ti 溶入基体，提高了强度而降低了韧性，反之则所形成的 TiN 质点数量及钉扎作用有限。TiN 细化奥氏体效果最佳的理想钛氮配比为 3.42，由于各微合金元素的叠加作用，最佳配比应稍低于 2.39[13]。利用 Ti_2O_3 粒子作为针状铁素体的形核核心，以及 TiN-MnS 复合粒子对晶内形核的促进作用，在奥氏体晶内形成小的针状铁素体，抑制晶界形成多边形铁素体、准多变形铁素体和侧板条铁素体。而添加 B 元素可抑制晶界块状铁素体的形成，均可达到 HAZ 韧化的目的。

在建筑钢结构用钢方面，国家体育场首先采用了舞阳钢厂生产的 Q460E-Z35 级正火超厚板[9]，随之中央电视台、凤凰传媒中心、上海中心等钢结构工程相继采用了强度更高的 Q460GJD 特厚板。

在工程机械用高强钢方面，调质低合金高强度钢已广泛应用于煤矿液压支架、挖掘机、吊车、自卸载重车、港口机械等产品，20 世纪 90 年代国内已研发应用了抗拉强度 1000MPa 以下的低碳调质高强度钢，如 HQ70、HQ80、HQ100，其焊接性和焊接应用参数研究也已获得报道。对于高强度等级（HQ130）的工程机械用钢近年来国内也已研发应用。[12]

在压力容器用调质钢方面，武钢首先研制了 WDL610D2（12MnNiVR）大线能量低焊接裂纹敏感性高强钢[4]，通过添加适量 Ti，实现 Ti 和 N 的最佳配比，高温下形成的 TiN 粒子细小且弥散分布，有效抑制奥氏体长大，细化组织，在 100kJ·cm^{-1} 热输入条件下，粗晶区 −20℃ 冲击韧性良好，板厚 50mm 以下焊接不需预热即可防止裂纹产生，已在 10 万 m³ 储罐的建造中大量应用。宝钢 B610CF 钢应用于重庆 5000m³ 大型天然气球罐的建造，还将用于氧、氮、氩气等球罐的建造。B610CF-L2（−50℃）钢也已在 2000m³ 大型乙烯、丙烯球罐的建造中得到应用。首钢、南钢也相继开发了 610 级大线能量焊接储罐用钢，如首钢采用适量的钼和低碳当量，可减少热影响区上贝氏体和 M-A 岛，610 级大线能量焊接储罐用钢已用于宁波大榭石化 10 万 m³ 储罐的建造[13]。

在天然气输送的管线钢方面，我国不仅在西气东输一线工程中应用了控轧控冷工艺生产的贝氏体 X70 管线钢，在二线工程中应用了 X80 管线钢，更高强度的 X100、X120 管线钢在国内也在积极研发中[6]，采用低碳高锰微钛处理纯净化，通过铌、钼、硼、镍等合金元素的固溶强化、析出强化、结晶强化、形变强化作用，得到具有高强度、高韧性、良好焊接性的管线钢。X100 管线钢的显微组织主要为含有细化 M−A 组元的细小的贝氏体铁素体 BF 和下贝氏体。钢管焊缝组织为针状铁素体和贝氏体。已获得的初步成果必将在今后的管线工程建设中发挥作用。在国外，新日铁，加拿大管道公司（TCPL）进行了开发和应用研究，并已取得了满意的结果。对于 X100 管线钢已有相关的资讯与经验可供借鉴，但在推广应用之前仍需对其强韧性、止裂性及焊接性进行深入的研究。例如某钢厂研发的 X100 管线钢在热模拟峰值温度 750℃ 时出现脆化现象[5]，有待进一步探讨。在 X120 管线钢的开发方面，新日铁、住友和欧洲钢管厂已有生产业绩，加拿大在 −30℃ 的冻土地带应用新日铁生产的 X120 建设了世界上首条 X120 管线示范段。有研究者证明在较宽的线能量范围内（20J·cm^{-1}～40J·cm^{-1}）形成低碳板条状马氏体和少量贝氏体混合组织是 X120 钢 HAZ 强韧性的保证，但是，当热循环峰值温度在奥氏体−铁素体两相区（800℃）时，由于晶界形成网状组织，以及在峰值温度略高于两相区（1000℃）时，由于冷却后获得含有粗大 M−A 岛状组织的粒状贝氏体，而使 HAZ 发生局部脆化。该现象对严寒等恶劣服役条件下管线 HAZ 止裂性的影响还有待深入研究。

应用控轧控冷工艺生产的 X70、X80、X100 系列管线钢，不仅要求焊接线能量严格控制在较窄的范围，而且已有学者研究证明，即使是同一强度等级的管线钢，由于生产厂不同，采用微合金元素组成配比的不同，对焊接线能量的适应范围大小也有所不同[6]。

出于降低成本的需要，首钢研发了高 Nb 管线钢 X80[21]，铌可以调节钢在冷却过程中的相变特性，以得到一定数量的贝氏体和马氏体。铌还可以加强 Ti 的细化作用，与 N 也有强烈的亲和力，能取代部分 Ti，与 N 形成（Ti, Nb）N 颗粒，其熔解温度在 1350℃ 以上，可以钉扎、拖拽高温奥氏体晶界的迁移，抑制晶粒长大粗化。但过量的 Nb 固溶或析出会影响焊后针状铁素体和粒状贝氏体的数量、形态和分布。高铌 X80 管线钢受焊接线能量的影响特点与其他 X80 系列钢材大致相同，但研究发现在热模拟峰值温度 800℃ 时出现脆化现象，尚有待深入研究。《石油天然气工业管线输送系统用钢管》GB/T 9711—2011 明确规定，"如果协议，制造商应提供相关钢级的焊接性数据，否则应进行焊接性试验。为此，订货合同应规定进行焊接性试验的细节和验收极限。"这对于优选施工焊接参数，以获得最佳或能满足规范和设计要求的接头强度和韧性，是非常必要的。

为满足国家经济建设加速发展的需要，各行业钢结构工程的规模或体量渐向大型化发展、服役参数更高，对钢材的强度要求也随之提高，如 20 万 m^3 的储油罐（需用 Q690 或 Q780），更高压的输气管线（需用 X100 或 X120），另外，恶劣气候及严苛服役条件下的大跨度铁路桥梁、油气平台管线等对钢材的断裂韧性提出了更高的要求。而减少建造成本，降低运输费用始终是急迫之需。

在国内外已有工程实践证明，低合金高强度钢在节约用钢量方面效果显著。如在重、大型建筑钢结构建设中，采用 Q460 代替 Q345 可节约钢材重量 36%。在高压输气管线的建设中，采用 X80 代替 X70 可降低成本 7%～10%。西气东输二线采用的 X80 管线钢，全长 4843km，与一线采用的 X70 相比，强度增加 14%，投资降低 10%，节约钢材 14% 以上[35]。

而采用 X100 代替 X70 则可降低成本 30%[30]，还可以提高输气效率，节省运行费用，符合节能减排的要求。

X80 管线钢为低碳微合金控轧控冷钢，具有高强度和良好的韧性。由于强度的提高，焊接接头易产生 HAZ 的脆化、软化问题，必须了解其变化规律及产生机理，由此优化焊接工艺参数，提高焊接接头强韧性，确保油气管线的安全运营。

高强度钢材焊缝的强度匹配在其接头性能研究中有重要地位，焊缝强度过高将使焊缝韧、塑性和抗裂性下降，从而降低了结构的使用安全性。实践证明低强匹配的焊缝往往能提高焊接结构的疲劳寿命。

随着高强度结构钢的广泛应用，相关焊接性研究评定试验必须深入、全面地进行，以保证施工及生产的安全性。

本章将着重介绍近年来各类低合金高强度钢材在国内也是世界性重大工程，如国家体育场钢结构，京、津、沪、深城市标志性钢结构建筑，西气东输管线，南京大胜关长江大桥等桥梁，10 万～15 万 m^3 石油天然气储罐，郑煤机、北煤机生产的煤矿高端液压支架等工程中，所应用的高强度钢材焊接性研究、焊缝强韧性匹配、焊接热输入参数的优化以及常用焊接方法的接头性能评定、研究成果和工程实践经验，以供相关工程界专业人士应用参照。

1.2　热轧及正火高强结构钢

1.2.1　高强度热轧耐候钢 BRA520C（宝钢）焊接性及焊接接头性能[7]

1. 钢材化学成分和力学性能

宝钢生产的 BRA520C 建筑耐候钢，板厚 30mm、60mm，钢板化学成分与力学性能见表 1.2-1、表 1.2-2。冲击功吸收能量与温度（常温、0℃、−20℃、−40℃、−60℃、−80℃、−100℃）曲线（取样方向为横向），如图 1.2-1 所示。

钢材化学成分　　　　　　　　　　　　　　　　　表 1.2-1

规格	C	Si	Mn	S	P	Ni	Cu	Cr	Al
30mm 实际值	0.070	0.260	1.180	0.001	0.009	0.330	0.370	0.520	0.042
60mm 实际值	0.070	0.260	1.180	0.001	0.012	0.320	0.370	0.490	0.043

钢材力学性能　　　　　　　　　　　　　　　　　表 1.2-2

钢材	规格 （mm）	屈服强度 R_{eL} （MPa）	抗拉强度 Rm（MPa）	伸长率 A（%）	屈强比	0℃冲击功 A_{KV}（J）	Z 向性能（%）
实际值	30	455	555	26.5	0.82	190，186，180	/
实际值	60	410	555	30.5	0.74	250，257，264	67.5/69/66.5

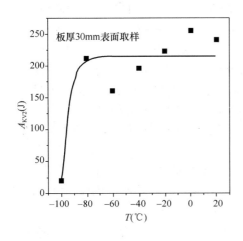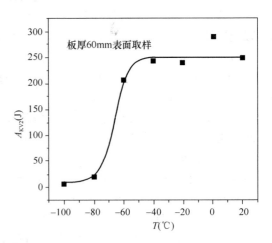

图 1.2-1　30mm、60mm 厚度钢板的系列温度冲击功

弯曲试验：两种板厚钢板弯曲：$d=3a$、$\alpha=180°$、均合格。

d：弯心直径；a：试样厚度；α：弯曲角度。

韧脆转变温度（按照冲击功 $A_{KV}=47J$ 确定）：

BRA520C 钢板厚度 30mm（表面取样）：−98℃；

BRA520C 钢板厚度 60mm（表面取样）：−75℃。

2. 钢材焊接性

（1）焊接热影响区最高硬度

1）测评条件

预热温度：BRA520C 钢板火焰加热至 30℃、50℃、80℃（厚度 30mm）及 30℃、70℃、100℃（厚度 60mm）。在试板上、下表面测温，保证试件温度均匀，温差小于 2℃。

焊材材料：同接头性能试验。

焊接方法：SMAW 和 FCAW−G。

2）测试结果

采取预热后，焊接热影响区最高硬度均小于国际焊接学会提出的钢的焊接冷裂纹倾向的临界硬度值 350HV；且两种焊条焊接试板预热 80℃，硬度值普遍小于 300HV；两种药芯焊丝焊接试板预热 70℃，硬度值普遍小于 300HV；抗冷裂纹性能良好。

（2）斜 Y 形坡口焊接冷裂纹敏感性

1）测评条件

30mm、60mm 两种板厚，焊接材料同前，SMAW 和 FCAW 两种焊接方法，30mm 板厚的预热温度从 60℃开始，60mm 板厚的预热温度从 100℃开始。以根部裂纹率为 0 对应的预热温度为最低预热温度。

2）评定试验结果

所选焊条电弧焊的最低预热温度为 100℃，所选药芯焊丝气保焊的最低预热温度为 120℃。

3. 焊接接头性能

（1）焊接工艺方法：SMAW 和 FCAW-G。

（2）焊接材料：四种焊接材料，即焊条 1、2，CO_2 气体保护焊药芯焊丝 1、2。

熔敷金属的化学成分见表 1.2-3，力学性能、扩散氢含量、腐蚀率见表 1.2-4。

焊材熔敷金属化学成分　　　　　　　　　　　表 1.2-3

元素 焊材	C	Si	Mn	S	P	Cr	Ni	Cu
焊条 2	0.06	0.55	0.83	0.007	0.020	0.64	0.53	0.43
焊丝 2	0.04	0.46	1.15	0.001	0.013	0.48	0.51	0.36
焊条 1	0.05	0.37	1.00	0.003	0.014	0.44	0.50	0.27
焊丝 1	0.04	0.52	1.46	0.014	0.014	0.44	0.44	0.44

焊材熔敷金属复验力学性能、腐蚀率、扩散氢值　　　　　表 1.2-4

焊材	屈服强度 R_{eL}（MPa）	抗拉强度 R_m（MPa）	伸长率 A（%）	腐蚀率 $(g \cdot m^{-2} \cdot h^{-1})$	扩散氢（ml/100g） 气相色谱法	冲击功 A_{KV}（J）
焊条 2	555	650	29.5	1.562	11.2	174/158/183/128/136（−30℃）
焊丝 2	670	720	24.5	1.527	8.5	36/37/72/44/36（−40℃）
焊条 1	520	590	28.0	1.749	5.9	228/212/214/204/232（−30℃）
焊丝 1	620	675	24.5	1.646	7.9	46/62/76/90/72（−30℃）

根据耐大气腐蚀指数 I 计算式：

$$I = 26.01(\%Cu) + 3.88(\%Ni) + 1.20(\%Cr) + 1.49(\%Si) + 17.28(\%P) - 7.29(\%Cu)(\%Ni)$$
$$- 9.10(\%Ni)(\%P) - 33.39(\%Cu)^2 \qquad\qquad （式 1.2-1）$$

厚度 30mm，60mm 的母材抗大气腐蚀指数分别为 6.883g/m²h，6.579g/m²h，

焊材熔敷金属耐大气腐蚀指数如表 1.2-5 所示。

焊材熔敷金属耐大气腐蚀指数　　　　　　　　表 1.2-5

焊　材	I（$g \cdot m^{-2} \cdot h^{-1}$）	焊　材	I（$g \cdot m^{-2} \cdot h^{-1}$）
焊条 2	7.2378	焊条 1	6.7992
焊丝 2	7.0987	焊丝 1	6.7602

四种焊接材料的耐大气腐蚀指数均大于 $6g \cdot m^{-2} \cdot h^{-1}$。

（3）焊接接头各区的冲击韧性

1）冲击试验温度：常温、0℃、-20℃、-40℃、-60℃、-80℃（焊缝、熔合区、HAZ）。

2）焊接方法及参数：见表 1.2-6。

焊接接头冲击韧性焊接方法及参数表　　　　　　　表 1.2-6

序号	母材/厚度（mm）	焊材	焊接方法	预热温度（℃）	焊接位置
1	BRA520C/30	焊条2	SMAW	100	横
2	BRA520C/30	焊条2	SMAW	100	立
3	BRA520C/60	焊条2	SMAW	150	横
4	BRA520C/60	焊条2	SMAW	150	立
5	BRA520C/30	焊丝2	FCAW—G	100	横
6	BRA520C/30	焊丝2	FCAW—G	100	立
7	BRA520C/60	焊丝2	FCAW—G	150	横
8	BRA520C/60	焊丝2	FCAW—G	150	立

3）接头各区的韧脆转变温度

根据试验数据计算出每组的冲击功平均值，使用 Boltzmann "S曲线" 函数拟合出焊接接头的三个区域的系列冲击吸收功－温度曲线，并利用回归函数计算出焊接接头的三个区域，即焊缝（WM）、焊接热影响区（HAZ）、熔合区（FZ）在 $K_{V2} = 34J$ 时的韧脆转变温度，见表 1.2-7。

焊接接头各区的韧脆转变温度　　　　　　　表 1.2-7

板厚（mm）	焊材	韧脆转变温度（℃）			焊接位置
		WM	HAZ	FZ	
30	焊条2	-54	-78	-76	横
30	焊条2	-55	<-80	-40	立
60	焊条2	-66	<-80	-77	横
60	焊条2	-55	-66	-59	立
30	焊丝2	-61	<80	-75	横
30	焊丝2	-60	-78	-73	立
60	焊丝2	-69	-68	-72	横
60	焊丝2	-46	<-80	-53	立

（4）焊接接头的 CTOD

裂纹张开位移 CTOD 是指弹塑性体受 I 形（张开形）荷载时，原始裂纹部位的张开位移简称，它是描述裂纹体状态的一个断裂力学参量。CTOD 值用于对焊接结构的抗断裂设计和安全评定，对焊接材料、焊接工艺质量的相对评定。

1）焊接方法：钢材厚度 30mm 和 60mm，SMAW 和 FCAW，横焊焊接位置。

2）焊接材料：选用焊条2、焊丝2。

3）测试结果：对接接头焊缝、热影响区的 CTOD 如表 1.2-8 所示。

焊接接头 CTOD 测试条件及结果 表 1.2-8

序　号	板厚（mm）	焊接方法	焊接位置	焊接材料	测量部位	CTOD（mm）
1	30	SMAW	横	焊条 2	焊缝	0.2233
2	30	SMAW	横	焊条 2	HAZ	0.2210
3	30	FCAW—G	横	焊丝 1	焊缝	0.0919
4	30	FCAW—G	横	焊丝 1	HAZ	0.1857
5	60	SMAW	横	焊条 2	焊缝	0.2599
6	60	SMAW	横	焊条 2	HAZ	0.2901
7	60	FCAW—G	横	焊丝 1	焊缝	0.1585
8	60	FCAW—G	横	焊丝 1	HAZ	0.1863

4. 结语

BRA520C 钢材 30mm、60mm 两种板厚，用所选焊条电弧焊的最低预热温度为 100℃，所选药芯焊丝气保焊的最低预热温度为 120℃。

横焊焊接接头−40℃以上的温度，冲击韧性都大于 47J。立焊各区−20℃以上冲击功都大于 47J，均能达到母材 0℃大于 47J 的标准。焊接接头各区在立焊的熔合区（FZ）的冲击功低于横焊 HAZ 的冲击功。

该钢种及上述焊接工艺已应用于广州市新电视塔天线桅杆。

1.2.2 高强度热轧耐候钢 Q450NQR1（宝钢）焊接接头性能[8]

1. 钢材化学成分和力学性能

Q450NQR1 钢的化学成分实例见表 1.2-9，其力学性能见表 1.2-10。

Q450NQR1 钢的化学成分 表 1.2-9

C	Si	Mn	P	S	Cu	Cr	Ni
≤0.12	≤0.40	0.70～1.50	≤0.02	≤0.008	0.20～0.45	0.40～0.90	0.05～0.40

Q450NQR1 钢材的力学性能（厚度 14mm） 表 1.2-10

屈服强度（MPa）	抗拉强度（MPa）	伸长率（%）	夏比 V 型冲击功（−40℃）（J）	180°弯曲试验 $b \geqslant 20$mm
≥450	≥550	≥20	≥60	$d = 2a$

2. 焊接接头性能

（1）焊接工艺方法

气体保护焊：保护气体 80%Ar＋20%CO_2，气体流量 20L·min^{-1}；

　　　　　　　焊接线能量为 18kJ·cm^{-1}；

　　　　　　　焊丝为 BH550NQ-Ⅱ（宝钢），直径 1.2mm，熔敷金属力学性能见表 1.2-11。

（2）焊接坡口

60°V 形坡口，钝边 1.5mm。

BH550NQ—Ⅱ焊丝熔敷金属力学性能　　　　　　　表 1.2-11

抗拉强度 （MPa）	下屈服强度 （MPa）	断面伸长率 （%）	夏比 V 型冲击功（J）	
			−20℃	−40℃
585	455	26.5	145	110

（3）接头性能

对接接头抗拉性能及冲击韧性见表 1.2-12、表 1.2-13。

对接接头抗拉性能　　　　　　　表 1.2-12

试验次数	抗拉强度（MPa）	断裂部位
第一次	560	母材
第二次	555	母材

对接接头冲击韧性　　　　　　　表 1.2-13

	平均 A_{KV}（J）			
	20℃	0℃	−20℃	−40℃
焊缝	158	138	109	76
熔合线	268	226	195	161
热影响区	258	236	236	178

接头拉伸试样断裂位于母材，接头部位强度高于母材。接头弯曲试验在 $d=3a$ 弯曲 120°情况下，接头塑性良好，未见开裂或其他缺陷。

常规制造车辆时所使用焊接线能量约 10kJ/cm，此时焊缝金属的 V 形缺口系列温度冲击性能见表 1.2-14。

对接接头焊缝金属的系列温度冲击试验结果　　　　　　　表 1.2-14

	0℃			−20℃			−40℃					−60℃	
A_{KV}	175	160	160	160	140	165	145	145	145	100	95	80	100
平均 A_{KV}	165			155			135					90	

（4）接头显微组织

热影响区及焊缝金属显微组织见图 1.2-2、图 1.2-3。

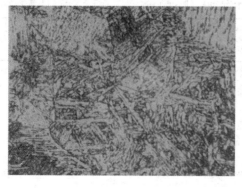
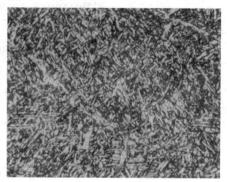

图 1.2-2　热影响区金属显微组织（×400）　　图 1.2-3　焊缝金属显微组织（×400）

3. 结语

Q450NQR1 高强度耐候钢匹配 BH550NQ-Ⅱ 焊丝富氩气体保护焊接头的强度、冷弯性能，低温冲击韧性均满足使用要求，接头显微组织正常无脆性相。

该钢种及上述焊接工艺已应用于铁路车辆制造。

1.2.3 Q460E-Z35（舞钢）正火钢焊接性及焊接接头性能[9]

该钢材按照《低合金高强度结构钢》GB/T 1591—2008，并附加低温韧性及 Z 向拉伸性能要求生产，正火状态交货，板厚为 110mm。

钢材化学成分、力学性能见表 1.2-15、表 1.2-16、表 1.2-17，金相组织为铁素体＋珠光体轧制组织，见图 1.2-4。

钢材化学成分　　　　　　　　　　表 1.2-15

C	Si	Mn	P	S	Cu	Ni	Mo	Nb	V	Cr	Ti	Al	N	C_{eq} (IIW)	备注
0.14	0.35	1.5	0.008	0.004	0.17	0.24	0.013	0.045	0.076	0.05	0.003	0.046	—	0.445	材质单
0.16	0.36	1.51	0.008	0.002	0.17	0.25	0.015	0.040	0.077	0.058	0.003	0.042	0.0022	0.456	复验
0.20	0.6	1.80	0.025	0.020	0.11	0.80	0.20	0.11	0.20	0.30	0.20				标准值不大于

注：复验数据由国家建筑钢材质量监督检验中心提供。

$$CE(IIW) = C + Mn/6 + (Cr + Mo + V)/5 + (Cu + Ni)/15$$

钢材力学性能　　　　　　　　　　表 1.2-16

试件编号	屈服强度 σ_S (MPa)	抗拉强度 σ_b (MPa)	延伸率 δ (%)	Z 向断面收缩率 ψ_z (%)	侧弯 180° $d=3a$	备注
/	410	570	27	45，42，42	合格	材质单
	400	550~720	≥16	≥35		标准值
A1	415	583	27.6	69	合格	供货状态全厚度拉伸复验

注：Z 向断面收缩率复验试件采用 ϕ10mm 的圆形试棒。

钢材纵向冲击韧性　　　　　　　　　　表 1.2-17

序号	试验编号	冲击吸收功（J）			平均值	冲击温度（℃）	备注
		试验单值			平均值		
		202	197	168	189	−40	材质单
1	A4-A6	208	218	217	214	0	供货状态复验
2	A7-A9	170	214	231	205	−20	
3	A10-A12	158	164	154	159	−40	
					≥34	−40	标准值

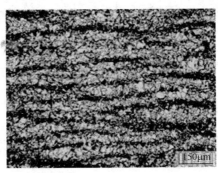

照片6　　　　　　　100倍

图 1.2-4　钢材的金相组织

Q460E-Z35 母材组织为铁素体和珠光体呈带状分布。

13

1. 焊接连续冷却转变曲线图（SH-CCT 曲线）

焊接热模拟试验的连续冷却组织转变如图 1.2-5 所示。

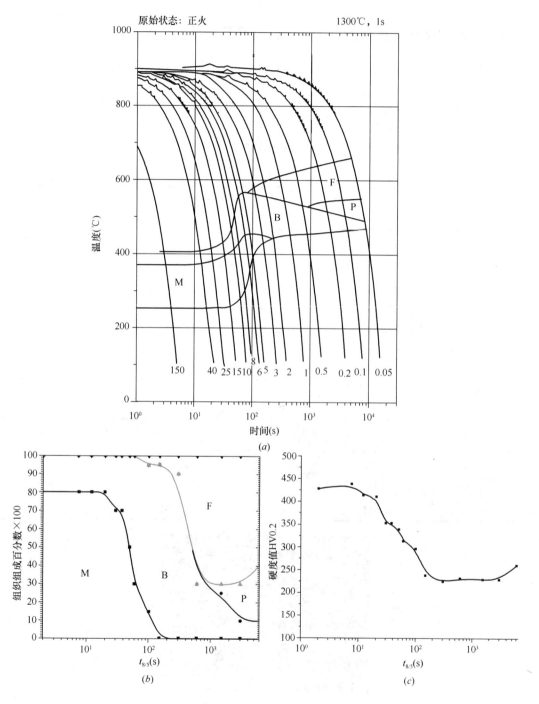

图 1.2-5　Q460E-Z35 钢的焊接连续冷却转变曲线

（a）冷却曲线；（b）组织图；（c）性能图

从组织图及性能图上可见，$t_{8/5}$ 低至 200s 时出现马氏体，硬度值开始增高。$t_{8/5}$ 大于

700s 时为铁素体＋珠光体，硬度值为 230HV0.2。

2. 焊接热影响区最高硬度

（1）测试条件

1）焊条电弧焊

焊条：CHE557，焊条直径 $\phi4.0mm$、$\phi3.2mm$ 两种；

焊机型号：奥太逆变 ZX7-400STG；

焊接工艺参数：见表 1.1.3-4。

2）CO_2 气体保护焊

焊丝：两种焊丝，TM60 和 TWE-81K2，焊丝直径 $\phi1.2mm$；

焊机型号：奥太逆变 NBC-350；

CO_2 气体种类：普莱克斯产优等品（$CO_2 \geqslant 99.9\%$、$H_2O \leqslant 50ppm$）；

CO_2 气体流量：25L·min^{-1}；

焊接工艺参数：见表 1.2-18。

测点位置如图 1.2-6 所示。

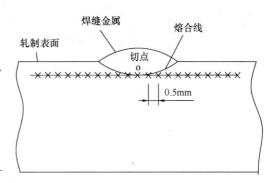

图 1.2-6 热影响区最高硬度试验测量位置示意图

注：图中"o"点是测定线与熔合线的切点，"o"点右侧为正，左侧为负。两测点之间的距离为 0.5mm。

最高硬度测试焊接工艺参数　　　　　　　表 1.2-18

焊接方法	焊材直径（mm）	焊接电流（A）	焊接电压（V）	焊接速度（cm·min^{-1}）	热输入（kJ·cm^{-1}）	备 注
焊条电弧焊	$\phi4$	175～180	24～25	15	16.8～18	/
	$\phi3.2$	120～130	23～24	12	13.8～15.6	常规热输入
	$\phi3.2$	120～125	23～25	26	6.4～7.2	定位焊
CO_2 气体保护焊	$\phi1.2$	280～300	31～33	35	14.88～16.97	/

（2）测试结果

最高硬度测试结果示于图 1.2-7。

1 号～5 号试件预热温度：依次为常温、150℃、200℃、250℃、250℃加后热。

6 号～10 号试件预热温度：依次为常温、150℃、200℃、250℃、250℃加后热。

11 号～15 号试件预热温度：依次为常温、150℃、200℃、250℃、250℃加后热。

16 号～20 号试件预热温度：依次为常温、150℃、200℃、250℃、250℃加后热；

21 号试件：常温，试板规格 110×75×200mm，热输入量按定位焊要求。

由图 1.2-7 说明，常规焊接热输入（14～18kJ·cm^{-1}）室温下施焊（1、6、11、16 号试件）的近热影响区最高硬度超过规程上限值（350HV10），模拟定位焊热输入（6.4～7.2kJ/cm）的热影响区最高硬度达到了 433HV10（21 号试件）。当预热温度提高至 150℃或更高后（2、7、12、17 号试件），在热输入不变的条件下，热影响区最高硬度下降至 350HV10 以下（最高值为 333HV10）。

（3）小结：Q460E 钢材淬硬倾向较高，即使预热至 150℃，HAZ 最高硬度还高达 333HV10。因而特别是厚板，沿板厚均匀预热至最低预热温度以上，对于冷裂纹的有效

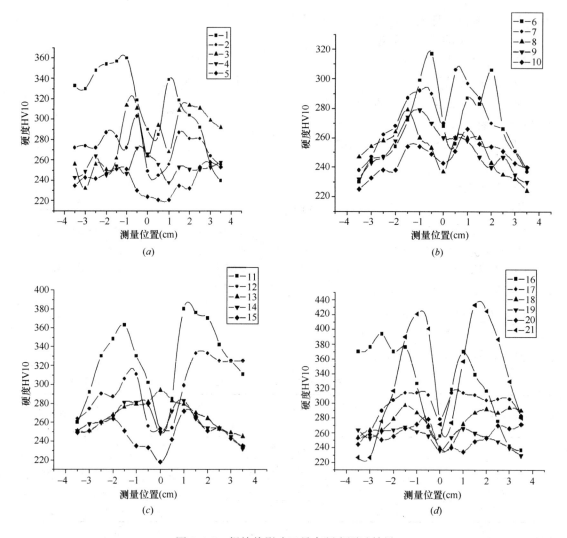

图 1.2-7　焊接热影响区最高硬度测试结果

（a）焊条电弧焊，焊条 $\phi4mm$；（b）CO_2 气体保护焊，焊丝 TM60；

（c）CO_2 气体保护焊，焊丝 TWE-81K2；（d）焊条电弧焊，焊条 $\phi3.2mm$

控制是必需的。

3. 斜 Y 形坡口焊接裂纹敏感性

（1）评定条件：常温环境。试件板厚为 110mm。

（2）焊接方法

1）焊条电弧焊

焊条：CHE557，焊条直径 $\phi4.0mm$；

焊机型号：奥太逆变 ZX7-400STG。

2）CO_2 气体保护焊

焊丝：TM60、TWE-81K2，直径 $\phi1.2mm$；

焊机型号：奥太逆变 NBC-350；

CO_2 气体：普莱克斯产品（$CO_2 \geqslant 99.9\%$、$H_2O \leqslant 50ppm$），流量 25L·min^{-1}。

（3）预热温度

根据钢材焊接热影响区最高硬度评定结果，预热温度设定为150℃、200℃、250℃三组。

（4）低温环境评定条件

试件板厚为30mm，环境温度为−16℃，其他条件同常温焊条电弧焊焊接。

（5）评定结果：根据斜Y形坡口焊接裂纹敏感性常温环境下评定结果，该钢材在所选用的焊材匹配时，不产生裂纹的最低预热温度为150℃，并且必须在厚度方向均衡达到预热温度。

低温环境（−16℃）焊接时，不产生裂纹的最低预热温度仍为150℃，与常温条件下相同。

4. 插销试验焊接冷裂纹敏感性

（1）评定条件

评定标准：插销冷裂纹试验 GB 9446—88《焊接用插销冷裂纹试验方法》；

预热温度：150℃、200℃、250℃；

评判准则：断裂准则。

（2）焊接方法及焊接材料

焊条电弧焊，焊条牌号为CHE557（ϕ4mm）。

（3）焊接参数

焊接规范如表1.2-19所示。

焊　接　规　范　　　　　　　　　　　　表 1.2-19

焊条牌号	焊条直径(mm)	焊接电流(A)	电弧电压(V)	焊接速度(cm·min^{-1})	线能量(kJ·cm^{-1})
CHE557	4	160	25	15	16
CHE557	4	160	25	15	16

注：焊条烘干条件350℃×1.5h；

（4）评定结果

1）预热150℃的评定结果

图1.2-8表示了在预热150℃条件下，采用焊条电弧焊进行插销冷裂纹试验的检测结

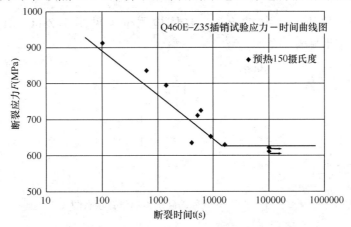

图 1.2-8　Q460E-Z35 插销试验应力-时间曲线图（预热 150℃）

果。由图 1.2-7 的结果可见该种钢材临界断裂应力 620MPa。该钢材的屈服强度为 400MPa，抗拉强度为 560MPa。因此在此焊接工艺条件下对冷裂纹不敏感。具有良好的抗裂性。

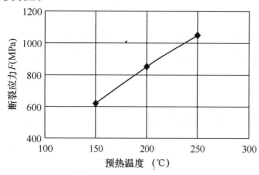

图 1.2-9　预热温度对 Q460E-Z35
钢插销断裂应力的影响

2）预热温度对临界断裂应力的影响

图 1.2-9 表示了预热温度对 Q460E-Z35 钢插销断裂应力的影响规律。随预热温度的增加，断裂应力呈线性增加。预热温度越高，临界断裂应力愈大。

（5）小结

Q460E-Z35 钢插销试验焊接冷裂纹敏感性评定结果为：预热温度 150℃时，断裂应力高于钢材的抗拉强度，可作为实际施焊的指导参数。

结语：Q460E-Z35 钢焊接热影响区最高硬度、斜 Y 形坡口焊接裂纹敏感性、插销试验三种焊接性评定方法的评价是一致的，必须在焊前以 150℃ 为最低预热温度并均匀预热。

5. Q460E-Z35 厚钢板热切割表面硬化敏感性

采用火焰切割工艺，在 1300mm×9000mm 的成品钢板两端分别沿钢板宽度方向进行切割，并得到长×宽×厚为 1300mm×110mm×110mm 的 2 块试板（图 1.2-10）。其中一块试板需预热到 100～150℃后进行热切割试验，另一块常温切割。切割工艺参数包括切割气体，割嘴型号，割嘴号，氧气气压，切割气气压，切割速度，割嘴与工件距离等。

图 1.2-10　切割试件

对切割件淬硬层进行了硬度检测，具体检测位置见图 1.2-11。具体切割工艺见表 1.2-20，试验结果见表 1.2-21。

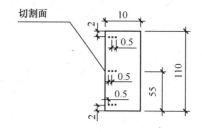

图 1.2-11　切割件淬硬层检测位置示意图

切 割 工 艺　　　　　　　表 1.2-20

割嘴种类	割嘴型号	氧气压力（MPa）	燃气种类	燃气压力（MPa）	切割速度（cm·min⁻¹）	割嘴与钢板间距（mm）
直	7号	0.6	乙炔	0.07	21	6

测点硬度值　　　　　　　表 1.2-21

样品编号	预热温度	测点部位	距切割面边沿的距离（mm）						
			0.5	1.0	1.5	2.0	2.5	7.0	8.0
1号	常温	距上板面下2mm处	366	339	311	281	/	/	219
		板中部55mm处	370	311	294	/	/	/	179
		下板面上2mm处	283	260	/	/	/	/	224
2号		距上板面下2mm处	366	354	348	311	276	224	/
		板中部55mm处	421	311	264	/	/	191	/
		下板面上2mm处	279	256	/	/	/	206	/
3号		距上板面下2mm处	370	360	322	274	/	/	251
		板中部55mm处	348	276	/	/	/	/	167
		下板面上2mm处	285	268	/	/	/	/	228
4号		距上板面下2mm处	390	370	351	309	266	/	213
		板中部55mm处	376	317	270	/	/	/	167
		下板面上2mm处	285	266	/	/	/	/	213
5号		距上板面下2mm处	383	357	304	266	/	/	225
		板中部55mm处	370	294	251	/	/	/	178
		下板面上2mm处	309	279	/	/	/	/	221
6号	150℃	距上板面下2mm处	299	279	/	/	/	/	215
		板中部55mm处	253	228	/	/	/	/	166
		下板面上2mm处	251	237	/	/	/	/	199
7号		距上板面下2mm处	302	294	/	/	/	/	218
		板中部55mm处	245	222	/	/	/	/	166
		下板面上2mm处	249	242	/	/	/	/	228
8号		距上板面下2mm处	311	299	276	/	/	/	215
		板中部55mm处	279	235	/	/	/	/	171
		下板面上2mm处	254	235	/	/	/	/	219
9号		距上板面下2mm处	306	306	279	/	/	/	215
		板中部55mm处	274	227	/	/	/	/	173
		下板面上2mm处	253	247	/	/	/	/	235
10号		距上板面下2mm处	327	342	299	290	/	/	212
		板中部55mm处	299	270	/	/	/	/	159
		下板面上2mm处	264	251	/	/	/	/	209

注：1号、6号为起切端，5号、10号为终点端。

19

小结：由于 Q460E-Z35 钢碳当量较高，采用热切割工艺时，淬硬层的硬度较高（最高至 421），应在切割前以最低预热温度（150℃）进行预热，对于 Q460E-Z35 钢箱型构件板材的热切割，宜选取更高的预热温度或采取切割后刨（铣）边措施。

6. 焊接参数优选及接头性能

（1）焊材强度匹配

根据焊接性评定的评价设定焊接参数，按照 JGJ 81—2002《建筑钢结构焊接技术规程》的相关要求匹配焊材（表 1.2-22、表 1.2-23 及表 1.2-24）。

Q460E-Z35 钢（厚度 110mm）焊接接头工艺条件　　　表 1.2-22

工艺编号	焊接方法	焊接位置	焊接材料	
			牌　号	型　号
G1	焊条电弧焊	立焊	CHE557	E5515-G
G2	CO_2 气保护焊（药芯）	横焊	TWE-81K2	E55T1-G
G3	CO_2 气保护焊（药芯）	立焊	TWE-81K2	E55T1-G
G4	焊条电弧焊	仰焊	CHE557	E5515-G
G5	CO_2 气保护焊（实芯）	立焊	JM-68	ER55-G
G6	CO_2 气保护焊（实芯）	横焊	JM-68	ER55-G
5 号	埋弧自动焊	平焊	JW-9+SJ101	F5A2-H10Mn2

匹配焊接材料的熔敷金属力学性能　　　表 1.2-23

焊材型号	焊材牌号	σ_S (MPa)	σ_b (MPa)	δ_5 (%)	A_{KV} (J)	冲击试验温度
E5515-G*	CHE557	545	650	27	117，130，132	−40℃
ER55-G	TM60	580	660	26	110，134，136	−40℃
ER55-G	JM68	555	635	28	110，142，128	−20℃
E551T1-G	TWE-81K2	540	600	21	64，72，86	−40℃
F55A4-H10MnMo	JF-B+JW-9	540	635	24	52，60，56	−40℃

注：1. 以上数据出自材质单；

2. "-G"提出的附加要求为−40℃冲击功≥34J，且气体保护焊保护气体为 CO_2；

3. 带"*"者为试件经过 620℃×1h 热处理。

匹配焊接材料的熔敷金属扩散氢含量（水银法）　　　表 1.2-24

焊材型号	焊材牌号	焊材规格 (mm)	熔敷金属扩散氢含量 (ml/100g)	备　　注
E5515-G	CHE557	$\phi4.0$	3.32	/
ER55-G	TM60	$\varphi1.2$	1.67	TM60+CO_2（普莱克斯） （CO_2≥99.9%、H_2O≤50ppm）
E551T1-G	TWE-81K2	$\phi1.2$	4.61	TWE-81K2+CO_2（普莱克斯） （CO_2≥99.9%、H_2O≤50ppm）

（2）焊条电弧焊和 CO_2 气体保护焊焊接接头性能

1）焊接接头的坡口形式、规格及测温点如图 1.2-12、图 1.2-13 所示。

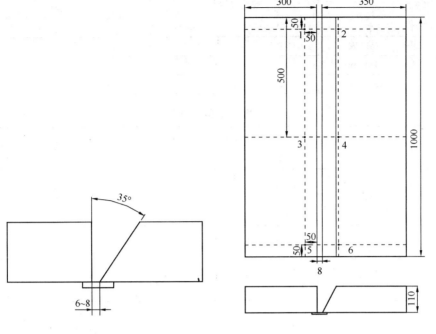

图 1.2-12　G1～G6 试件　　　图 1.2-13　焊接接头焊接过程测温点示意图

坡口形式、规格　　　　　　注：1、2、3、4、5、6 为焊接过程中的测温点

焊接接头工艺参数如表 1.2-25～表 1.2-29 所示。

焊接接头工艺参数　　　　　　　　　　　　　　　　表 1.2-25

工艺编号	焊接设备	预热温度（℃）	层间温度（℃）	焊接层、道数	
				焊缝层数	焊道数
G1	YD-400AT$_2$HGF（松下）	150	150～200	16	35
G2	YM-500CL$_5$（松下）	150	150～200	21	144
G3	YM-500CL$_5$（松下）	150	150～200	16	50
G4	YD-400AT$_2$HGF（松下）	150	150～200	25	162
G5	YM-500EA$_1$（松下）	150	150～200	18	36
G6	ZP7-500（时代）	150	150～200	17	121

注：每块试板焊接完成后，在表层焊缝的熔合线焊接 120mm 的退火焊道。

立焊焊接过程中，严格控制焊枪摆动幅度，CO_2焊控制在 20mm 范围内，焊条电弧焊控制在 3d（d 为焊条直径）范围内。焊枪的倾角也严格限制（30°）。

线能量控制范围：气体保护焊 13～21kJ·cm^{-1}，焊条电弧焊 8～23kJ·cm^{-1}。

SMAW＋GMAW 横焊（H）焊接参数　　　　　　　　　　　　表 1.2-26

道　次	焊接方法	焊条或焊丝		电流（A）	电压（V）
		牌号	ϕ（mm）		
打底层	SMAW	CHE557	3.2	130～150	20～30
中间层	GMAW	JM—68	1.2	260～320	30～40
盖面层	GMAW	JM—68	1.2	260～320	30～40

SMAW＋GMAW 立焊（V）焊接参数　　　　　表 1.2-27

道次	焊接方法	焊条或焊丝		电流（A）	电压（V）
		牌号	ϕ（mm）		
打底层	SMAW	CHE557	3.2	100—130	15—25
中间层	GMAW	JM—68	1.2	140—210	15—25
盖面层	GMAW	JM—68	1.2	180—210	15—25

GMAW 立焊（V）焊接参数　　　　　表 1.2-28

道次	焊接方法	焊条或焊丝		电流（A）	电压（V）
		牌号	ϕ（mm）		
打底层	GMAW	JM—68	1.2	100—130	15—25
中间层	GMAW	JM—68	1.2	140—210	15—25
盖面层	GMAW	JM—68	1.2	180—210	15—25

FCAW-G 立焊（V）焊接参数　　　　　表 1.2-29

道次	焊接方法	焊条或焊丝		电流（A）	电压（V）
		牌号	ϕ（mm）		
打底层	FCAW-G	TWE-81K2	1.2	100～130	15～25
中间层	FCAW-G	TWE-81K2	1.2	140～210	15～25
盖面层	FCAW-G	TWE-81K2	1.2	180～210	15～25

2）接头力学性能（表 1.2-30、表 1.2-31）

接头拉伸、弯曲性能　　　　　表 1.2-30

工艺评定编号	拉伸试验							侧弯试验 弯心直径30mm， 弯曲角度180°
	抗拉强度（MPa）						断裂特征	
G1	605	595	575	575	595	580	母材拉断	侧弯合格（共12件）
G2	585	595	575	580	585	595	母材拉断	侧弯合格（共12件）
G3	585	595	565	565	580	585	母材拉断	侧弯合格（共12件）
G4	600	585	570	570	600	590	母材拉断	侧弯合格（共12件）
G5	580	585	575	580	585	575	母材拉断	侧弯合格（共12件）
G6	565	570	575	580	580	585	母材拉断	侧弯合格（共12件）

注：试板拉伸、弯曲试件分3层取样，每层2拉4弯。

接头各区冲击韧性　　　　　表 1.2-31

工艺评定编号	0℃									−20℃								
	焊缝			熔合线			热影响区			焊缝			熔合线			热影响区		
G1	96	83	90	74	78	70	110	103	210	77	77	76	37	43	78	47	181	204
G2	94	88	98	200	70	65	154	219	99	56	65	74	184	92	83	200	49	250
G3	90	82	86	76	90	97	206	200	220	69	90	82	77	48	64	49	72	129
G4	126	139	140	218	190	225	214	213	228	102	136	133	210	156	220	217	211	233
G5	64	36	40	232	198	228	220	228	212	30	24.5	19	56	54	146	200	182	53
G6	125	162	106	214	232	240	216	200	200	100	106	158	216	208	160	186	160	152

续表

工艺评定编号	−40℃									−40℃（增加退火焊道的部分）								
	焊缝			熔合线			热影响区			焊缝			熔合线			热影响区		
G1	48	53	53	42	30	28	22	38	34	/	/	/	80	<u>24</u>	227	62	190	182
G2	77	89	74	66	126	154	42	222	116	/	/	/	80	91	223	184	74	184
G3	99	87	106	68	100	97	156	47	172	/	/	/	<u>22</u>	158	30	<u>24.5</u>	57	<u>26</u>
G4	107	85	75	56	89	75	167	187	132	/	/	/	200	69	62	156	178	47
G5	46	33	45	28	129	71	171	154	154	/	/	/	112	157	148	164	170	56
G6	48	64	74	174	243	170	224	170	172	/	/	/	140	166	59	188	72	190

注：1. 根据设计要求，焊缝位置冲击值应≥34J，熔合线和热影响区位置冲击值应≥27J；

2. 冲击韧性的合格标准：每一位置三个试样的算术平均值应不小于规定值，允许其中的一个试样的冲击值小于规定值，但不得低于规定值的70%；

3. "X̲X̲"表示试验值低于规定值，但高于规定值的70%；"X̲X̲"表示试验值低于规定值的70%。

由表1.2-30可见，所有六组试板接头拉伸均断于母材，弯曲性能均满足要求。

由表1.2-31可见，编号为G6（实心焊丝气保焊，横焊）接头熔合线及热影响区冲击功与母材相近，但焊缝−40℃冲击功下降较多。G2（药芯焊丝气保焊，横焊）稍差、G4（焊条电弧焊，仰焊）熔合线及焊缝−40℃冲击功下降较多、编号为G1、G3、G5立焊试样的冲击值较低并不稳定，这是因为立焊操作手法对熔池的保护，晶粒组织的细化有较大的影响所致。退火焊道对熔合线及热影响区的韧性未起到改善作用。

3）焊缝、熔合线及热影响区硬度，见表1.2-32。

接头各测点硬度　　　　　　　　　　　　　　　　　　表 1.2-32

工艺评定编号			G1（盖面）	G1（中间）	G2	G3	G4	G5	G6
硬度值HV10	直边母材		209	191	235	212	222	<u>262</u>	215
			210	181	238	216	222	249	224
			202	191	240	212	224	254	215
	焊缝	左	224	232	240	216	233	187	207
		中	235	232	233	213	237	166	210
		右	240	215	237	219	235	195	199
	斜边熔合线	中	240	235	245	227	251	237	225
		下	249	256	268	233	272	232	237
		上	242	253	283	242	<u>294</u>	207	224
	斜边热影响区		243	253	<u>319</u>	256	285	237	<u>322</u>
			238	240	287	233	254	224	276
			232	221	256	222	212	213	235
	直边熔合线	中	237	254	256	240	249	228	299
		下	238	235	311	245	290	256	287
		上	245	254	254	<u>260</u>	253	251	262
	直边热影响区		<u>253</u>	<u>262</u>	249	249	281	238	264
			238	232	202	235	251	221	230
			227	206	197	209	242	216	210
测点分布示意图：			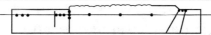						

由表 1.2-32 可见，所有试件的全部测试点硬度值均小于 350HV10，满足规范要求。

4）接头金相显微组织（观察部位在距试板表面下 2.0mm 左右的位置）

①药芯焊丝气体保护立焊接头（G3）显微组织

与实心焊丝气体保护焊立焊接头（G5）相同，并与焊条电弧焊（G1）相似，如图 1.2-14。

熔合区：见图 1.2-14 中照片 1，照片中左侧为热影响区粗晶区，右边侧是盖面焊缝层。

焊缝盖面层（一次组织）：先共析铁素体沿原奥氏体柱状晶晶界分布，沿铁素体边缘有少量珠光体组织析出，晶内大多为粒状贝氏体与针状铁素体交叉混合分布；粒贝中的岛状相有部分分解。见图 1.2-14 中照片 2。

热影响区粗晶区（近缝区）：少量先共析铁素体沿原奥氏体粗大晶界分布，晶内大多数为自晶界向晶内生长分布的粒状贝氏体，偶尔可见到侧板条贝氏体，还有少部分针状铁素体；粒贝中的岛状相大部分均已分解。见图 1.2-14 中照片 3。

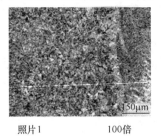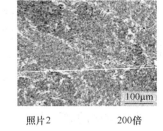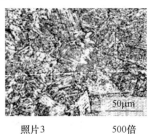

照片1　　　　100倍　　　　　　照片2　　　　200倍　　　　　　照片3　　　　500倍

图 1.2-14　焊接接头金相照片（G3）

②焊条电弧焊仰焊接头显微组织（G4）

如图 1.2-15。

熔合区：见图 1.2-15 中照片 1，照片中左上侧是盖面焊缝层，右下侧为热影响区粗晶区。

焊缝盖面层（一次组织）：先共析铁素体沿原奥氏体柱状晶晶界分布，沿铁素体边缘有一些珠光体组织析出，晶内为粒状贝氏体和针状铁素体交叉混合分布，还有一些方向性生长的粒状贝氏体，少量的针状铁素体较粗大；与针状铁素体交叉混合分布的粒贝中的岛状相有部分已分解，方向性分布的粒状贝氏体中的岛状相有少部分分解。见图 1.2-14 中照片 2 和照片 3。

热影响区粗晶区（近缝区）：少量先共析铁素体沿部分原奥氏体粗大晶界分布，在这些先共析铁素体边缘有较少量的珠光体析出；晶内以侧板条贝氏体为主，还有一些自晶界向晶内生长的粒状贝氏体以及少量针状铁素体；粒贝中的岛状相和侧板条贝氏体均有分解。见图 1.2-15 中照片 4 和照片 5。

③实心焊丝气体保护横焊接头（G6）与药芯焊丝横焊（G2）相似，如图 1.2-16。

熔合区：见图 1.2-16 中照片 1，照片中右上侧是盖面焊缝层，左下侧为热影响区粗晶区。

焊缝盖面层（一次组织）：先共析铁素体沿原奥氏体细长柱状晶晶界分布，沿铁素体边缘有一些珠光体组织析出，晶内为粒状贝氏体和针状铁素体交叉混合分布；粒贝中的岛

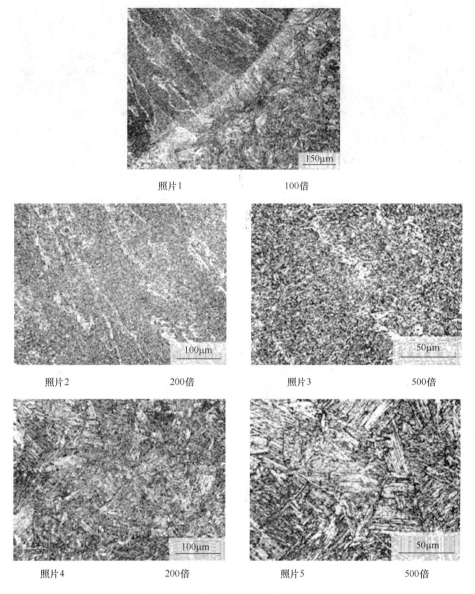

照片1　　　　　　　　　　　100倍

照片2　　　200倍　　　　　　照片3　　　500倍

照片4　　　200倍　　　　　　照片5　　　500倍

图 1.2-15　焊接接头金相照片（G4）

状相大多数已分解。见图 1.2-16 中照片 2 和照片 3。

热影响区粗晶区（近缝区）：少量先共析铁素体沿部分原奥氏体粗大晶界分布，在先共析铁素体边缘有较少量的珠光体析出；晶内原始组织大多数为侧板条贝氏体，还有一些粒状贝氏体和针状铁素体；侧板条贝氏体和粒状贝氏体中的岛状相都严重分解，分解的组织仍保留有原始组织的形貌。见照片 4 和照片 5。

5）小结

Q460E-Z35 钢焊条电弧焊和 CO_2 气体保护焊焊接接头拉伸、弯曲、冲击性能及硬度、金相组织均满足标准要求。

（3）埋弧自动焊焊接接头性能

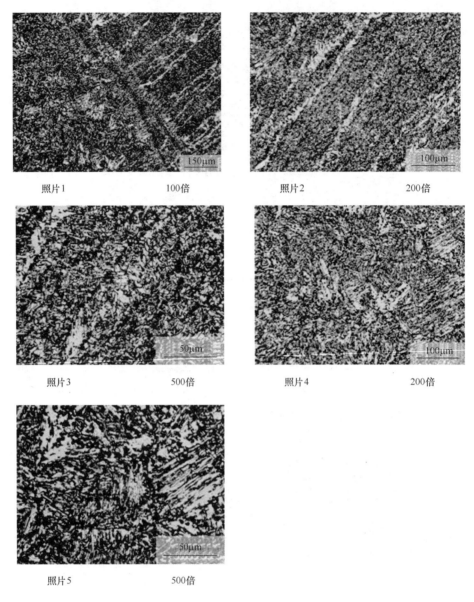

图 1.2-16　焊接接头金相照片（G6）

1）焊接接头的坡口形式（双面）、规格如图 1.2-17，测温点同图 1.2-19 所示。

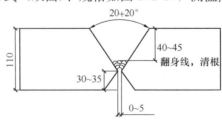

图 1.2-17　埋弧自动焊试件坡口形式、规格

2）焊接工艺及参数

打底：ER50-G（锦泰 JM-58，ϕ1.2mm）一层一道，普莱克斯 CO_2，电流 200A，电压 30V；

填充：F5A2-H10Mn2 埋弧焊

　　焊材牌号：SJ101（锦泰 JF-B）＋JW-9（锦泰，ϕ4mm）；

　　焊接设备：ZX5-1000（成都振中）；

　　预热温度：150℃；

　　层间温度：200℃（焊缝窄面）～250℃（焊缝宽面）；

焊接参数：填充焊道电流 620～640A，电压 28～32V；

　　　　　盖面焊道电流 570～600A，电压 28～32V；

　　　　　线能量范围：21～26kJ·cm^{-1}。

3）焊接接头性能，见表 1.2-33。

埋弧自动焊焊接头力学性能　　　　　　　　　　　表 1.2-33

拉　伸		侧　弯	−40℃冲击吸收功					
抗拉强度（MPa）	断裂特征	侧弯弯心 30mm，180°	（J）					
			焊　缝			热影响区		
595	母材拉断		110	90	82	178	192	228
590	母材拉断	侧弯合格（共 4 件）	80	67	100	185	178	172
590	母材拉断		/	/	/	/	/	/
595	母材拉断		/	/	/	/	/	/

注：拉伸分两层取样，弯曲、冲击从两面取样。

4）小结：接头冲击韧性达到较高的数值。焊丝 JW-9 含 Mo＼Ti＼B 配碱度 1.8 的焊剂 SJ101（JF-B）取得良好效果，说明 Ti＼B 细化晶粒组织是得到高韧性的主要原因。

（4）Q460E-Z35＋GS20Mn5V 铸钢焊接接头性能

1）GS20Mn5V 铸钢的化学成分见表 1.2-34，力学性能见表 1.2-35。

GS20Mn5V 铸钢的化学成分（％）　　　　　　　　表 1.2-34

C	Si	Mn	P	S	Cr	Mo	Ni	标准
0.17～0.23	≤0.60	1.0～1.6	≤0.020	≤0.015	≤0.30	≤0.15	≤0.40	DIN17182-92*

　*　：DIN17182-92《高焊接性、高韧性通用铸钢件交货技术条件》。

GS20Mn5V 铸钢的力学性能　　　　　　　　　　　表 1.2-35

热处理状态	铸件壁厚	屈服强度 $R_{p0.2}$（MPa）	抗拉强度 R_m（MPa）	A（％）	A_{KV}（J）	标准
调质	50	≥360	500～650	≥24	≥70	DIN17182-92*
	＞50～100	≥300	500～650	≥24	≥50	
	＞100～150	≥280	500～650	≥22	≥40	

　*　：DIN17182-92《高焊接性、高韧性通用铸钢件交货技术条件》。

2）焊接参数见表 1.2-36、图 1.2-18 及图 1.2-19。

焊接方法、焊接位置及匹配焊材				表 1.2-36
编号	规格	焊接位置	焊接接方法	焊接材料
YG3	110mm+100mm	横焊	SMAW	CHE507RH
YG4	110mm+100mm	横焊	SMAW+GWAW	CHE507RH+JM58
YG5	110mm+100mm	立焊	SMAW+GMAW	CHE507RH+JM56
YG6	110mm+100mm	立焊	SMAW+FCAW	CHE507RH+TWE−711Ni1
YG7	110mm+100mm	仰焊	SMAW	CHE507RH

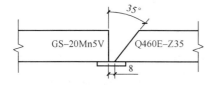

图 1.2-18　焊接接头坡口图

　　各种焊接方法的工艺参数列于表 1.2-37、表 1.2-38。在焊接操作手法上，立焊应严格控制焊枪摆动幅度，CO_2 保护焊控制在 20mm 范围内，焊条电弧焊控制在 3d（d 为焊条直径）范围内，焊枪的倾角的限制为 30°。平、横、仰焊位禁止焊枪摆动，单道焊缝厚度要求控制在 5～6mm 以内，以保证焊缝和热影响区的抗弯和冲击性能。

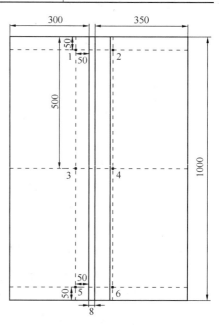

图 1.2-19　焊接接头焊接
过程测温点示意图
注：1、2、3、4、5、6 为
焊接过程中的测温点

Q460E-Z35＋GS-20Mn5V 实心焊丝

气体保护焊横焊（**H**）工艺参数					表 1.2-37
道次	焊接方法	焊丝		电流（A）	电压（V）
		牌号	ϕ（mm）		
打底层	GMAW	JM-58	1.2	130～150	20～30
中间层	GMAW	JM-58	1.2	260～320	30～40
盖面层	GMAW	JM-58	1.2	260～320	30～40

Q460E-Z35＋GS-20Mn5V 焊条电弧焊横焊（**H**）工艺参数					表 1.2-38
道次	焊接方法	焊丝		电流（A）	电压（V）
		牌号	ϕ（mm）		
打底层	SMAW	CHE507RH	3.2	90～120	15～25
中间层	SMAW	CHE507RH	4.0	160～240	18～25
盖面层	SMAW	CHE507RH	4.0	160～240	18～25

Q460E-Z35＋GS-20Mn5V 焊条电弧焊仰焊（O）工艺参数　　　表 1.2-39

道次	焊接方法	焊条		电流（A）	电压（V）
		牌号	ϕ（mm）		
打底层	SMAW	CHE507RH	3.2	90～120	15～25
中间层	SMAW	CHE507RH	4.0	140～180	15～25
盖面层	SMAW	CHE507RH	4.0	160～180	15～25

3) 焊接接头性能见表 1.2-40。

Q460E-Z35＋GS-20Mn5V 接头力学性能　　　表 1.2-40

试样编号	拉 伸		－20℃冲击吸收功					
	抗拉强度（MPa）	断裂位置	（J）					
			焊缝			热影响区（铸钢侧）		
YG3	590	母材拉断	85	63	34	103	87	71
	585	母材拉断	—	—	—	—	—	—
	595	母材拉断	—	—	—	—	—	—
	585	母材拉断	—	—	—	—	—	—
YG4	580	母材拉断	150	134	146	140	139	80
	580	母材拉断	—	—	—	—	—	—
	575	母材拉断	—	—	—	—	—	—
	590	母材拉断	—	—	—	—	—	—
YG5	560	母材拉断	60	65	100	105	132	147
	570	母材拉断	—	—	—	—	—	—
	580	母材拉断	—	—	—	—	—	—
	565	母材拉断	—	—	—	—	—	—
YG6	580	母材拉断	113	80	115	72	123	130
	580	母材拉断	—	—	—	—	—	—
	580	母材拉断	—	—	—	—	—	—
	585	母材拉断	—	—	—	—	—	—
YG7	595	母材拉断	136	144	134	127	82	113
	595	母材拉断	—	—	—	—	—	—

4) 小结

Q460E-Z35＋ Q460E-Z35 及 Q460E-Z35＋GS-20Mn5V 接头力学性能符合相应标准及规范要求。该钢种组配连接及上述焊接工艺已应用于国家体育场桁架柱及中央电视台钢结构工程。

7. 结语

由于 Q460E-Z35 钢碳当量较高，对小线能量焊接和快速冷却比较敏感，因此焊前必须以高于最低预热温度（150℃）充分预热，鉴于实例钢材的碳当量为 0.45，而批量生产钢材的标准规定碳当量上限为 0.48，因此施工时应根据钢材及节点拘束度实际情况，必要时将最低预热温度由 150℃提高至 180℃。在焊接过程中严格控制层间温度在 150～200℃范围内（埋弧自动焊可为 150～250℃），并选择抗冷裂性好、力学性能稳定的焊材。鉴于要求－40℃冲击吸收功高于 34J 的焊材往往性能不太稳定，在针对不同节点形式，不同焊接工艺选择焊接材料时，必须对所选的焊接材料的机械性能进行复验，严格选材。

以上所列的 Q460E-Z35 接头力学性能符合国家相应标准、规范要求，该钢材及焊材已应用于国家体育场钢结构工程。

1.3　调质高强钢（工程机械及储罐大线能量焊接用钢）

1.3.1　调质高强钢热模拟 HAZ 组织性能

1. SHT900D 调质高强钢[10]

实例钢板的板厚 20mm。其化学成分见表 1.3-1，力学性能见表 1.3-2。

实例钢板的化学成分（质量分数）（%）　　　　　　表 1.3-1

C	Si	Mn	S	P	Ni	Cr	Mo	Cu	Fe
0.14	0.22	1.34	0.001	0.010	0.28	0.36	0.36	0.09	余量

实例钢板的力学性能（板厚 20mm）　　　　　　表 1.3-2

抗拉强度 R_m（MPa）	屈服强度 R_{eL}（MPa）	断后伸长率 A（%）	冲击吸收功 $-20℃ A_{KV}$（J）
990	925	17.5	55

SHT900D 钢的 SH-CCT 曲线见图 1.3-1。

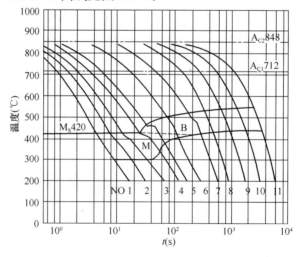

图 1.3-1　SHT900D 钢的 SH-CCT 曲线

热模拟不同冷却时间 $t_{8/3}$ 时 HAZ 过热区的组织、硬度见表 1.3-3、表 1.3-4。

热模拟不同冷却时间 $t_{8/3}$ 时 HAZ 过热区的组织、硬度　　　　表 1.3-3

试件号	时间 $t_{8/3}$（s）	维氏硬度 HV5	组织组成	组织含量	临界冷却时间
1	8.6	395	M	M 100%	$t_{bs}=60s$（出现贝氏体）
2	17	395	M	M 100%	
3	34	395	M	M 100%	
4	68	390	M+B	M95%，B5%	
5	93	355	M+B	M90%，B10%	
6	163	315	M+B	M70%，B30%	
7	383	280	B	B 100%	$t_{mf}=260s$（马氏体转变终了）
8	650	275	B	B 100%	
9	1380	265	B	B 100%	
10	2350	260	B	B 100%	
11	4400	260	B	B 100%	

不同冷却时间 $t_{8/3}$ 时 HAZ 过热区的组织、硬度　　　　表 1.3-4

冷却时间 $t_{8/3}$（s）	组织	$t_{8/3}$ 增加时的变化	HV5
≤60	100%M		395
60<$t_{8/3}$≤260	M＋B	M 逐渐减少，B 渐增，硬度降低	
>260	100% B	硬度继续降低但不明显	

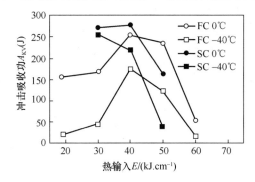

图 1.3-2　焊接热输入与冲击功的关系

出现贝氏体的临界冷却时间为 60s，马氏体转变终了的临界冷却时间为 260s。

2. SMISUMITEN 950 钢（日本）[11]

该钢材为低碳调质钢（QT），其强度高、韧性高、焊接性优良（Ms 为 470℃），在大型水电站输水管道建设中，日本等国已有不少应用 1000MPa 级钢的先例。

实例钢材的化学成分见表 1.3-5，力学性能见表 1.3-6。

模拟焊接粗晶区一次热循环参数见表 1.3-7，焊接热输入与冲击功的关系见图 1.3-2。

SMISUMITEN 950 钢的化学成分（%）（实例）　　　　表 1.3-5

C	Si	Mn	Cu	Ni	Cr	Mo	V	Ti	Nb	Fe
0.10	0.23	0.96	0.24	1.44	0.49	0.51	0.04	0.013	0.008	余量

SMISUMITEN 950 钢的力学性能（实例，板厚 26mm）　　　　表 1.3-6

屈服强度 R_{eL}（MPa）	抗拉强度 R_m（MPa）	断后伸长率 A（%）	断面收缩率 ψ（%）	冲击吸收功	
				0℃ A_{KV}（J）	−40℃ A_{KV}（J）
1009	1035	19.8	69.7	230	190

模拟焊接粗晶区一次热循环参数　　　　表 1.3-7

编号	热输入 E (kJ·cm^{-1})	加热速度 W_H (℃·s^{-1})	峰值温度 T_{max} (℃)	停留时间 t_H (s)	冷却时间 $t_{8/5}$ (s)
1	19	200	1320	1.5	11.0
2	30	200	1320	1.5	22.8
3	40	200	1320	1.5	39.0
4	50	200	1320	1.5	60.0
5	60	200	1320	1.5	144.0

3. HQ130 调质高强钢[12]

HQ130 钢供货状态为淬火＋低温回火，经 250℃ 回火处理后组织为回火马氏体，Ms400℃，具有较好的综合性能。

HQ130 实例钢材化学成分和力学性能见表 1.3-8，峰值温度为 1350℃时的模拟焊接 HAZ 冲击功硬度及组织见表 1.3-9。线能量为 16kJ·cm^{-1} 时气体保护多道焊接头各区冲击功（板厚 12mm，三道）见表 1.3-10。

HQ130 钢化学成分和力学性能　　　　表 1.3-8

C	Si	Mn	Cr	Ni	Cu	Mo	B	S	P
0.18	0.29	1.21	0.61	0.01	0.01	0.28	0.0012	0.006	0.025

σ_h (MPa)	σ_s (MPa)	δ (%)	ψ (%)	HRC	A_{KV} (J)
1370	1313	10	43.7	40.5	64

热模拟不同冷却速度下 HAZ 的冲击功、硬度及组织　　　　表 1.3-9

$t_{8/5}$ (s)	冲击功均值 (J)	硬度 (HV)	HAZ 组织
5	62.4	372	粗大的低碳板条马氏体（ML）
10	53.7	365	
20	54.0	318	
40	26.5	255	粗大的上贝氏体板条（Bu）＋少量粒状贝氏体（Ba）

注：峰值温度 1350℃。

小结：峰值温度 1350℃，$t_{8/5}$ 为 5～20s 时，HQ130 钢 HAZ 组织为低碳马氏体（ML），韧性较好，$t_{8/5}$ 增加达 40s 时，HAZ 组织以上贝氏体为主，韧性明显降低。推荐 $t_{8/5}$ 在 20s 以内，实际生产焊接时采用较小的线能量（$E \leqslant 20$kJ·cm^{-1}）。

4. 各钢号对比

各强度等级、牌号调质低合金高强度钢模拟焊接热输入优选范围及热影响粗晶区性能、组织见表 1.3-10。

调质低合金高强度钢

模拟焊接热输入优选范围及热影响粗晶区性能、组织　　　　　　表 1.3-10

钢材类别等级	$t_{8/3}$ （s）	$t_{8/5}$ （s）	线能量 E （kJ·cm^{-1}）	硬度 （HV10）	冲击功 $-20℃$ （J）		显微组织	板厚 （mm）
SHT900D 钢实例	≤60			395HV5			100％M	
	60＜$t_{8/3}$≤260						M＋B	
	＞260							
HQ130 钢实例			5	372	62.4		粗大的低碳板条马氏体（ML）	
			10	365	53.7			
			20	318	54.0			
			40	255	26.5		粗大的上贝氏体板条（Bu）＋少量粒状贝氏体（Ba）	
SMISUMITEN 950 钢实例（日本）	11～60	20～50			0℃	160～255	低碳板条状 M，晶粒尺寸较小	26
					$-40℃$	45～125		

1.3.2 调质高强钢焊接性——冷裂敏感性评定及最低预热温度

1. 大线能量焊接用钢 SG610E 焊接性[13]

SG610E 钢为大线能量焊接用钢材，化学成分与力学性能要求满足《压力容器用调质高强度钢板》GB 19189—2011，其屈服强度最低值为 490MPa，冲击功最低值为 47J（$-20℃$）。实例成分及性能见表 1.3-11、表 1.3-12。

SG610E 钢板化学成分　　　　　　表 1.3-11

w （C）	w （Mn）	w （Si）	w （S）	w （P）	w （Cr）	w （Ni）
0.100	1.410	0.220	0.004	0.010	≤0.300	≤0.400

w （Mo）	w （V）	其他元素	C_{eq}	P_{cm}
≤0.300	0.060	Ti、Al、Nb 等	0.390	0.200

注：成分满足 GB 19189—2011。

SG610E 钢板力学性能　　　　　　表 1.3-12

屈服强度 σ_s （MPa）	抗拉强度 σ_b （MPa）	延伸率 δ （％）	冷弯 $d=3a$	冲击功 A_{KV} （J）		
				$-20℃$	$-40℃$	$-60℃$
570	660	26	合格	280，280，272（277）	241，280，288（270）	210，223，223（219）

注：性能满足 GB 19189—2011。

（1）热影响区最高硬度

1）测试条件：采用焊条为 JQ.J607RH（直径 4mm），测点位置及硬度值见表 1.3-13。

焊接电流 170～180A，电压 22～24V，焊接速度 150mm·min^{-1}。

2）测试结果：见表 1.3-13。

维氏硬度测点位置及其硬度值 表 1.3-13

预热温度 T/℃	−5.5	−4.5	−3.5	−2.5	−2.0	−1.5	−1.0	−0.5	0	0.5	1.0	1.5	2.0	2.5	3.5	4.5	5.5
室温	255	266	271	305	322	319	332*	327	329	316	319	304	293	288	20	272	259
75	240	257	277	286	299	304	300	311	301	307	313	304	295	290	288	277	264
125	237	248	259	263	277	286	295	300	305	306	292	279	271	275	260	244	227

注：带 * 数据为焊接热影响区最亮硬度值

3）小结：预热 75℃时，热影响区最高硬度 HV10 为 313，满足最高硬度不大于 350 HV_{10} 的要求。

（2）斜 Y 形坡口焊接裂纹敏感性评定

评定条件：焊接电流 170～180A，电压 22～24V，焊接速度 150mm·min^{-1}。裂纹率见表 1.3-14 所示。

斜 Y 坡口焊接裂纹率 表 1.3-14

编号	间隙（mm）	预热温度 T（℃）	断面裂纹率（%）	表面裂纹率（%）	根部裂纹率（%）
11	2.0	室温	2.0	0	1.8
12	2.1	室温	4.5	0	4.7
21	1.9	75	0	0	0
22	1.9	75	0	0	0
31	2.1	100	0	0	0
32	1.9	100	0	0	0

小结：预热 75℃时裂纹率为零，相对于钢材的强度等级，裂纹敏感性较低。

2. Q890 高屈服强度调质钢焊接性[14]

实例钢材的化学成分（%）及力学性能见表 1.3-15 。

钢材化学成分及力学性能（板厚 30mm） 表 1.3-15

C	Si	Mn	P	S	Cr	Mo	Ni	Nb	V	B	Ti	R_m（MPa）	$R_{p0.2}$（MPa）	A（%）	$A_{KV-30℃}$（J）
0.09	0.30	1.44	0.010	0.001	0.45	0.27	0.35	0.04	0.036	0.0014	0.016	1000	990	175	111 87 96/98

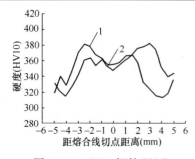

图 1.3-3　Q890 钢的 HAZ
最高硬度分布曲线

1— 不预热；2—预热 120℃

$P_{cm} = 0.23\%$

（1）HAZ 最高硬度（最高硬度见图 1.3-4）。

从图 1.3-3 可见，Q890 钢室温及预热 120℃的 HAZ 最高硬度为分别 367 HV10 和 381 HV10，具有较大的淬硬倾向，但预热 120℃的 HAZ 最高硬度分布范围变窄，预热有利于减少其冷裂敏感性。

（2）斜 Y 形坡口裂纹敏感性

预热 120℃时表面裂纹率、断面裂纹率、根部裂纹率均为零，在该条件下可以控制实际施工焊接裂纹的产生。

3. SHT900D 钢的焊接性

实例钢板的板厚 20mm。其化学成分见表 1.3-16，力学性能见表 1.3-17。

实例钢板的化学成分（质量分数）（%）　　　表 1.3-16

C	Si	Mn	S	P	Ni	Cr	Mo	Cu	Fe
0.14	0.22	1.34	0.001	0.010	0.28	0.36	0.36	0.09	余量

碳当量 CE（IIW）=0.543%（质量分数），裂纹敏感性组分 P_{cm} =0.27%（质量分数）。该钢材冷裂纹倾向较高。

实例钢板的力学性能（板厚 20mm）　　　表 1.3-17

抗拉强度 R_m（MPa）	屈服强度 R_{eL}（MPa）	断后伸长率 A（%）	冲击吸收功 $-20℃A_{KV}$（J）
990	925	17.5	55

（1）斜 Y 形坡口焊接裂纹敏感性，见表 1.3-18。

斜 Y 形坡口焊接裂纹敏感性测评结果　　　表 1.3-18

预热温度 T（℃）	序　号	表面裂纹率 （%）	断面裂纹率 （%）
75	1	37.4	100
	2	45.3	100
100	3	12.6	56.2
	4	7.8	40.4
125	5	0	0
	6	0	0
150	7	0	0
	8	0	0

由表 1.3-18 可见，预热温度超过 125℃后，焊缝表面及断面裂纹率为零。

（2）插销试验焊接裂纹敏感性。

不同预热温度下 SHT900D 插销临界断裂应力见图 1.3-4。

由图 1.3-5 可见，预热温度为 100℃时，临界断裂应力已达到该钢材的实际屈服强度（925MPa），因此，应按照斜 Y 形坡口裂纹敏感性评定结果，确定其最低预热温度为 125℃。

1.3.3　调质高强钢焊接工艺及接头性能

武钢研制的 WDL610D2（12MnNiVR）大线能量低焊接裂纹敏感性高强钢[15]，通过

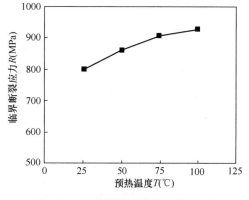

图 1.3-4　不同预热温度下 SHT900D
插销临界断裂应力

添加适量 Ti，实现 Ti 和 N 的最佳配比，高温下形成的 TiN 粒子细小且弥散分布，有效抑制奥氏体长大，细化组织，在 $100kJ \cdot cm^{-1}$ 热输入条件下，粗晶区 $-20℃$ 冲击韧性良好，板厚 50mm 以下焊接不需预热即可防止裂纹产生，已在 10 万 m^3 储罐的建造中大量应用。其他钢厂生产的大线能量焊接用钢接头性能如下：

1. SG610E（首钢）大线能量焊接用钢[13]

化学成分与力学性能要求满足《压力容器用调质高强度钢板》GB 19189—2011，其屈服强度最低值为 490MPa，冲击功最低值为 47J（$-20℃$）。实例成分及性能见表1.3-19、表 1.3-20。

SG610E 钢板化学成分　　　　　　　　　表 1.3-19

w (C)	w (Mn)	w (Si)	w (S)	w (P)	w (Cr)	w (Ni)
0.100	1.410	0.220	0.004	0.010	≤0.300	≤0.400

w (Mo)	w (V)	其他元素	C_{eq}	P_{cm}
≤0.300	≤0.060	Ti、Al、Nb 等	0.390	0.200

注：成分满足 GB 19189—2011。

SG610E 钢板力学性能　　　　　　　　　表 1.3-20

屈服强度 σ_s (MPa)	抗拉强度 σ_b (MPa)	延伸率 δ (%)	冷弯 $d=3a$	冲击功 A_{KV} (J)		
				$-20℃$	$-40℃$	$-60℃$
570	660	26	合格	280，280，272（277）	241，280，288（270）	210，223，223（219）

注：性能满足 GB 19189—2011。

气电立焊焊接接头性能：

（1）焊接工艺条件

YS-EGW 型立焊机（南京佳创），DC-1000 电源（林肯），匹配气保护焊丝 DWS-60G，

直径 1.6 mm。

焊接坡口：单 V 形，单面焊接一次成形。

焊接参数：焊接电压 40V，电流 320A，焊接速度 7.4cm · min^{-1}，线能量 102kJ · cm^{-1}。

（2）焊接接头性能

接头拉伸、冷弯性能见表 1.3-21，接头冲击功见表 1.3-22。接头金相照片见图 1.3-5、图 1.3-6。

气电立焊焊接接头拉伸、冷弯性能（板厚 21mm）　　　表 1.3-21

屈服强度 σ_s (MPa)	抗拉强度 σ_b (MPa)	延伸率 δ (%)	断裂位置	冷弯 $d=3a$
585	650	28	热影响区	合格

气电立焊焊接接头冲击功值　　　　　　　表 1.3-22

取样部位	冲击功 A_{KV} (J)		
	$-20℃$	$-40℃$	$-60℃$
焊缝	116，134，123（125）	96，69，101（89）	69，49，34（51）
热影响区	118，130，101（116）	82，73，79（78）	20，24，25（23）

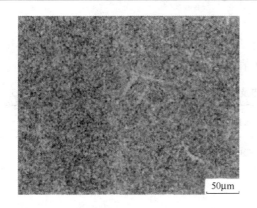

图 1.3-5　气电立焊接头　　　　　　　　图 1.3-6　气电立焊接头
焊缝金相组织（100×）　　　　　　　　熔合线金相组织（100×）

焊缝金属的组织为先共析铁素体＋针状铁素体；熔合区的组织为贝氏体＋魏氏组织；焊接热影响区组织为贝氏体，与热模拟组织相接近。

（3）小结

SG610E 钢通过低碳微合金化及调质工艺获得细小的贝氏体组织，以保证高强度和良好的韧性。在选定的焊材匹配下，以 100kJ/cm 大线能量气电焊接头的焊缝和热影响区－40冲击功均值达到 78J 以上，而－20℃各区冲击功单值均达到 100 J 以上，满足《压力容器用调质高强度钢板》GB 19189—2003 规定的不小于 47J 的要求，也符合 GB 19189—2011 要求－20℃冲击功不小于 80J 的规定，可以应用于 10～15 万 mm^3 的大型原油储罐。

2. N610E（南钢）大线能量焊接用钢焊接接头性能[16]

钢材化学成分见表 1.3-23，力学性能见表 1.3-24。

N610E 钢化学成分　　　　　　　　　　　　　　　　　　　　　　表 1.3-23

项目	C	Si	Mn	P	S	Ni	Cr	Mo	V	P_{cm}
要求值	≤0.15	0.15～0.40	1.20～1.60	≤0.015	≤0.008	0.15～0.40	≤0.30	≤0.30	0.02～0.06	≤0.24
示例（08101245030103）	0.08	0.21	1.41	0.010	0.002	0.21	0.28	0.10	0.046	0.18

N610E 钢力学性能　　　　　　　　　　　　　　　　　　　　　　表 1.3-24

项　目	R_m (MPa)	R_{eL} (MPa)	A (%)	冷弯试验 $b=2a$, 180°	－15℃，A_{KV}（J） 平均值	单个值
要求值	610～370	≥490	≥17	$d=3a$	≥100	≥70
示例（08101245030103）	645	600	18	合格	262, 273, 296 （－20℃）	262 （－20℃）

气电立焊工艺及接头性能：

（1）焊接工艺条件

板厚 21.5mm，单 V 形坡口，根部间隙为 6mm，单面焊一次成型，焊丝为 DWS-60G 药芯焊丝，焊接线能量 100.8kJ·cm^{-1}。

（2）焊接接头性能

焊接接头拉伸及冷弯性能见表 1.3-25，接头焊缝 A_{KV}-T 曲线见图 1.3-7，接头热影响区 A_{KV}-T 曲线见图 1.3-8。接头焊接韧性特征值见表 1.3-26。

焊接接头拉伸及冷弯性能 表 1.3-25

R_m（MPa）	断裂位置	侧弯 $d=4a$，180°
660，650	热影响区	4 件合格

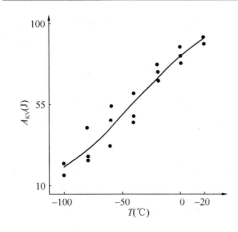

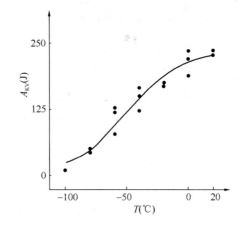

图 1.3-7　气电立焊接头焊缝 A_{KV}-T 曲线　　图 1.3-8　气电立焊接头热影响区 A_{KV}-T 曲线

气电立焊接头的韧性特征值 表 1.3-26

取样部位	试板状态	vT_E（℃）	vT_S（℃）	$-20℃$，A_{KV}（J）
焊缝	焊态	-40	-38	74
热影响区		-50	-49	174

注：vT_E 为 50％上平台所对应的温度，vT_S 为 50％晶状端面所对应的温度。

（3）小结

经 100kJ/cm 大线能量焊接后接头焊缝及热影响区 $-20℃$ 冲击功均达到 80J，满足 GB 19189—2011 的要求。已成功应用于 10 万 m^3 原油储罐的制造。

3. S620Q（德国 DILLINGER）高屈服强度调质钢焊接工艺及接头性能[17]

钢板的化学成分见表 1.3-27，力学性能见表 1.3-28。

S620Q 钢板的化学成分 表 1.3-27

	C	Si	Mn	P	S	Ni	Cr	Mo	V+Nb	CE
标准值	≤0.18	≤0.50	≤1.6	≤0.020	≤0.010	≤1.50	≤1.40	≤0.60	≤0.10	—
实际值	0.16	0.273	1.26	0.011	0.004	0.083	0.044	0.112	0.024	0.412

其 $C_{eq}=0.44％$，$P_{cm}=0.366％$。有一定的冷裂纹敏感性。

S620Q 钢板的力学性能 表 1.3-28

用途	供货状态	钢板厚度 (mm)	拉伸试验			冲击试验	冷弯试验
			R_{eL} (MPa)	R_m (MPa)	A (%)	A_{KV}(J)(-20℃)	$b=3a$, 180°
技术要求	调质	27	≥620	700~890	≥15	≥30	合格
		50	≥620	700~890			合格
复验试板 1	调质	27	660	730	21	121，154，167	合格
复验试板 2	调质	50	790	840	22	151，173，158	合格
复验试板 3	调质	27	645	710	22	143，167，200	合格

(1) 焊条电弧焊

选用高韧性焊条 CHE707Ni，其熔敷金属化学成分见表 1.3-29，其力学性能见表 1.3-30，焊接工艺参数见表 1.3-31。

(2) 埋弧焊

焊丝及焊剂选用 CHW-S10＋CHF106，其熔敷金属化学成分见表 1.3-32，力学性能见表 1.3-33。焊接工艺参数见表 1.3-34。接头力学性能见表 1.3-35。

CHE707Ni 熔敷金属化学成分 表 1.3-29

规格（mm）	试验编号	C	Si	Mn	P	S	Ni	Mo
φ4.0	HJ1	0.05	0.18	1.38	0.012	0.005	2.032	0.279

CHE707Ni 焊条熔敷金属力学性能 表 1.3-30

规格 (mm)	试验编号	冲击试样尺寸 (mm)	拉伸试验			冲击吸收功
			R_{eL} (MPa)	R_m (MPa)	A (%)	A_{KV} (J) (-30℃)
φ4.0	HJ1	10×10×55	680	750	22	150

CHW-S10＋CHF106 熔敷金属化学成分 表 1.3-31

规格（mm）	试验编号	C	Si	Mn	P	S	Cr	Ni	Cu	Mo
φ4.0	HJ2	0.108	0.293	1.88	0.013	0.006	0.125	0.913	0.206	0.638

CHW-S10＋CHF106 熔敷金属力学性能 表 1.3-32

规格 (mm)	试验编号	冲击试样尺寸 (mm)	拉伸试验			冲击吸收功
			R_{eL} (MPa)	R_m (MPa)	A (%)	A_{KV} (J) (-40℃)
φ4.0	HJ2	10×10×55	645	750	25.5	67，64，60

焊条电弧焊焊接工艺参数 表 1.3-33

焊接方法	焊接位置	填充材料		焊接电流		电弧电压 (V)	焊接速度 (cm·min⁻¹)	热输入 (kJ·cm⁻¹)
		牌号	直径 (mm)	极性	电流 (A)			
焊条电弧焊	立焊	CHE707Ni	4	反接	140~170	22~28	9~15	12~35
焊条电弧焊	平焊	CHE707Ni	4	反接	140~170	22~28	9~15	12~35

埋弧焊焊接工艺参数　　　　　　　　　　表 1.3-34

| 焊接方法 | 焊接位置 | 填充材料 | | 焊接电流 | | 电弧电压
(V) | 焊接速度
(cm·min⁻¹) | 热输入
(kJ·cm⁻¹) |
		牌号	直径 (mm)	极性	电流 (A)			
埋弧焊	平焊位置	CHF106＋ CHW-S10	4	反接	500～550	26～32	26～36	22～35

焊接接头力学性能　　　　　　　　　　表 1.3-35

| 试验编号 | 拉伸试验 | | 冷弯试验 | 冲击试验 | | |
	R_m (MPa)	断裂位置	$D=6a$ 180°	试样尺寸 (mm)	缺口位置	A_{KV}(J)(−20℃)
V-1	745	焊缝	侧弯 4 件， 合格	10×10×55	焊缝	51，36，53
					熔合线	68，175，185
					熔合线外 1mm	88，158，160
	755	焊缝			熔合线外 3mm	157，162，165
					熔合线外 5mm	176，188，200
V-2	760	焊缝	侧弯 4 件， 合格	10×10×55	焊缝	73，50，52
					熔合线	102，124，90
					熔合线外 1mm	153，167，154
	740	焊缝			熔合线外 3mm	152，173，168
					熔合线外 5mm	190，193，179
V-3	795	焊缝	侧弯 4 件， 合格	10×10×55	焊缝	69，78，69
					熔合线	222，231，189
					熔合线外 1mm	125，208，82
	800	焊缝			熔合线外 3mm	192，214，219
					熔合线外 5mm	181，200，167

注：V-1、V-2 分别为焊条电弧焊立焊、平焊，V-3 为埋弧焊。

4. 小结：选用等强匹配高韧性焊接材料，采用适当的线能量（12～35kJ/cm），可避免高强度调质钢焊接热影响区脆化，使接头抗拉强度及冲击韧性均符合钢材标准（EN10025-6 高屈服强度调质钢）的规定及相关规范要求。S620Q 钢已应用于 2500m³ 船用液化气储罐（卧式储罐直径为 11600mm，直筒体板厚为 50mm，半球形封头板厚为 27mm）。

5. 屈服强度 690MPa 调质钢（ASTM A514 GR.Q）焊接工艺及接头性能[18]

板厚 70mm，调质状态供货，显微组织为回火索氏体及少量的回火贝氏体和铁素体。实例钢材的化学成分和标准化学成分见表 1.3-36、表 1.3-37。实例钢材力学性能和标准性能见表 1.3-38、表 1.3-39。

钢材的化学成分（％）   表 1.3-36

C	Si	Mn	P	S	Cu
0.164	0.289	1.28	0.010	0.006	0.034
Mo	Ni	Cr	Nb	Ti	Al
0.259	0.110	0.319	0.028	0.002	0.013

注：CE（ⅡW）＝0.50％；P_{cm}＝0.27％。

ASTM A514 GR. Q 化学成分标准值（％）   表 1.3-37

C	Mn	P≤	S≤	Si	Ni	Cr	Mo	V
0.14~0.21	0.95~1.3	0.035	0.035	0.15~0.35	1.2~1.5	1.0~1.5	0.4~0.6	0.03~0.08

注：引自 ASTM A514-00a《适用于焊接的高屈服强度调质钢标准》。

钢材的力学性能（厚度 70mm）   表 1.3-38

屈服强度 σ_s （MPa）	抗拉强度 σ_b （MPa）	延伸率 δ_5 （％）	冲击功 A_{KV}（J）
748	819	18	175

注：冲击功为－40℃条件下的实测均值。

ASTM A514 GR. Q 力学性能标准值   表 1.3-39

σ_S （MPa）	σ_b （MPa）	伸长率 （％）	断面收缩率 （％）	板 厚 （mm）
690	760~895	18	50	2 以上 0~65
620	690~895	16	50	65 以上~150

注：引自 ASTM A514-00a《适用于焊接的高屈服强度调质钢标准》。

（1）埋弧自动焊

焊条电弧焊打底：焊条为 AWS A5.5 的 E11018M MR（相当于 GB/T5118 的 E7518M）焊道厚度 4~5mm；

埋弧焊填充及盖面：焊丝为 LAC M2 焊道厚度 3~4mm；

预热温度：150~175℃；

层间温度：150~200℃；

焊接线能量：1.0~2.5kJ·mm；

焊后立即用电加热器加热至 200℃保温 2 小时。

坡口形式见图 1.3-9，焊接参数如表 1.3-40 所示。

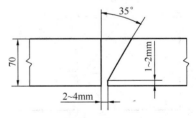

图 1.3-9 埋弧焊坡口形式

埋弧焊焊接参数（平焊）   表 1.3-40

焊道	焊接方法	焊材名称	直径（mm）	电流（A）	电压（V）	焊接速度（mm·min⁻¹）
打底	SMAW	Excalibur 11018M MR	3.2	90~110	21~24	40~60
填充	SMAW	Excalibur 11018M MR	3.2	130~160	22~25	130~250
	SAW	LAC M2	4.0	470~540	29~31	400~630
盖面	SAW	LAC M2	4.0	480~530	29~31	400~540

注：焊道线能量（kJ·cm⁻¹）：打底为 32.4~23.1；

填充为 15~8.5，21.9~14.9；

盖面为 22.3~17.1。

（2）焊条电弧焊（平焊、立焊）

坡口形式见图1.3-10，加热参数同埋弧焊，焊接参数见表1.3-41。

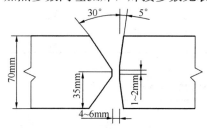

图1.3-10　焊条电弧焊坡口形式

焊条电弧焊焊接参数　　　　　　　　　　　　　　表1.3-41

焊道	焊接方法	焊材名称	直径 (mm)	电流 (A)	电压 (V)	焊接速度 (mm·min^{-1})
打底	SMAW	Excalibur 11018M MR	3.2	90~110	21~24	40~60
填充	SMAW	Excalibur 11018M MR	3.2	120~150	21~24	120~180
	SMAW	Excalibur 11018M MR	4.0	140~180	22~25	120~300
盖面	SMAW	Excalibur 11018M MR	3.2	120~150	21~24	120~180
	SMAW	Excalibur 11018M MR	4.0	140~180	22~25	120~300

注：焊道线能量（kJ·cm^{-1}）：打底为32.4～23.1；
　　填充为14.4～10.5，17.5～7.9；
　　盖面为14.4～10.5，17.5～7.9。

（3）气体保护焊

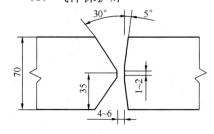

图1.3-11　气体保护焊坡口形式

焊条电弧焊打底：焊道厚度4～5mm；

药芯焊丝气保护焊填充及盖面：焊丝为690-H焊道厚度3～4mm；

保护气体：Ar80%/CO$_2$20%，流量：15～25L/min；

加热参数同埋弧焊。

焊接坡口形式见图1.3-11，焊接参数见表1.3-42，焊接接头力学性能见表1.3-43。

气体保护焊焊接工艺参数　　　　　　　　　　表1.3-42

焊道	焊接方法	焊材名称	直径 (mm)	电流 (A)	电压 (V)	焊接速度 (mm·min^{-1})
打底	SMAW	Excalibur 11018M MR	3.2	90~110	21~24	40~60
填充	FCAW-G	Outershield 690-H	1.2	170~240	22~28	200~450
盖面	FCAW-G	Outershield 690-H	1.2	170~210	22~26	350~450

注：焊道线能量（kJ·cm^{-1}）：打底为32.4～23.1；
　　填充为14.3～12.0；
　　盖面为7.6～6.2。

焊接接头力学性能 表 1.3-43

工艺	减截面拉伸试验（MPa）	全焊缝拉伸试验（MPa）	弯曲试验 180°	低温冲击试验（-40℃）（J）	宏观硬度（HV10）
埋弧焊	824～839	1000	合格	61～168	256～380
手工电弧焊	800～823	813.5～823.1	合格	39～203	242～351
气保护药芯焊	781～845	775.3～831.5	合格	36～184	225～381

（4）结语：采用 75 级焊丝等强匹配，线能量在 6.2～32.4kJ/cm 范围内，所有接头抗拉强度均高于母材，性能满足 AWS D1.1 规范要求。该钢种已应用于 200 英尺自升式钻井船桩腿齿条。

6. Q890 钢焊接工艺及接头性能[19]

实例钢材的化学成分（%）及力学性能见表 1.3-44。

钢材化学成分及力学性能（板厚 30mm） 表 1.3-44

C	Si	Mn	P	S	Cr	Mo	Ni	Nb	V	B	Ti	R_m (MPa)	$R_{P0.2}$ (MPa)	A (%)	$A_{KV-20℃}$ (J)
0.09	0.30	1.44	0.010	0.001	0.45	0.27	0.35	0.04	0.036	0.0014	0.016	1000	990	17.5	111 87 96/98

$P_{cm}=0.23\%$

（1）全自动熔化极气体保护焊工艺条件

保护气：$80\%Ar+20\%CO_2$，20L/min。

焊接参数：预热温度 80～90℃，

道间温度 110～120℃时，线能量（$kJ \cdot cm^{-1}$）为 18、15、13 三种；

道间温度 140～150℃时，线能量（$kJ \cdot cm^{-1}$）为 18、15，两种，

并焊后缓冷。

电流 220A，电压 22V，焊接速度 33cm·min^{-1}。

焊后热处理：道间温度 110～120℃，线能量为 15kJ·cm^{-1} 时，加热及保温时间为 250℃×2h、480℃×2h、550℃×2h 三种。

（2）焊接接头性能

接头抗拉性能见图 1.3-12，焊缝区冲击韧性见图 1.3-13。弯曲 $D=2a$，180°全部合格。

抗拉强度大于 1000MPa 时，断裂位置为 HAZ 或母材，低于 1000MPa 时均断于焊缝。

由图 1.3-12、图 1.3-13 可见线能量增加接头抗拉强度下降，焊缝区冲击韧性先升后降，在 15kJ·cm^{-1} 时为最高值。但线能量对接头强韧性的下降作用不如道间温度的负影响明显。

由图 1.3-14、图 1.3-15 可见，除 250℃×2h 加热缓冷或消氢处理（冲击功 80J）以外，焊后高温热处理使接头强韧性下降。

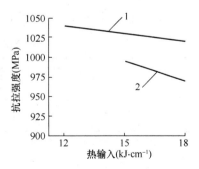

图 1.3-12 不同道间温度及热
输入下接头抗拉性能
1—道间温度 110～120℃；
2—道间温度 140～150℃

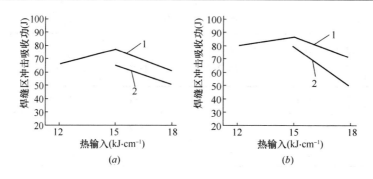

图 1.3-13　不同道间温度及热输入下焊缝的冲击功
1—道间温度 110～120℃；2—道间温度 140～150℃。
注：(b) 应为热影响区冲击韧性

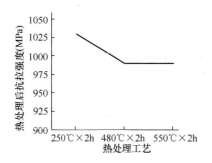

图 1.3-14　焊后热处理工艺对接头
抗拉强度的影响

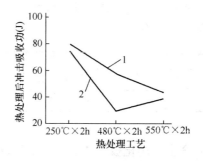

图 1.3-15　焊后热处理工艺对接头
冲击韧性的影响
1—HAZ；2—焊缝

小结：Q890 钢的碳当量高，裂纹倾向较大。焊接热输入大时，HAZ 软化及脆化明显。合理的焊接工艺为：最低预热温度 80℃，线能量低于 18kJ/cm，道间温度 110～120℃，推荐应用于煤矿机械液压支架。

对于 Q890 钢，不适合进行高温消应力处理。

7. SHT900D（上海三钢）调质高强度钢焊接工艺及接头性能[20]

实例钢板的板厚 20mm。其化学成分见表 1.3-45，力学性能见表 1.3-46。

实例钢板的化学成分（质量分数）（%）　　　　　　　　　表 1.3-45

C	Si	Mn	S	P	Ni	Cr	Mo	Cu	Fe
0.14	0.22	1.34	0.001	0.010	0.28	0.36	0.36	0.09	余量

实例钢板的力学性能（板厚 20mm）　　　　　　　　　表 1.3-46

抗拉强度 R_m（MPa）	屈服强度 R_{eL}（MPa）	断后伸长率 A（%）	冲击吸收功 $A_{KV-20℃}$（J）
990	925	17.5	55

（1）气体保护焊焊接工艺

焊材匹配：采用等强匹配，焊丝牌号 MEGAFIL.1100M（德国 DRAHTZUG STEIN 公司生产的药芯焊丝，符合 AWSA5.28，E120-G 标准要求），直径 1.2mm，采用 80%

Ar＋20％CO_2 气体，其熔敷金属力学性能及扩散氢含量见表 1.3-47。

接头形式：单边 30°V 形坡口对接。

MEGAFIL. 1100M 焊丝熔敷金属力学性能及扩散氢含量 表 1.3-47

焊丝牌号	抗拉强度 R_m（MPa）	屈服强度 R_{eL}（MPa）	断后伸长率 A（％）	冲击吸收功 $A_{KV-20℃}$（J） $A_{KV-40℃}$（J）		扩散氢（水银法）（mL/100g）
MEGAFIL 1100M	1017	960	15	47	40	1.4

焊接接头的热输入及道间温度见表 1.3-48。

道间温度及热输入变化参数 表 1.3-48

序号	焊接电流 I（A）	电弧电压 U（V）	焊接速度 v（mm·min^{-1}）	预热温度 T_1（℃）	道间温度 T_2（℃）	热输入量 E（kJ·mm^{-1}）
1	240	26	380	100	100	0.99
2	260	28	420	100	150	1.04
3	260	28	420	100	200	1.04
4	260	28	300	100	150	1.45

（2）焊接接头性能

不同热输入及道间温度时焊接接头的力学性能见表 1.3-49。

不同热输入及道间温度下焊接接头的力学性能 表 1.3-49

序号	热输入量 E（kJ·mm^{-1}）	道间温度 T_2（℃）	抗拉强度 R_m（MPa）	焊缝金属拉伸性能 屈服强度 R_{eL}（MPa）	断后伸长率 A（％）	焊接接头 $-20℃ A_{KV}$（J）	
						焊缝中心	热影响区
1	0.99	100	1040	980	16	37	38
2	1.04	150	1020	960	17	42	56
3	1.04	200	975	880	17	43	67
4	1.45	150	1020	950	17	31	54

由表 1.3-49 可见，热输入增加焊缝及热影响区韧性均下降，热输入在 1.04～1.45 kJ·mm^{-1} 范围内较为合适。道间温度增加时焊缝强度下降，而韧性稍有上升。当热输入在 1.04kJ·mm^{-1}，道间温度在 150～200℃ 范围内焊缝及热影响区的冲击功数值较高。

热输入在 1.04kJ·mm^{-1}，道间温度在 150℃ 时，接头拉伸断于母材，抗拉强度达到 1020MPa，接头侧弯 180°合格（$d=3a$）$-20℃$ 冲击功焊缝为 42J，热影响区为 56J。综合性能满足高端液压支架推移框架的设计要求。

（3）焊接接头金相组织

不同焊接条件下 SHT900D 钢焊缝金属组织见图 1.3-16 及表 1.3-50，不同焊接条件下 SHT900D 钢焊接过热区金相组织见图 1.3-17 及表 1.3-50。

不同热输入及道间温度时焊缝金属及接头过热区金相组织　　　表 1.3-50

热输入（kJ/mm）	道间温度（℃）	焊缝组织	接头过热区组织
1.04～1.45	150～200	细小的针状铁素体＋粒状贝氏体	马氏体＋贝氏体
1.04	150	变化不明显	马氏体＋少量下贝氏体
	200		马氏体＋较大比例的下贝氏体
1.04	150	出现粒状贝氏体	—
1.45			马氏体＋少量下贝氏体

过热区下贝氏体比例增加是韧性提高主要原因。

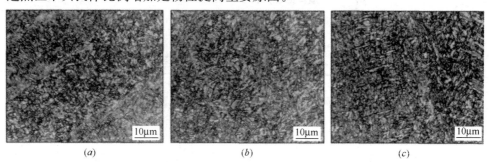

图 1.3-16　不同焊接条件下 SHT900D 钢焊缝金属组织图

(a) 2 号（1.04kJ·mm^{-1}，150℃）；(b) 3 号（1.45kJ·mm^{-1}，150℃）；(c) 4 号（1.04kJ·mm^{-1}，200℃）

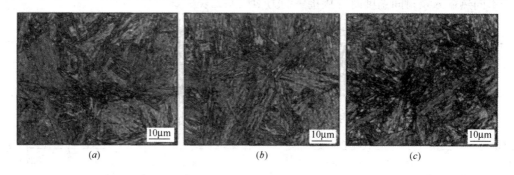

图 1.3-17　不同焊接条件下 SHT900D 钢接头过热区金相组织图

(a) 2 号（1.04kJ·mm^{-1}，150℃）；(b) 3 号（1.45kJ·mm^{-1}，150℃）；(c) 4 号（1.04kJ·mm^{-1}，200℃）

（4）小结：采用 MEGAFIL.1100M 等强匹配药芯焊丝富氩气保焊，最低预热温度 125℃，线能量 1.04kJ·mm^{-1}，道间温度 150℃，对接接头综合力学性能较好。

该钢材及优化焊接参数已成功应用于 4.5m 高端液压支架推移框架的制造，产品的推杆通过了行业 MT312-2000 标准强度、寿命试验，欧洲长壁支架结构件测试标准强度、寿命试验。产品经受住了矿井作业现场恶劣环境和复杂载荷的考验，满足了使用要求。

8. 各钢号对比

各强度等级、牌号调质低合金高强度钢不同焊接方法焊接热输入优选范围及接头热影响粗晶区性能、组织见表 1.3-51。

调质低合金高强度钢　　　　　　　　　　　　　　　　　表 1.3-51
各种焊接方法焊接热输入优选范围及接头热影响粗晶区性能、组织

钢材牌号	焊接方法	线能量 E (kJ·cm^{-1})	硬度 (HV10)	冲击功 (J)	显微组织	板厚 (mm)
S620Q 焊接接头实例	焊条电弧焊	12～35		68～185，立焊、熔合线 90～124，平焊、熔合线		27、50
	埋弧焊	22～35		82～208 熔合线外 1mm		
ASTM A514 GR. Q 焊接接头实例	焊条电弧焊	8～32	242～351	−40℃，39～203		70
	埋弧焊	8.5～32	256～380	−40℃，61～168		70
	气体保护焊	6～32	225～381	−40℃，36～184		70
SHT900D 钢（上海三钢）气体保护焊接接头实例		10.4～14.5 预热 125℃		−20℃，54～56	马氏体＋少量下贝氏体	20
Q890 钢气体保护焊接头实例		12～18 预热 80℃		80		30
SG610E（首钢）大线能量焊接用钢焊接接头实例	焊条电弧焊			−20℃，焊缝 181，热影响区 231 −40℃，焊缝 151，热影响区 228		32
	埋弧焊			−20℃，焊缝 66，热影响区 211 −40℃，焊缝 41，热影响区 204		32
	气电立焊	102		−20℃，焊缝 125，热影响区 116 −40℃，焊缝 89，热影响区 78	焊缝为先共析铁素体＋针状铁素体，热影响区为贝氏体	21
N610E（南钢）大线能量焊接用钢焊接接头实例	气电立焊	100.8		−15℃，焊缝 90，热影响区 191 −15℃，焊缝 73，热影响区 136 −20℃，焊缝 74，热影响区 174		32 21.5 21

1.4　高 强 度 管 线 钢

1.4.1　高强度管线钢 SH-CCT 曲线分析——热模拟不同冷却速度下的组织和性能

1. X70 钢

（1）X70 实例 A[21]

板厚 15.9mm。化学成分见表 1.4-1

实例 A 钢板的 SH-CCT 曲线见图 1.4-1，$t_{8/5}$ 与 HAZ 组织关系如图 1.4-2 所示，$t_{8/5}$ 与 HAZ 硬度关系如图 1.4-3 所示，不同焊接线能量、冷却速度下的金相组织如表 1.4-2 和图 1.4-4所示。

实例钢板化学成分　　　　　　　　　　　　　　　　　表 1.4-1

w (C)	w (Si)	w (Mn)	w (P)	w (S)	w (Nb)	w (Ni)	w (V)	w (Cr)	w (Ti)	w (Al$_1$)	C_{eq}	P_{cm}
0.05	0.23	1.57	0.007	0.001	适量	适量	适量	适量	微量	0.027	0.37	0.15

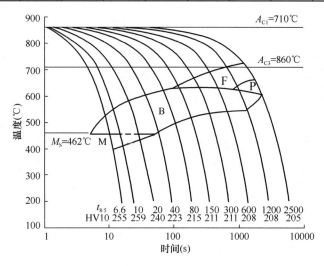

图 1.4-1　实例钢板的 SH-CCT 曲线

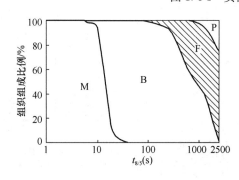

图 1.4-2　不同 $t_{8/5}$ 时 HAZ 组织比例

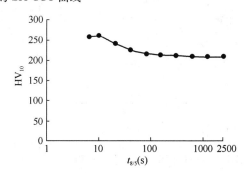

图 1.4-3　不同 $t_{8/5}$ 时 HAZ 的硬度

不同冷却速度下的金相组织及硬度　　　　　　　　　表 1.4-2

冷却时间 $t_{8/5}$（s）	线能量（kJ/cm）	金相组织	对应图号	硬度（HV$_{10}$）
10	20	M + B	图 1.4-4 (b)	260
<40		M + B	图 1.4-4 (a)、(b)、(c)	230
≥40		100% B	图 1.4-4 (d)、(e)	230
80		B	图 1.4-4 (e)	220
100	50	B + 先共析 F + 少量 P	/	210
≥150		B + F	图 1.4-4 (f)、(g)、(h)	210
≥1200		F + P + B 晶粒粗大	图 1.4-4 (i)、(j)	210

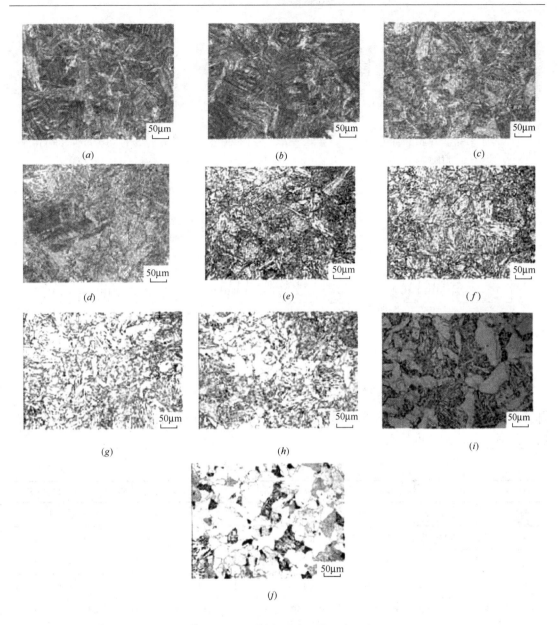

图 1.4-4 不同冷却速度下的金相组织

(a) $t_{8/5}=6.60s$；(b) $t_{8/5}=10s$；(c) $t_{8/5}=20s$；(d) $t_{8/5}=10s$；(e) $t_{8/5}=80s$；

(f) $t_{8/5}=150s$；(g) $t_{8/5}=300s$；(h) $t_{8/5}=600s$；(i) $t_{8/5}=1200s$；(j) $t_{8/5}=2500s$

小结：一般工程实际应用线能量为 20 ～50kJ·cm^{-1}，对应 $t_{8/5}$10～100s。

实例 A 钢材的冷却速度在应用下限 $t_{8/5}=10s$ 时，组织为贝氏体和马氏体。

在应用上限 $t_{8/5}=100s$ 时，组织为贝氏体、先共析铁素体和少量珠光体。

只有在中限 $t_{8/5}$ 时，组织为贝氏体。

该实例钢材推荐的 $t_{8/5}$ 为 40～80s，该范围内 HAZ 硬度为 210～260HV10。

(2) X70 实例 B 组（6 种）[22]

X70C 实例 B 组的化学成分见表 1.4-3、表 1.4-4，SH-CCT 曲线见图 1.4-5，不同冷

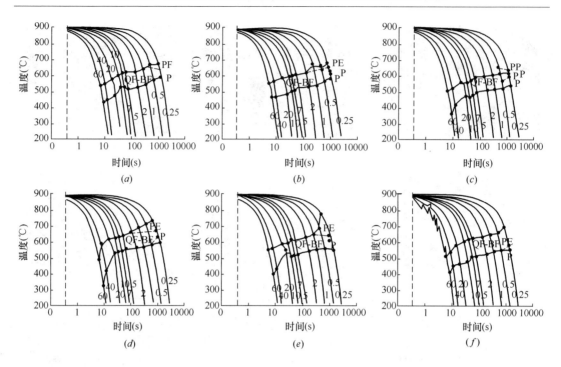

图 1.4-5　6 种 X70 管线钢焊接 CCT 曲线

(*a*) 1 号钢；(*b*) 2 号钢；(*c*) 3 号钢；(*d*) 4 号钢；(*e*) 5 号钢；(*f*) 6 号钢

却速度下的金相组织见图 1.4-6 ～图 1.4 -11 及表 1.4-5（1 号钢材）。不同钢材组织转变特征点对应的冷却速度见表 1.4-6。

6 种 X70 管线钢的化学成分　　　　　　　　　　　　　　表 1.4-3

编号	$w(C)$	$w(Si)$	$w(Mn)$	$w(P)$	$w(S)$	$w(Cr)$	$w(Mo)$	$w(Ni)$	$w(Al)$	$w(Cu)$	$w(Nb)$	$w(Ti)$	$w(V)$	$w(N)$	C_{eq}	P_{cm}
1 号	0.03	0.22	1.76	0.007	0.001	0.310	0.002	0.230	0.031	0.12	0.081	0.014	0.001	0.0066	0.41	0.51
2 号	0.05	0.18	1.64	0.009	0.001	0.250	0.130	0.021	0.030	0.008	0.068	0.011	0.001	0.0067	0.40	0.16
3 号	0.07	0.22	1.54	0.011	0.001	0.160	0.029	0.032	0.010	0.058	0.016	0.044	0.0076	0.41	0.18
4 号	0.05	0.24	1.58	0.08	0.001	0.020	0.110	0.024	0.026	0.031	0.048	0.015	0.001	0.0070	0.34	0.15
5 号	0.06	0.20	1.60	0.008	0.001	0.250	0.096	0.022	0.039	0.010	0.045	0.014	0.027	0.0038	0.40	0.17
6 号	0.06	0.16	1.49	0.008	0.002	0.033	0.167	0.196	0.038	0.136	0.048	0.017	0.033	0.0050	0.38	0.16

各厂管线钢成分特点　　　　　　　　　　　　　　表 1.4-4

编　　号	成　分　特　点	
1	超低碳，高铌、镍、铜，稍高锰，微钼、钒	
2	低铜，微钒	
3	低铜	
4	低铬、微钒	
5	低铜	
6	低铬，稍高镍、铜	

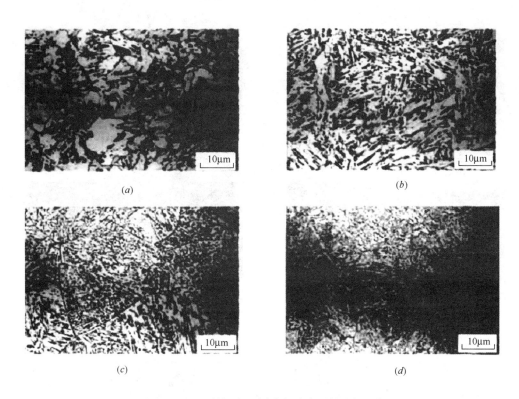

图 1.4-6 1号钢在不同冷却速度下的金相组织

(a) 0.25℃·s^{-1}；(b) 0.5℃·s^{-1}；(c) 5℃·s^{-1}；(d) 20℃·s^{-1}

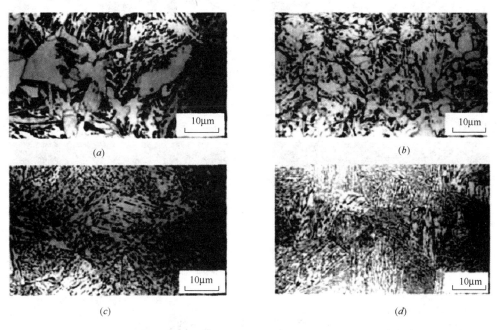

图 1.4-7 2号钢在不同冷却速度下的金相组织

(a) 0.25℃·s^{-1}；(b) 0.5℃·s^{-1}；(c) 5℃·s^{-1}；(d) 20℃·s^{-1}

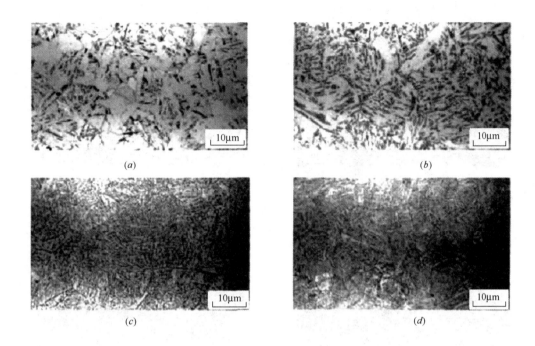

图 1.4-8　3 号钢在不同冷却速度下的金相组织

(a) 0.25℃ · s^{-1}；(b) 0.5℃ · s^{-1}；(c) 5℃ · s^{-1}；(d) 20℃ · s^{-1}

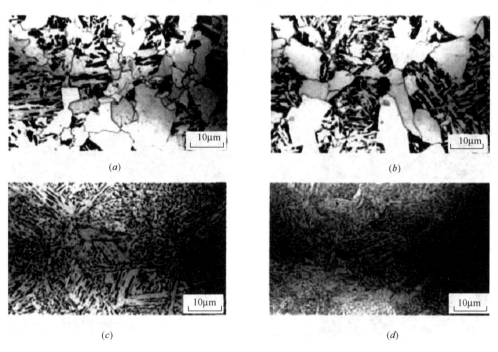

图 1.4-9　4 号钢在不同冷却速度下的金相组织

(a) 0.25℃ · s^{-1}；(b) 0.5℃ · s^{-1}；(c) 5℃ · s^{-1}；(d) 20℃ · s^{-1}

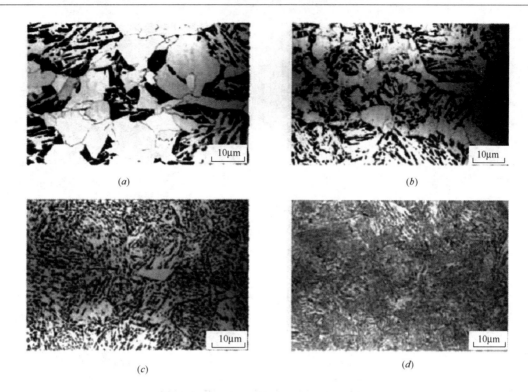

图 1.4-10 5号钢在不同冷却速度下的金相组织

(a) 0.25℃·s^{-1}；(b) 0.5℃·s^{-1}；(c) 5℃·s^{-1}；(d) 20℃·s^{-1}

1号钢材在不同冷却速度下的金相组织　　　　表 1.4-5

冷却速度 （℃/s）	钢材编号	组　　织	对应图号
0.25	1	少量多边形铁素体、珠光体及大量针状铁素体	图 6（a）
0.5	1	针状铁素体条束及岛状组织较粗大，多边形铁素体消失	图 6（b）
1	1	出现原奥氏体晶界	—
5	1	主要为粒状贝氏体，奥氏体晶界清晰，局部组织呈条状	图 6（c）
大于5	1	粒状贝氏体向板条状转化，组织细化	图 6（d）

不同钢材组织转变特征点对应的冷却速度　　　　表 1.4-6

组织转变特征点	钢材编号	冷却速度 （℃·s^{-1}）	晶粒特点	对应图号
出现多边形铁素体	1	0.25		图 6（a）
	3、6	0.5		图 8、图 11
	2、4、5	1		图 7、图 9、图 10
存在针状铁素体（或粒贝）	1、2、3、6、	冷速范围窄	易形成贝氏体	图 7、图 8、图 11
	4、5	0.25~20		图 9、图 10
冷速低时的铁素体 量及晶粒尺寸	4、5		量多，尺寸大	
	2		量减少，尺寸大	
	6		量多，尺寸小	

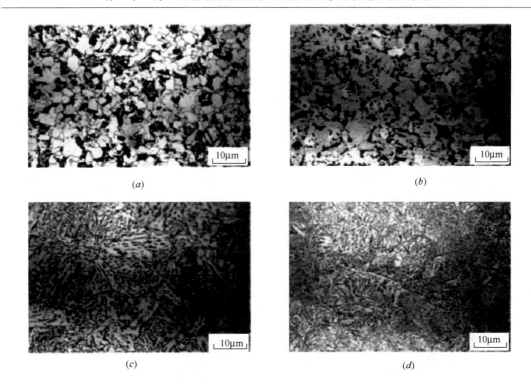

图 1.4-11　6 号钢在不同冷却速度下的金相组织

(*a*) $0.25℃ \cdot s^{-1}$；(*b*) $0.5℃ \cdot s^{-1}$；(*c*) $5℃ \cdot s^{-1}$；(*d*) $20℃ \cdot s^{-1}$

各钢号共同的规律是：当冷却速度达到 $10℃/s$ 以上时，组织以贝氏体为主，贝氏体板条及板条间的岛状组织明显细化，韧性提高。冷速高达 $40℃ \cdot s^{-1}$ 时韧性下降，有些钢号韧性严重下降。

2. X80 实例 A[23]

钢材的化学成分见表 1.4-7。

钢材的化学成分　　　　　　　　　　　　　　　　　　表 1.4-7

w (C)	w (Si)	w (Mn)	w (P)	w (S)	w (Cr)	w (Mo)	w (Ni)
0.059	0.178	1.520	0.013	0.004	0.026	0.210	0.178
w (V)	w (Ti)	w (B)	w (N)	w (Ca)	w (Al)	w (Cu)	w (Nb)
0.040	0.016	0.001	0.007	0.001	0.025	0.118	0.059

$P_{cm} = 0.1682\%$，淬硬倾向很低。

该钢材的组织为细小的针状铁素体，微合金元素的碳氮化物第二相粒子弥散沉淀分布于基体，对位错有钉扎作用，提高了钢材的韧性。

该钢材的抗拉强度为 $680 \sim 750MPa$，硬度为 246HV，冲击功高达 340J（$-20℃$）。

热模拟冷却曲线（SH-CCT）见图 1.4-12。

热模拟 HAZ 显微组织见表 1.4-8 及图 1.4-13。

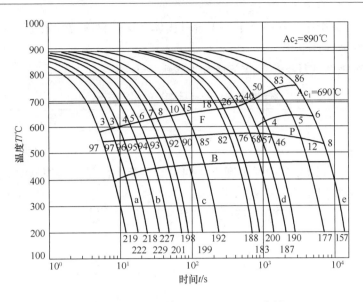

图 1.4-12　X80 管线钢的 SH-CCT 曲线

不同冷却速度时的显微组织　　　　表 1.4-8

冷却速度	组织	冷速降低时的变化趋势	图号
$60\sim0.35℃\cdot s^{-1}$	少量铁素体＋贝氏体	贝氏体上岛状物变窄变短变细并弥散分布	图 a～c
$0.35\sim0.05℃\cdot s^{-1}$	多边形铁素体＋贝氏体＋珠光体		图 d

图 1.4-13　不同冷却速度下的组织形态
(a) $60℃\cdot s^{-1}$；(b) $20℃\cdot s^{-1}$；(c) $5℃\cdot s^{-1}$；(d) $0.05℃\cdot s^{-1}$

显微组织说明在快速冷却条件下不出现马氏体，该钢材冷裂纹敏感性较低。

3. X100 实例 A（日本）[24]

X100 钢管实例 A（日本）的化学成分见表 1.4-9。

X100 实例钢管（日本）的化学成分　　　　　　　　　表 1.4-9

C	Si	Mn	P	S	Mo	Ni+Cr+Cu	V+Nb+Ti	Al	$CE_{Ⅱw}$	C_{eq}	P_{cm}
0.064	0.10	1.78	0.0065	0.001	0.27	0.804	0.045	0.06	0.473	0.423	0.198

X100 实例钢管 SH-CCT 曲线见图 1.4-14。焊接粗晶区显微组织见图 1.4-15。实例钢管焊接粗晶区显微组织及硬度见表 1.4-10。

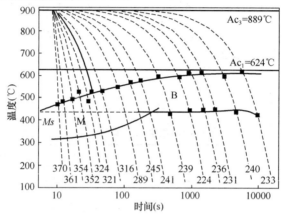

图 1.4-14　X100 实例钢管的 SH-CCT 曲线

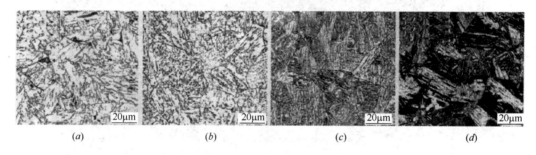

图 1.4-15　X100 实例钢管焊接粗晶区显微组织

(a) 0.1℃/s；(b) 1℃/s；(c) 10℃/s；(d) 200℃/s

显微组织由细小粒状贝氏体和少量铁素体组成。显微硬度值为 256HV。

不同冷却速度下粗晶区组织及硬度　　　　　　　　　表 1.4-10

冷却速度 （℃/s）	组织	图号	显微硬度（HV）
≤2	粒状贝氏体为主，粗大的 M-A 岛在晶内不均匀分布	图 15 (a)	低于 256（母材）
≥5	开始出现少量马氏体		
5～20	以细密平行生长的板条状贝氏体铁素体为主	图 15 (c)	288～324 高于母材
≥30	以板条状马氏体为主	图 15 (d)	352 高于 AWS D1.1 规定

小结：根据 SH-CCT 曲线测定及分析，该管线钢合理的焊后冷却速度为 5 ～20℃/s。

4. X120 实例[25]

X120 超低碳（0.04%～0.06%）微合金 TMCP 管线钢（南钢）实例 A 的 SH-CCT 曲线见图 1.4-16，SH-CCT 的相变起始与结束温度见表 1.4-11，不同 $t_{8/5}$ 时的显微组织比例见图 1.4-17 及表 1.4-12。

该钢材的显微组织以上贝氏体为主，硬度为 310HV0.2，不同冷却速度下的显微组织形貌见图 1.4-18 及表 1.4-13。

峰值温度 1350℃，升温速率为 280℃/s，峰值温度停留时间为 1s。

经计算 Bs 点为 570℃

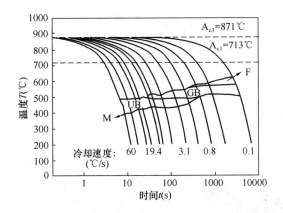

图 1.4-16　X120 管线钢实例的 SH-CCT 曲线　　　　图 1.4-17　显微组织连续转变比例关系曲线

SH-CCT 的相变起始与结束温度　　　　　表 1.4-11

冷却速度 v（℃·s⁻¹）	相变起始温度 T_s（℃）	相变结束温度 T_f（℃）
0.1	623	502
0.4	584	514
0.8	571	495
1.6	542	455
3.1	533	434
6.3	507	426
10.0	520	436
12.5	496	437
19.4	490	419
25.0	487	426
40.0	479	390
60.0	483	399

不同 $t_{8/5}$ 时的显微组织 　　表 1.4-12

$t_{8/5}$（s）	显微组织
较小时	主要为 GB
较大时	主要为板条状 UB
≤12s 时至 60s	得到少量 M
≥370 时	得到先共析铁素体

不同冷却速度下的显微组织 　　表 1.4-13

冷却速度（℃/s）	显微组织	晶粒尺寸（μm）
0.1	粒贝 GB 为主，伴有少量的准多边形铁素体 QF，GB 中有大量 M-A 组元，呈条状或岛状分布于铁素体基体上	
0.4	GB 和微量 QB，GB 中的 M-A 组元尺寸变小，呈细小的岛状	
0.8	GB 和微量 QF，并开始有条状的上贝氏体 UB 形成。GB、M-A 组元减小	
1.6	得到 GB 和板条状 UB，GB 逐渐减少，大量板条状 UB 出现	
3.1～19.5	主要为板条状 UB，GB 逐渐减少直至消失	
25	仍以板条状 UB 为主，但开始形成很少量马氏体 M	40
40 及 60	M 数量逐渐增多	

 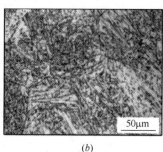 

（a）　　　　　　　　　（b）　　　　　　　　　（c）

图 1.4-18　不同冷却速度下的显微组织形貌

（a）冷却速度为 0.1℃·s^{-1}；（b）冷却速度为 0.8℃·s^{-1}；（c）冷却速度为 60℃·s^{-1}

1.4.2　高强度管线钢热模拟 HAZ 组织、性能

1. X70 实例 B 组（6 种）[22]

X70 实例 B 组 6 种管线钢的化学成分见表 1.4-14，不同冷却速度下的显微硬度及冲击功见图 1.4-19 及图 1.4-20。6 种钢材不同韧性值对应的冷却速度范围见表 1.4-15，获得高韧性对应的冷却速度范围见表 1.4-16。

6 种 X70 管线钢的化学成分 　　表 1.4-14

编号	w(C)	w(Si)	w(Mn)	w(P)	w(S)	w(Cr)	w(Mo)	w(Ni)	w(Al)	w(Cu)	w(Nb)	w(Ti)	w(V)	w(N)	C_{eq}	P_{cm}
1 号	0.03	0.22	1.76	0.007	0.001	0.310	0.002	0.230	0.031	0.12	0.081	0.014	0.001	0.0066	0.41	0.51
2 号	0.05	0.18	1.64	0.009	0.001	0.250	0.130	0.021	0.030	0.008	0.068	0.011	0.001	0.0067	0.40	0.16
3 号	0.07	0.22	1.54	0.011	0.001	0.160	0.180	0.029	0.032	0.010	0.058	0.016	0.044	0.0076	0.41	0.18

续表

编号	$w(C)$	$w(Si)$	$w(Mn)$	$w(P)$	$w(S)$	$w(Cr)$	$w(Mo)$	$w(Ni)$	$w(Al)$	$w(Cu)$	$w(Nb)$	$w(Ti)$	$w(V)$	$w(N)$	C_{eq}	P_{cm}
4 号	0.05	0.24	1.58	0.008	0.001	0.020	0.110	0.024	0.026	0.031	0.048	0.015	0.001	0.0070	0.34	0.15
5 号	0.06	0.20	1.60	0.008	0.001	0.250	0.096	0.022	0.039	0.010	0.045	0.014	0.027	0.0038	0.40	0.17
6 号	0.06	0.16	1.49	0.008	0.002	0.033	0.167	0.196	0.038	0.136	0.048	0.017	0.033	0.0050	0.38	0.16

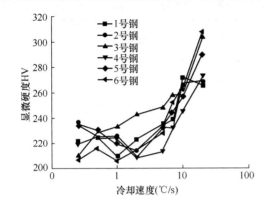

图 1.4-19 6 种钢材不同冷却速度下的显微硬度

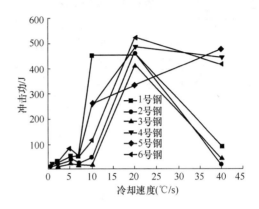

图 1.4-20 6 种钢材不同冷却速度下的冲击功

3 号钢硬度最高，4 号钢硬度最低其他各号钢硬度相近。高速冷却时 3、5、6 号钢硬度较高其他各号升高较缓。冷速 40℃·s^{-1} 时硬度达到最高值（310HV10）

6 种钢材不同韧性值对应的冷却速度范围　　　　　　　　　　　　　　表 1.4-15

钢材编号	冲击功 250 J 对应的冷却速度（℃·s^{-1}）	冲击功 200 J 对应的冷却速度（℃·s^{-1}）	冲击功 150 J 对应的冷却速度（℃·s^{-1}）	冲击功 100 J 以下对应的冷却速度（℃·s^{-1}）
1	10～32	8～34	8～38	<7，>38
2	10～30	14～32	13～35	<7，>35
3	16～28	15～32	14～35	<7，>35
4	10～40	9～40	13～40	<7
5	10～40	9～40	13～40	<7
6	15～40	12～40	11～40	<7

6 种钢材获得高韧性对应的冷却速度范围　　　　　　　　　　　　　　表 1.4-16

钢材编号	微合金特点	获得高韧性的冷速范围（℃·s^{-1}）	适用冷却速度比较
1	超低碳，高铌、镍、铜，微钼、钒	7～30，高于 260 J 8～28，高于 320 J	韧性总体较高且对应的冷速范围较宽
2	低铜，微钒	15～29，高于 260 J 13～30，高于 200 J	韧性总体稍低且对应的冷速范围较窄
3	低铜	17～26，高于 260 J 15～32，高于 200 J	同上

续表

钢材编号	微合金特点	获得高韧性的冷速范围（℃·s⁻¹）	适用冷却速度比较
4、5、6	4 低铬、微钒 5 低铜 6 低铬，稍高镍、铜	10～40，高于260 J	对应的冷速下限较低，上限较高，范围最宽
		20～40，高于320 J	对应的冷速下限较高，上限也较高，范围较宽

小结：冲击功均能满足相关工程《技术条件》要求，且尚有裕量。

1 号钢材适合于现场环缝气体保护焊（STT 根焊和填充、盖面焊）。

2 号钢材适合于焊条电弧焊。

4、5、6 号钢材中厚板冲击功较高，既适合于现场环焊缝的焊条电弧焊和气体保护焊，也适合于线能量较高的工厂埋弧焊。

2. X80 钢

（1）X80 实例 A[23]

1）钢材的成分与性能

钢材的化学成分见表 1.4-17。

钢材的化学成分 表 1.4-17

w (C)	w (Si)	w (Mn)	w (P)	w (S)	w (Cr)	w (Mo)	w (Ni)
0.059	0.178	1.520	0.013	0.004	0.026	0.210	0.178
w (V)	w (Ti)	w (B)	w (N)	w (Ca)	w (Al)	w (Cu)	w (Nb)
0.040	0.016	0.001	0.007	0.001	0.025	0.118	0.059

$P_{cm}=0.1682\%$，淬硬倾向很低。

该钢材的组织为细小的针状铁素体，微合金元素的碳氮化物第二相粒子弥散沉淀分布于基体，对位错有钉扎作用，提高了钢材的韧性。

该钢材的抗拉强度为 680～750MPa，硬度为 246HV，冲击功高达 340J（-20℃）。

2）热模拟 HAZ 的冲击功与硬度

两种板厚（25mm、12mm），不同线能量、预热温度、高温停留时间与冷却时间（$t_{8/5}$）条件下的奥氏体晶粒尺寸及 HAZ 冲击功（-20℃）见表 1.4-18。

第二相粒子尺寸与高温停留时间 t_H 的关系示于图 1.4-21。

不同热模拟参数时奥氏体晶粒尺寸与冲击功 表 1.4-18

试样	线能量 E (kJ·cm⁻¹)	预热温度 T_P (℃)	板厚 δ (mm)	冷却时间 $t_{8/5}$ (s)	高温停留时间 t_H (s)	平均奥氏体晶粒尺寸 (μm)	冲击功 A (J)
1	16	140	25.0	11.6	6.4	38.74	138
2	16	140	12.0	24.1	7.4	40.96	58
3	16	60	25.0	8.1	6.1	35.04	185
4	16	60	12.0	20.1	6.7	40.28	153
5	8	140	25.0	5.3	4.2	31.80	247
6	8	140	12.0	6.8	4.8	33.58	278
7	8	60	25.0	4.3	4.1	30.74	229
8	8	60	12.0	6.2	4.5	32.93	269
9	12	100	18.5	8.3	5.8	35.79	265

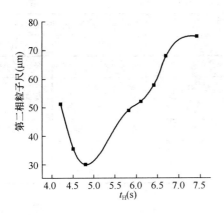

图 1.4-21　第二相粒子尺寸与
高温停留时间 t_H 的关系

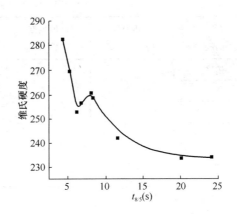

图 1.4-22　粗晶区硬度与
$t_{8/5}$ 的关系曲线

t_H 和 $t_{8/5}$ 数值大时，奥氏体晶粒尺寸较大。高温停留时间 t_H 的增大还使第二相粒子尺寸增加，因而冲击功较低。

3）热模拟 HAZ 的硬度

不同 $t_{8/5}$ 时粗晶区硬度值见图 1.4-22。

随着 $t_{8/5}$ 的增大，热影响区富碳的贝氏体含量减少，硬度总体上呈逐渐减小趋势。$t_{8/5}$ 小于 25s 时，HAZ 硬度基本大于母材硬度（246HV）。

4）小结

正常热输入的冷却速度下，该 X80 钢焊接后热影响区不出现软化现象。

经受模拟热循环后，该 X80 管线钢粗晶区的组织主要为贝氏体和少量的铁素体，当板厚 12mm，小线能量（8kJ·cm^{-1}）和适当的预热温度（60℃），$t_{8/5}$＝6.2s 时，粒状贝氏体含量最多，对板条状贝氏体的分割作用明显。并且奥氏体晶粒尺寸小（32.93μm），粗晶区的冲击韧性高（269 J）。但考虑适当的施工效率，宜采用中小等线能量（16kJ·cm^{-1} $t_{8/5}$＝8.1～20.1s），冲击功达到 150 J 以上，还能满足《石油天然气工业管线输送系统用钢管》GB/T 9711—2011 的规定（X80 钢管 HAZ 的 0℃冲击功不小于 40 J）。

（2）X80 实例 B[26]

该钢材化学成分见表 1.4-19。热模拟参数见表 1.4-20，不同热循环参数下 HAZ 的冲击功见表 1.4-21，系列温度下的冲击功见表 1.4-22。

表 1.4-19

X80 实例 B 管线钢化学成分（%）

C	Si	Mn	P	S	Nb	V
0.071	0.13	1.71	0.012	0.004	0.034	0.005
Ti	Cr	Mo	Ni	Cu	Al	B
0.013	0.037	0.20	0.30	0.12	0.022	0.0007

注：板厚 14.6。

热模拟参数（预热温度为 20℃）　　　　　　　　表 1.4-20

E (kJ·cm^{-1})	加热速度 (℃·s^{-1})	峰值温度 (℃)	$t_{8/5}$ (s)	高温停留时间 (s)	
				900℃	1100℃
10			5	3.62	2.95
15			10	5.43	3.60
20			20	10.8	7.20
30	130	1300	40	21.7	14.41
40			70	38.0	25.23
50			100	54.2	36.03

注：沿板材横向取样。

不同热循环参数下 HAZ 的冲击功（-20℃）　　　表 1.4-21

E (kJ·cm^{-1})	C_{VN} (J)	S_A (%)
10	205 (210, 200)	74.65 (78.55, 70.75)
15	206 (180, 232)	73.28 (46.56, 100)
20	244 (241, 249, 241)	100 (100, 100, 100)
30	42 (53, 30)	17.32 (19.25, 15.4)
40	26 (18, 30, 30)	11.4 (9.8, 12.7, 12.7)
50	25 (16, 32, 26)	8.87 (4.21, 10.28, 12.12)

X80 实例 B 钢材在系列温度下的冲击功（热输入 E=20kJ·cm^{-1}）　表 1.4-22

温度/℃	C_{VN} (J)	S_A (%)
20	261 (270, 277, 236)	92.8 (100, 100, 93.5)
0	256 (271, 241)	90.2 (80.4, 100)
-20	244 (241, 249, 241)	100 (100, 100, 100)
-40	41 (39, 58, 26)	12.8 (11.4, 15.5, 9.8)
-60	27 (37, 24, 20)	0
-80	11 (5, 21, 7)	0

小结：该 X80 管线钢的焊接热输入在 10kJ·cm^{-1}（$t_{8/5}$=5s）时，粗晶区韧性较高。在 20kJ·cm^{-1}（$t_{8/5}$=20s）时韧性水平最高。在较高热输入下达到 30kJ·cm^{-1}（$t_{8/5}$=100s）时，韧性严重降低而不能满足相应标准要求。推荐的热输入范围为 10~20kJ·cm^{-1}。

（3）X80 实例 C 组（4 种）[27]

X80 实例 C 组钢管的化学成分见表 1.4-23。

4 种 X80 管线钢的化学成分　　　　　　　　　表 1.4-23

	C	Si	Mn	P	S	Nb	V	Ti	Cr	Mo	Ni	Cu	其他
1号	0.065	0.24	1.85	0.011	0.0028	0.057	0.005	0.024	0.022	0.34	0.38	0.01	0.0006B
2号	0.06	0.20	1.43	0.012	0.004	0.03	0.005	0.018	0.02	0.23	0.17	0.04	
3号	0.04	0.33	0.68	0.003	0.003	0.083	0.066	0.016	0.03	0.20	0.118	0.28	0.038Al
4号	0.063	0.28	1.83	0.011	0.0006	0.061	0.059	0.016	0.03	0.22	0.03		

粗晶区模拟热循环参数见表 1.4-24，不同焊接热输入时粗晶区-20℃的冲击功示于

图 1.4-23。

粗晶区模拟热循环参数　　　　　　　　　　　　　　　　　表 1.4-24

热输入 E（kJ·cm^{-1}）	平均加热速度 V（℃·s^{-1}）	峰值温度 T_m（℃）	高温停留时间 t_H（s）		$t_{8/5}$（s）
			900℃以上	1100℃以上	
10	130	1300	5.3	3.5	14.7
15	130	1300	16.9	11.2	46.6
20	130	1300	26.3	17.5	72.8
30	130	1300	59.3	39.4	163.9
40	130	1300	105.4	70.0	291.3

　　小结：3 号钢管在线能量 10～40kJ·cm^{-1} 范围内，粗晶区冲击功高达 250J 以上，均满足标准要求（0℃不小于 40J），且与管体冲击功相当；

　　1 号、2 号钢管在线能量 10～30kJ·cm^{-1} 范围内，粗晶区－20℃冲击功在 150J 以上，均满足标准要求，且尚有裕量；

　　4 号钢管仅在线能量 10～15kJ·cm^{-1} 范围内，粗晶区－20℃冲击功能满足标准要求，15kJ·cm^{-1} 以上则冲击功极低。以此作为焊接参数优选指导。

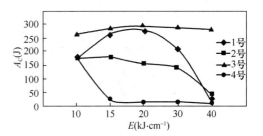

图 1.4-23　不同焊接热输入时粗晶区的－20℃冲击功

　　（4）结语

　　实例 A 管线钢对大线能量焊接的适应范围较小。

　　实例 B 管线钢 HAZ 对焊接热输入的适应范围与 A 组钢相近，但 B 组管线钢比 A 组适应范围更大些，便于施工时焊接参数的控制，提高施工效率，并满足埋弧焊制管的工艺参数条件。

　　实例 C 组中 3 号钢管对焊接线能量的适应范围最大，4 号钢管适应范围最小。

　　实例 A 钢管适应范围大于实例 C 组 4 号钢管，但不如 1 号、2 号、3 号钢管。

　　微合金成分的差异对第二相质点的尺寸和分布形态有较大影响，氮化物的作用大于碳化物。TiN 粒子高温不易分解而稳定性好。Ti 与 N 的比例宜稍低于 2.39[13]，Ti 过多则会溶入基体，提高基体的强度，降低了韧性。Nb 的含量应有所控制，过量则影响针状铁素体和粒状贝氏体的形态和分布[21]。B 的添加则抑制块状铁素体的生长，TiB 并能促进奥氏体晶内形成针状铁素体，从而取代晶界所形成的块状铁素体和上贝氏体，使粗晶区得到韧化。

　　通过产品试验充分了解所焊管线钢的焊接性，特别是线能量对 HAZ 韧性的具体影响，以精细控制焊接参数范围，对提高施工效率同时保证管线安全运营是很重要的。

　　3. X100（实例 B）[28]

　　X100 管线钢实例 B 的板厚为 14.3mm，其化学成分见表 1.4-25，力学性能见表 1.4-26。其基本显微组织为针状铁素体。热模拟参数见表 1.4-27。

X100 钢管实例 B 的化学成分　　　　　　　　　　表 1.4-25

C	Si	Mn	P	S	Cr	Mo
0.05	0.25	2.00	0.012	0.0032	0.33	0.33
Ni	Nb	V	Ti	Cu	Al	Fe
0.46	0.055	0.007	0.022	0.20	0.046	余量

X100 钢管实例 B 的力学性能　　　　　　　　　　表 1.4-26

屈服强度 R_{eL}（MPa）	抗拉强度 R_m（MPa）	断后伸长率 A（%）	屈强比 R_{eL}/R_m	冲击吸收功 A_{KV}（J）
730	80.5	20.5	0.91	191

X100 管线钢实例 B 焊接粗晶影响区的热模拟参数　　　　表 1.4-27

按输入 E（kJ·cm^{-1}）	加热速度 v（℃·s^{-1}）	峰值温度 T（℃）	冷却时间 $t_{8/5}$（s）	高温停留时间 t_H/s	
				900℃	1100℃
10	130	1300	5	3.62	2.95
15	130	1300	10	5.43	3.60
20	130	1300	20	10.86	7.20
30	130	1300	40	21.71	14.41
40	130	1300	70	38.00	25.23
50	130	1300	100	54.28	36.03

注：于钢板横向取样

热输入对抗拉性能的影响见图 1.4-24，对粗晶区冲击功的影响见图 1.4-25，热输入为 10kJ/cm 时系列温度下粗晶区的冲击功见图 1.4-26。不同焊接热输入下 HAZ 的显微组织及性能见表 1.4-28。

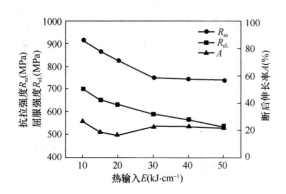

图 1.4-24　不同热输入时的抗拉性能

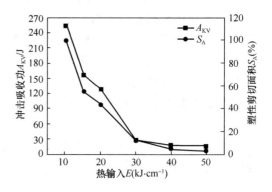

图 1.4-25　不同热输入时粗晶区 −20℃ 的冲击功

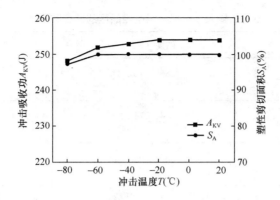

图 1.4-26 系列温度下粗晶区的冲击功（热输入为 $10kJ \cdot cm^{-1}$）

由图 1.4-25～图 1.4-27 可见，热输入在 $10～20kJ \cdot cm^{-1}$ 范围内，HAZ 的 $-20℃$ 冲击功在 130 J 以上，当热输入超过 $20kJ \cdot cm^{-1}$ 时，HAZ 韧性明显降低。但该实例钢管在 $10kJ \cdot cm^{-1}$ 热输入时韧脆转变温度低至 $-80℃$，而且仅略微下降。

不同焊接热输入下 HAZ 的显微组织及性能　　　　表 1.4-28

热输入（kJ/cm）	HAZ 组织	图 号	冲击功（J）	强度（MPa）	
				R_{eL}	R_m
10	多为贝氏体铁素体 BF＋粒贝 GB，不同位相的细密板条从奥氏体晶界向晶内平行生长，板条间为条状 M-A 组织，组织细小	图23、图24	255	700	920
20	GB＋QF，板条间岛状组织呈块状，并出现部分准多边形铁素体 QF	图23、图25	130 韧性下降	630*	820
50	QF＋多边形铁素体 PF 增多	图23、图26	16 韧性严重下降	530*	740**

注：　* 低于母材；

　　** 已低于《石油天然气工业管线输送系统用钢管》GB/T 9711—2011 及 API SPEC 5L-2009《Specification for Line Pine》（44 版勘误）标准要求的 760MPa 。

小结：焊接热输入在 $10kJ \cdot cm^{-1}$ 时热影响粗晶区显微组织为 BF＋GB，强韧性最佳。在 $20kJ \cdot cm^{-1}$ 时热影响粗晶区显微组织以 GB ＋ QF 为主，强韧性较好。继续增大热输入导致 HAZ 严重脆化和软化。适当的焊接线能量范围为 $10～20kJ \cdot cm^{-1}$，该范围适合于制管埋弧焊及工地环缝填充和盖面气保焊，对于 STT 根焊的小线能量，是否可能出现马氏体组织，尚待进一步试验验证。

4. X120[31]、[25]

X120 超低碳（0.04～0.06％）微合金 TMCP 管线钢（南钢）在不同热输入下模拟热影响粗晶区的硬度和冲击功见表 1.4-29。

不同热输入下模拟热影响粗晶区的硬度和冲击功		表 1.4-29
热输入 E （kJ·cm^{-1}）	硬度 （HV0.2）	20℃冲击吸收功 A_{KV} （J）
12	$\frac{280,313,298}{297}$	$\frac{211,233,217}{224}$
15	$\frac{278,271,283}{277}$	$\frac{202,221,234}{219}$
18	$\frac{306,288,278}{291}$	$\frac{228,221,204}{218}$
21	$\frac{275,278,274}{276}$	$\frac{197,208,218}{208}$
25	$\frac{294,277,288}{286}$	$\frac{228,217,229}{225}$

注：表中各热输入值对应的模拟 $t_{8/5}$ 为 5.7、8.7、12.9、17.5、24.2 （s）。

小结：超低碳提高了贝氏体的转变温度，有利于其形成，使该实例管线钢在较宽的冷却速度范围内得到以贝氏体为主的组织。

焊接热输入在 $12\sim25$kJ·cm^{-1} 的范围内，热影响粗晶区组织为上贝氏体，平均晶粒尺寸为 40μm，硬度为 $276\sim297$ （HV0.2），室温冲击功为 $208\sim225$ J。具有良好的焊接性。

5. 各钢号对比

各强度等级管线钢实例模拟焊接热输入优选范围及热影响粗晶区性能、组织见表 1.4-30。

高强度管线钢							表 1.4-30
模拟焊接热输入优选范围及热影响粗晶区性能、组织							
钢材强度 等级实例	冷却速度 （℃·s^{-1}）	$t_{8/5}$ （s）	线能量 E （kJ·cm^{-1}）	硬 度 （HV10）	冲击功 20℃ （J）	显微组织	板 厚 （mm）
X70 钢实例 A 热模拟		$40\sim80$	$30\sim40$	$210\sim260$	/	100%B	15.9
X70 钢 实例 B （6种） 热模拟	-1	$10\sim30$		260	200	B 为主，板 条状 B 及板 条间岛状组织 细化	
	-2	$15\sim29$			250		
	-3	$17\sim26$			250		
	-4、 5、6	$10\sim40$			200		
X80 钢实例 A 热模拟	6.2	8 预热 60℃		269		B 及少量 F，GB 含量 多，对板条状 B 分割明显	12
	$8\sim20$	16		150			12
	5.3	8 预热 140℃		247			25

续表

钢材强度 等级实例	冷却速度 (℃·s⁻¹)	$t_{8/5}$ (s)	线能量 E (kJ·cm⁻¹)	硬度 (HV10)	冲击功 20℃ (J)	显微组织	板厚 (mm)
X80 钢实例 B 热模拟		5~20	10~20 预热 20℃		200~249	主要为针状 F，岛状组织 由窄长变为块 状，还有板条 状 M 和少量 下 B	
X80 钢 实例 C-1、C-2 热模拟	14.7~ 163.9		10~30		150 以上		
X80 钢实例 C-3 热模拟	14.7~ 291.3		10~40		270 以上		
X80 钢实例 C-4 热模拟	14.7		10		170		
X100 钢实例 A 热模拟 （日本）	5~20			288 ~324		细密平行生 长的板条 BF 为主	
X100 钢实例 B 热模拟			10	250		BF+GB	14.3
			20	130		GB+准多边 形铁素体 QF	
X100 实例 C 钢热模拟	15~60		18~36			板条 B 和 GB	
X120 钢（南钢） 热模拟		5.7 ~24.2	12~25	276~297 (HV0.2)	208~225 (室温)	上贝氏体， 晶粒平均尺寸 约 $40\mu m$	

1.4.3 高强度管线钢焊接工艺及接头性能

1. X70 管线钢焊接工艺及接头性能

(1) X70 焊接工艺及接头性能实例 1——实心焊丝气保焊工艺及接头性能[29]

钢板厚度为 10.3mm，其化学成分见表 1.4-31，力学性能见表 1.4-32。

1) 焊接工艺条件

焊丝为 WER60（武钢），保护气体为 80%Ar ＋ 20%CO_2。

坡口形式：单 V 形，角度 60°，钝边 1mm。

焊接参数：层间温度 150℃±10℃，线能量 12.5kJ·cm⁻¹，见表 1.4-33。

钢板及焊丝熔敷金属化学成分　　　　表 1.4-31

试验材料	C	Si	Mn	P	S	Mo	Cu	Ni
X70	0.06	0.25	1.46	0.012	0.003	0.22	0.22	0.2
WER60 熔敷金属	0.08	0.16	1.10	0.008	0.004	—	—	0.64

钢板力学性能及焊丝熔敷金属力学性能　　　　　　　　表 1.4-32

试验材料	σ_s （MPa）	σ_h （MPa）	延伸率 （%）	$-20℃A_{KV}$ （J）
X70	570	650	δ_{50}　31	$\dfrac{210\ 218\ 252}{227}$
WE R60 熔敷金属	520	550	δ_5　24	$\dfrac{168\ 225\ 189}{194}$

焊接工艺参数　　　　　　　　表 1.4-33

电流 （A）	电压 （V）	焊接速度 （cm·min^{-1}）	线能量 （kJ·cm^{-1}）
200	26	25	12.5

2）焊接接头的性能

焊缝金属拉伸性能见表 1.4-34，接头拉伸性能见表 1.4-35。

冷弯性能：$D=5t$，$180°$，及 $D=2t$，$120°$ 均无裂纹。

硬度：接头全截面硬度分布见图 1.4-27。

韧性：焊缝及热影响区冲击功见表 1.4-36。

焊缝金属拉伸性能　　　　　　　　表 1.4-34

σ_s （MPa）	σ_b （MPa）	δ_5 （%）	ψ （%）
575	675	24	77

接头拉伸性能　　　　　　　　表 1.4-35

焊缝方向	抗拉强度平均值 （MPa）	断裂部位
焊缝方向平行于钢材轧向	685	基材
焊缝方向垂直于钢材轧向	655	基材

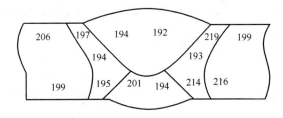

图 1.4-27　X70 钢气保焊接头硬度

接头焊缝及 HAZ 冲击功　　　　　　　　表 1.4-36

温度 （℃）	焊　缝		HAZ　A_{KV} （J）	
	A_{KV} （J）	SA （%）	垂直轧向	平行轧向
-20	$\dfrac{173\ 173\ 173}{173}$	$\dfrac{90\ 95\ 93}{93}$	$\dfrac{315\ 232\ 232}{260}$	$\dfrac{181\ 221\ 168}{190}$
-30	$\dfrac{-152\ 192\ 112}{152}$	$\dfrac{90\ 100\ 80}{90}$	$\dfrac{177\ 243\ 164}{195}$	$\dfrac{96\ 91\ 163}{120}$
-40	$\dfrac{141\ 128\ 173}{148}$	$\dfrac{80\ 70\ 92}{81}$	$\dfrac{221\ 148\ 140}{170}$	—

3）小结

采用低匹配的焊丝，焊接接头抗拉强度高于母材标准最低值（断于母材）。接头各区硬度不高于 240HV，满足技术条件要求，HAZ 硬度略低于母材，但无明显软化。−20℃HAZ冲击功比母材低 33J 但能满足技术指标要求（均值大于 120J），并有较高裕量。

说明焊接线能量在钢材焊接性评定的适合范围内。

（2）X70 焊接工艺及接头性能实例 2——实心焊丝＋药芯焊丝气保焊工艺及接头性能[30]

API 5L X70 钢管规格为 $\phi273mm \times 14.3mm$，$C_{eq}=0.36\%$；

1）焊接工艺条件

坡口形式：单 V 形坡口角度为 60°，间隙为 1.5～2.5mm，钝边为 0～1mm。

焊丝：打底焊采用天泰实心焊丝 TM-60（AWS ER80S-G），$\phi1.2mm$。

填充和盖面焊采用林肯药芯焊丝 LW-81Ni1（AWS E81T1-NiJC，），$\phi1.2mm$。

熔敷金属的化学成分见表 1.4-37。

焊接工艺参数见表 1.4-38。预热温度 60℃，线能量范围 12 ～ 17kJ・cm^{-1}。

焊丝熔敷金属的化学成分 表 1.4-37

焊接材料	C	Mn	Si	P	S	Cu	Ni	Cr	No	V
TM-60	0.073	1.33	0.70	0.014	0.003	0.01	0.02	0.04	0.31	
LW-81Ni1	0.03	1.31	0.35	0.01	<0.01	0.01	0.85	0.03	<0.01	0.02

焊接工艺参数 表 1.4-38

焊道	焊接材料	直径 （mm）	焊接电流 （A）	电弧电压 （V）	焊接速度 （mm・min^{-1}）	最大热输入 （kJ・mm^{-1}）
打底	TM-60	1.2	120	20	125	1.2
填充	LW-81Ni1	1.2	200	24	207	1.5
盖面	LW-81Ni1	1.2	200	26	201	1.7

2）小结：

焊接热影响区硬度 243 HV10，弯曲试验（90mm 压头）180°合格。−15℃冲击功高于工程验收标准。说明焊接线能量在钢材焊接性评定的适合范围内。

（3）X70 焊接工艺及接头性能实例 3——四丝埋弧焊工艺参数及接头性能[31]

钢管的化学成分见表 1.4-39。

1）焊接工艺条件

采用 CO_2 气保焊预焊，$\phi1.6mm$ 焊丝（CHW-50C），线能量 4.2kJ・cm^{-1}。

四丝埋弧内、外焊，第一丝直流，后三丝交流。四丝呈直线排列。

采用低强焊丝匹配，焊丝成分见表 1.4-40。

焊接坡口形式见表 1.4-41。

焊接参数见表 1.4-42、表 1.4-43。

X70 管线钢化学成分（％） 表 1.4-39

元素	C	Mn	Si	S	P	Cr	Ni	Mo	V	Cu	Nb
质量分数	0.050	1.490	0.150	0.020	0.006	0.018	0.011	0.136	0.033	0.010	0.020
元素	W	Al	As	B	N	Ti	Co	Fe			
质量分数	0.010	0.024	0.005	0.001	0.002	0.014	0.00	98.00			

H08C 焊丝化学成分（％） 表 1.4-40

元素	C	Mn	Si	P	Cr	Ni	Cu	S	Ti
质量分数	0.068	1.37	0.07	0.018	0.01	0.28	0.10	0.08	0.06

直缝焊管钢板坡口形式 表 1.4-41

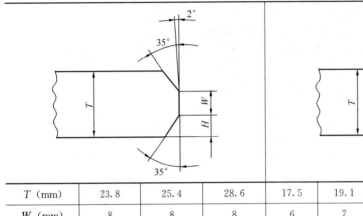 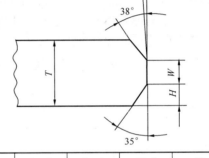

T (mm)	23.8	25.4	28.6	17.5	19.1	20.6	23.8	25.4
W (mm)	8	8	8	6	7	7	8	8
H (mm)	8	10	11	6	7	8	9	10

焊接工艺参数（板厚 17.5mm） 表 1.4-42

	丝序	极性	丝径 (mm)	干伸长 (mm)	间距 (mm)	倾角 (°)	电流 (A)	电压 (V)	焊速 (m·min⁻¹)
内焊	1	直反	φ4	28	18	14	960	32	1.84
	2	交流	φ4	25	19	2	850	34	
	3	交流	φ4	30		−4	730	38	
	4	交流	φ4	28	18	−14	725	38	
外焊	1	直反	φ4	26	19	14	1000	32	2.1
	2	交流	φ4	24	20	2	850	34	
	3	交流	φ4	24		−4	750	36	
	4	交流	φ4	26	17	−14	600	38	

焊 接 线 能 量 表 1.4-43

壁厚 (mm)	预焊 (kJ·cm⁻¹)	内焊 (kJ·cm⁻¹)	外焊 (kJ·cm⁻¹)
17.5	4.2～5	37.5	31.6
21	4.2～5	38.3	35.4
26.2	4.2～5	47.8	52.7

2）焊接接头性能

各试样抗拉强度最小值为 624MPa，符合《技术条件》要求。

焊缝冲击功范围：226～244J，冲击剪切面积值范围：76.7～91.3％。

热影响区冲击功范围：228～276J，

冲击剪切面积值范围：81.1～100％。符合《技术条件》要求。

各试样热影响区硬度值范围：216～225HV10。

焊缝金属硬度值范围：230～240HV10，均不大于 265HV10。符合《技术条件》要求。

3）小结

各项试验的数据充分说明，焊接接头具有良好的强度及韧性，完全符合最终产品使用及设计要求，因此焊材与母材的匹配及工艺参数也是合理的。

2. X80 管线钢焊接工艺及接头性能

（1）X80 焊接工艺及接头性能实例 1[32]

钢管规格：ϕ1219mm×18.4mm，化学成分及力学性能见表 1.4-44、表 1.4-45。

1）焊接工艺条件

焊接坡口：单面 V 形坡口，角度 60°，钝边 mm。

焊接方法：CO_2 保护实心焊丝表面张力过渡半自动根焊（STT）＋自保护药芯焊丝半自动（FCAW）填充、盖面焊。

实心焊丝直径 1.2mm（锦泰 JM58），药芯焊丝直径 1.2mm（E81T1-Ni1），焊丝及熔敷金属化学成分见表 1.4-46、表 1.4-47。

焊接参数：预热温度 100～200℃，层间温度 60～150℃。线能量 $E \leqslant 16$kJ·cm^{-1}。焊接工艺参数见表 1.4-48。

X80 管线钢化学成分实例　　　　表 1.4-44

w（C）	w（Si）	w（Mn）	w（S）	w（P）	w（Ni）	w（Nb）
0.040	0.210	1.790	0.003	0.007	0.155	0.043
w（Cr）	w（Mo）	w（Al）	w（N）	w（Ti）	Ceq	Pcm
0.302	0.009	0.032	0.005	0.009	0.413	0.155

X80 管线钢力学性能实例　　　　表 1.4-45

拉伸性能			冲击性能	HV10
R_e（MPa）	R_m（MPa）	屈强比	A_{KV}（J）	
592	716	0.82	300	223

焊丝化学成分　　　　表 1.4-46

牌　号	w（C）	w（Mn）	w（Si）	w（S）	w（P）	w（Ni）	w（Al）
JM58	0.1	1.26	0.57	≤0.03	≤0.03		
E81T1-Ni1	≤0.12	≤1.50	≤0.80	≤0.03	≤0.03	1.40～2.75	≤1.8

焊丝的熔敷金属力学性能　　　　　　表 1.4-47

焊丝牌号	焊丝型号	标　准	σ_s (MPa)	σ_b (MPa)	δ_5 (%)	A_{KV} (J)	试验温度 (℃)
JM68	ER55-D2 标准值	GB/T 8110—2006	≥470	≥550	≥17	≥27	−30
E81T1-Ni1	实例值	AWS A5.29—2005	600	670	24.5	120	−29

焊 接 工 艺 参 数　　　　　　表 1.4-48

焊道	焊丝牌号	送丝速度 (cm·min⁻¹)	焊接速度 (cm·min⁻¹)	气体流量 (L·min⁻¹)	电压 (V)	电流 (A)
根焊	JM58	330～400	12～25	20～35	14～18	160～180
热焊		1000～1500	20～30		18～22	180～200
填充	E81T8-Ni2	800～1000	16～28		20～26	200～270
盖面		700～900	16～24		20～26	200～270

注：根焊 $E=9.5\mathrm{kJ\cdot cm^{-1}}$；热焊 $E=9.3\mathrm{kJ\cdot cm^{-1}}$；填充焊 $E=15\sim16\mathrm{kJ\cdot cm^{-1}}$。

2）焊接接头性能

接头拉伸性能及硬度见表 1.4-49、图 1.4-28。

焊接接头拉伸性能　　　　　　表 1.4-49

试样编号	抗拉强度（MPa）	断裂位置	断口特征
1 号	700	母材	韧性断口
2 号	719	熔合面	韧性断口
3 号	715	熔合面	韧性断口
4 号	708	母材	韧性断口
5 号	700	母材	韧性断口
6 号	715	熔合面	韧性断口

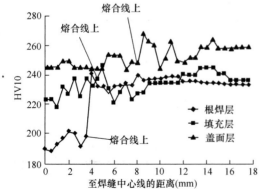

图 1.4-28　焊接接头不同焊层的硬度分布曲线

接头不论断于母材或熔合面，抗拉强度均不低于 700MPa，高于 X80 的标称抗拉强度（最小值为 625MPa），满足 API 1104 标准要求。

由于根焊缝选用低匹配焊丝，测得根焊缝区硬度值为 190～200HV10，熔合线以外热影响区均不低于 229HV10，但低于母材硬度。填充及盖面焊缝选用等强匹配的焊丝，测得硬度值均大于 218HV10，在距焊缝中心线 5.3mm 处宽约 1mm 的区域，盖面焊缝最低硬度为 244HV10，稍低于母材硬度 260HV10，总体上接头热影响区未出现明显的软化。

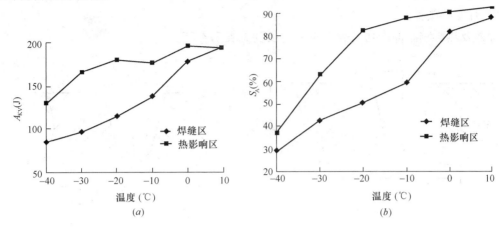

图 1.4-29　焊缝和热影响区系列温度冲击功及试样断口剪切面积

(a) A_{KV}；(b) S_A

热影响区的冲击功普遍高于焊缝金属，$-40℃$ HAZ 冲击功均大于 120J，$-20℃$ 焊缝及 HAZ 冲击功都满足《X80 管线钢应用工程焊接施工及验收规范》的要求。且 50% 断口剪切面积韧脆转变温度较低，焊缝区在 $-20℃$ 以下，热影响区在 $-30℃$ 以下，接头具有良好的低温韧性。热影响区冲击试样断口电镜扫描照片如图 1.4-30 所示。$-20℃$ 冲击试样断口呈韧窝状。

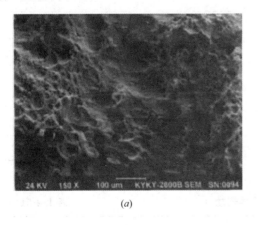 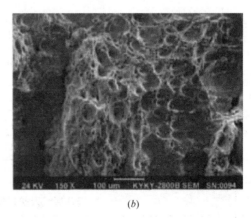

(a)　　　　　　　　　　　　　　　　　　(b)

图 1.4-30　焊缝和热影响去冲击试样断口表面 SEM 照片

(a) 焊缝；(b) 热影响区

3）小结：根焊、填充及盖面焊道焊接线能量 9~16kJ·cm^{-1}，热影响粗晶区 $-20℃$ 冲击功达到 180J，HV10 不低于 229，强韧性良好。

（2）X80 焊接工艺及接头性能实例 2——钢管环缝对接气体保护自动焊、焊条电弧焊[33]

1）焊接工艺条件

坡口形式：焊条电弧焊坡口见图1.4-31，气体保护自动焊坡口见图1.4-32。

焊接参数：等强匹配焊丝及焊条见表1.4-50。

2）焊接接头性能

焊缝及热影响区冲击功见表1.4-51，硬度见表1.4-52。

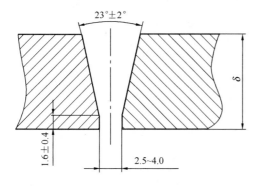

图1.4-31　焊条电弧焊坡口形式

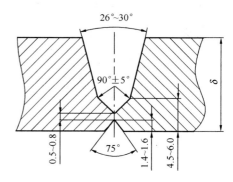

图1.4-32　自动焊坡口形式

X80管线钢焊接参数　　　　　　　　　　　　　表1.4-50

焊接工艺	焊道	焊接材料 型号	直径 (mm)	焊接电流 (A)	电弧电压 (V)	焊接速度 (cm·min⁻¹)	保护气体 体积分数 (%)	气体流量 (L·min⁻¹)	热输入 (kJ·cm⁻¹)
自动焊	根焊	A5.18ER80S-G	0.9	180~230	18~26	55~100	(Ar)80%+(CO₂)20%	25~40	2.5~6.5
	热焊	A5.18ER80S-G	1.0	200~280	20~28	80~140	(CO₂)100%	28~35	2.0~6.0
	其他	A5.18ER80S-G	1.0	160~240	18~28	22~40	(Ar)80%+(CO₂)20%	25~40	5.0~15.0
焊条 电弧焊	根焊	A5.1 E7016	3.2	60~100	20~25	7~15	—	—	7~22
	热焊	A5.5 E9018-G	4.0	200~240	17~27	20~35	—	—	7~22
	其他	A5.5 E9018-G	4.0	200~230	17~27	20~30	—	—	7~22

注：最低预热温度100℃，层间温度不超过150℃。

对接环焊缝及热影响区冲击功（−20℃）　　　　表1.4-51

焊接方法	焊缝区 单值 A_{KV} (J)	平均值 A_{KV} (J)	热影响区 单值 A_{KV} (J)	平均值 A_{KV} (J)
自动焊	180，200，155	178	185，190，265	223
	200，180，165	181	245，265，275	261
焊条电弧焊	148，118，105	124	142，77，161	127
	105，115，118	113	81，165，173	140

焊缝及热影响区硬度（HV） 表 1.4-52

焊接方法	焊缝表面			焊缝根部		
	焊缝区	热影响区	母　材	焊缝区	热影响区	母　材
自动焊	219，219	219，231，222，218	237，228	260，260	253，253，256，260	240，238
焊条电弧焊	193，245	237，206，237，240	206，204	199，228	237，237，222，227	253，243

3）小结

按照焊接性评定所推荐的小线能量（2～15kJ・cm⁻¹）及适合的预热温度（100℃），焊接完成了 2.336km 长的 $\phi1016mm \times 18.4mm$ 直缝埋弧焊管，以及 5.589km 长的 $\phi1016mm \times 15.3mm$ 螺旋埋弧焊管。接头热影响区冲击功平均值气体保护自动焊达到 223J 以上，焊条电弧焊达到 127J 以上，满足相应规范要求并有较大的裕量。硬度与母材相近，无明显软化。

（3）X80 焊接工艺及接头性能实例 3[34]

钢的化学成分见表 1.4-53。

钢材的化学成分（%） 表 1.4-53

C	Mn	Si	S	P	Nb
0.052	1.40	0.18	0.003	0.008	0.035

1）焊接工艺条件

焊条电弧焊：J707RH 焊条，直径 4mm。

板厚 20mm，60°单面坡口，钝边及间隙均为 2mm。

工艺参数见表 1.4-54。

2）焊接接头性能

拉伸及冷弯性能见表 1.4-55、焊接接头低温冲击功见表 1.4-56，焊接接头硬度值见表 1.4-57（测点分布示意见图 1.4-33）。

焊接工艺参数 表 1.4-54

线能量（kJ・cm⁻¹）	电流（A）	电压（V）	速度（cm・min⁻¹）	道间温度（℃）
15～17	170±10	26±1	17±1	100～150

焊接接头拉伸及冷弯性能 表 1.4-55

拉　伸			弯曲（$d=4a$，180°）	
R_{eL}（MPa）	R_m（MPa）	断裂位置	正弯	反弯
525	635	断母材	合格	合格

焊接接头低温冲击功 表 1.4-56

	焊缝	熔合线	热影响区	母　材
$-40℃A_{KV}$（J）	42，65，70	74，54，123	66，210，120	276，298，298
$-60℃A_{KV}$（J）	45，34，36	67，40，82	40，204，109	249，235，242

焊接接头硬度值 表 1.4-57

测 试 位 置	基体（HV10）			热影响区（HV10）			焊缝（HV10）		
先焊面下 2mm	232	233	228	227	253	242	245	254	260
后焊面下 2mm	251	264	245	242	272	292	268	233	268

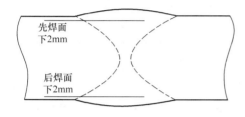

图 1.4-33 硬度测点分布示意

接头焊接热影响区最高硬度为 292（HV10）各区硬度基本与基体钢材相当。

显微组织：

图 1.4-34 为 X80 钢板显微组织，是以粒状贝氏体为主，并含有少量的多边形铁素体。图 1.4-35 为 X80 管线钢焊接接头显微组织，其中焊缝组织由粒状贝氏体＋细小的多边形铁素体组成，熔合区组织由粒状贝氏体组成，细晶区则由细小的多边形铁素体＋少量粒状贝氏体组成。

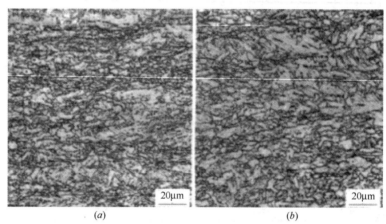

(a) (b)

图 1.4-34 X80 钢板显微组织

（a）板厚 1/4 处；（b）板厚中心

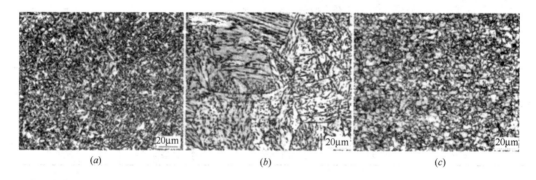

(a) (b) (c)

图 1.4-35 X80 管线钢焊接接头显微组织

（a）焊缝；（b）熔合区；（c）细晶区

3）小结

虽然焊接接头的冲击功与钢板相比有所下降，但－40℃冲击功仍能满足要求。

(4) X80 焊接工艺及接头性能实例 4——螺旋埋弧焊工艺及接头性能[35]

管体规格：ϕ1219mm×18.4mm 螺旋埋弧焊管。

五家钢厂生产的板卷化学成分见表 1.4-58，抗拉性能见表 1.4-59 及图 1.4-36，焊管管体母材硬度见表 1.4-60，管体横向冲击功见表 1.4-61 及图 1.4-36。

1) 焊接工艺条件

坡口形式：X 形，内焊坡口角度为 60°～70°，深 4～6mm；

外焊坡口角度为 70°～80°，深 4～6mm。

焊接工艺：内外均为双丝埋弧焊。

内焊线能量为 21～26kJ·cm^{-1}；外焊为 24～29kJ·cm^{-1}。

X80 焊管管体化学成分（平均值,%）　　　　　　表 1.4-58

钢厂代号	w (C)	w (Si)	w (Mn)	w (P)	w (S)	w (Cr)	w (Mo)	w (Ni)
A	0.04	0.21	1.77	0.009	0.001	0.228	0.234	0.268
B	0.05	0.18	1.82	0.007	0.001	0.022	0.237	0.248
C	0.03	0.25	1.84	0.012	0.001	0.093	0.281	0.223
D	0.05	0.19	1.80	0.011	0.001	0.020	0.279	0.263
E	0.04	0.18	1.80	0.009	0.001	0.097	0.280	0.265
规范要求	≤0.09	≤0.42	≤1.85	≤0.022	≤0.005	≤0.45	≤0.35	≤0.50

钢厂代号	w (Cu)	w (Ti)	w (Nb)	w (V)	w (B)	w (N)	CE_{IIW}	CE_{pcm}
A	0.193	0.017	0.091	0.002	0.0002	0.0048	0.46	0.18
B	0.229	0.013	0.082	0.021	0.0001	0.0044	0.44	0.18
C	0.215	0.011	0.078	0.028	0.0001	0.0042	0.45	0.18
D	0.174	0.015	0.065	0.002	0.0001	0.0046	0.44	0.18
E	0.217	0.012	0.075	0.025	0.0001	0.0043	0.46	0.18
规范要求	≤0.30	≤0.025	≤0.11	≤0.06	≤0.0005	≤0.0080		≤0.23

注：w (C) 比允许最大值每减少 0.01%，w (Mn) 允许增加 0.05%，但不得超过 1.95%。

X80 焊管管体横向抗拉强度　　　　　　表 1.4-59

钢厂代号	$R_{t0.5}$ （MPa）			R_m （MPa）		
	最大值	最小值	平均值	最大值	最小值	平均值
A	688	555	596	794	632	694
B	690	555	601	803	643	711
C	686	555	584	809	651	720
D	665	555	593	759	660	693
E	634	556	580	740	650	701
规范要求	555～690			625～825		

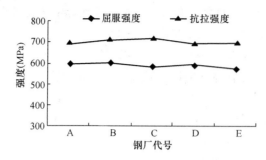

图 1.4-36　X80 级 ϕ1219mm×18.4mm 螺旋埋弧焊管管体母材强度

X80 焊管管体母材硬度　　　　　　　　　　　　　　　　　　表 1.4-60

钢厂代号	HV10					
	内表面			外表面		
	最大值	最小值	平均值	最大值	最小值	平均值
A	258	220	233	266	188	236
B	257	194	232	259	195	233
C	263	220	239	267	216	242
D	252	202	232	250	202	231
E	254	217	234	256	219	237
规范要求	≤280					

X80 焊管管体横向冲击功（－10℃）　　　　　　　　　　　　表 1.4-61

钢厂代号	冲击功（J）			S_A（％）		
	最大值	最小值	平均值	最大值	最小值	平均值
A	508	208	342	100	90	99.9
B	489	206	340	100	90	99.9
C	504	264	349	100	97	99.9
D	460	266	353	100	96	100.0
E	412	275	333	100	99	100.0
规范要求	≥180			≥90		

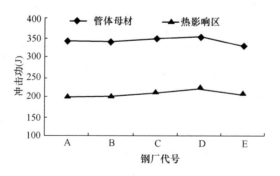

图 1.4-37　X80 级 ϕ1219mm×18.4mm 螺旋埋弧焊管－10℃冲击功

2）焊接接头性能

母材与热影响区的硬度见图 1.4-38，母材与热影响区的硬度差见图 1.4-39。

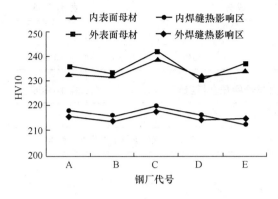

图 1.4-38 母材与热影响区的硬度

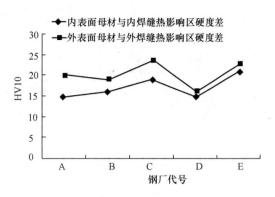

图 1.4-39 母材与热影响区的硬度差

3）小结

采用焊接性评定所推荐的线能量（小于 30kJ·cm⁻¹）施焊，五种钢材螺旋埋弧焊管热影响区的 -10℃ 冲击功平均值为 203～223J，比母材低 130J。不同钢厂之间差值不大于 20J，均符合相应规范的要求。

五种钢材焊管热影响区的平均硬度值为 213～220HV10，比母材低 15～24HV10，不同钢厂之间差值不大于 11HV10。说明焊接热影响区稍有软化。

3. X100 管线钢焊接工艺及接头性能实例[36]

X100 实例钢板化学成分见表 1.4-62，力学性能见表 1.4-63。WS01 焊丝化学成分见表 1.4-64，焊丝熔敷金属化学成分见表 1.4-65，WS01 焊丝熔敷金属力学性能见表 1.4-66。

（1）焊接工艺条件

单丝埋弧焊工艺条件：WS01 焊丝直径为 4mm，焊剂为 CHF105，不开坡口，焊接参数见表 1.4-67。

（2）焊接接头性能

接头金相组织见图 1.4-40。接头性能见表 1.4-68 及图 1.4-41。

X100 钢板化学成分（wt%）　　　　　　　　　　表 1.4-62

炉号	C	Si	Mn	P	S	Ni	C_{eq}	P_{cm}
C625368	0.065	0.346	1.984	0.019	0.001	0.438	0.54	0.235

X100 钢板力学性能　　　　　　　　　　表 1.4-63

批号	板厚（mm）	R_{eL}（MPa）	R_m（MPa）	A（%）	-20℃ 冲击动 A_{KV}（J）
72073618	10	720	945	20.0	164 122 100 (123)

WS01 焊丝主要化学成分（wt%）　　　　　　　　　　表 1.4-64

C	Si	Mn	P	S	Ni
0.068	0.045	1.91	0.012	0.0075	2.38

WS01 焊丝熔敷金属化学成分（wt%）　　　　表 1.4-65

焊接材料	C	Si	Mn	P	S	Ni
W S01＋CH F105	0.040	0.34	1.58	0.017	0.008	1.81

WS01 焊丝熔敷金属力学性能及金相组织　　　　表 1.4-66

R_{eL}（MPa）	R_m（MPa）	−20℃ 冲击功（J）	组织
700	750	平均值 98	针状铁素体＋先共析铁素体

注：焊丝与母材为等强匹配。

焊接工艺参数　　　　表 1.4-67

电流（A）	电压（V）	焊接速度（cm·min⁻¹）	线能量（kJ·cm⁻¹）
600～800	32～34	50～80	24.5～19.2

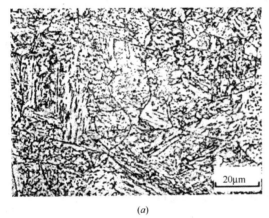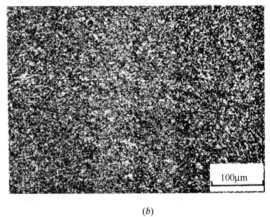

(a)　　　　　　　　　　　　　　　　(b)

图 1.4-40　埋弧焊接头金相组织

(a) 过热区组织；(b) 焊缝组织

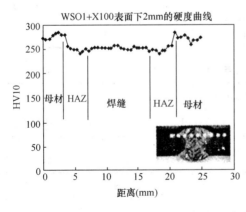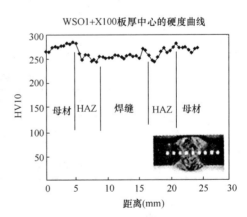

图 1.4-41　埋弧焊接头的硬度分布曲线

埋弧焊焊接接头性能 表 1.4-68

焊丝＋焊剂	试验温度（℃）	X100 钢焊接接头冲击结果		接头拉伸 R_m（MPa）	冷弯 $D=5a$ 180°
		冲击功 A_{KV}（J）			
		焊缝	HAZ（0.5mm）		
WS01＋CHF105	−20	124 131 135（130）	99 109 63（90）	810 820	合格

（3）小结

焊缝组织为针状铁素体，过热区和正火区为贝氏体，不完全正火区和基材为针状铁素体。

接头硬度 240～286HV10，HAZ 硬度比基材低 30HV10，软化现象不明显。

接头 HAZ 的−20℃ 冲击功平均值为 90J，焊缝平均值为 130J，高于国家标准《石油天然气工业管线输送系统用钢管》GB/T 9711—2011 规定的 X100 焊缝最低值（0℃，40J）及《Specification for Line Pine》API SPEC 5L-2009（44 版勘误）规定的 X100 管体最低值管径 1219mm 以下为（0℃，95J）。

接头在 $d=5a$ 条件下弯曲 180°合格。

接头抗拉强度平均值为 815MPa，高于国家标准及 API SPEC 5L-2009 规定的最低值 760MPa。

WS01 焊丝埋弧焊接 X100 实例管线钢接头性能优良。

4. X120 管线钢焊接工艺及接头性能实例[37]

X120 管线钢的化学成分见表 1.4-69，该钢材的碳当量较高（0.53%），并加入微合金成分 B。其力学性能见表 1.4-70。其金相组织为下贝氏体＋少量马氏体，见图 1.4-42。

（1）焊接工艺条件

焊接线能量及其对 HAZ 韧性的影响见表 1.4-71。

选用 2 种强度的焊丝＋碱性焊剂，2 种强度匹配的焊缝金属化学成分见表 1.4-72，2 种强度匹配的焊接接头强度及韧性见表 1.4-73。选定 B 焊丝焊接 JCO 成型 X120 钢管。

30μm

图 1.4-42 X120 管线钢的金相组织

（2）焊接接头性能

接头拉伸及冲击性能见表 1.4-74，焊接接头硬度及弯曲性能见表 1.4-75，焊接接头硬度测点分布见图 1.4-43。焊接热影响区组织见图 1.4-44。

X120 管线钢实例的化学成分　　　　表 1.4-69

项目	$w(C)$	$w(Mn)$	$w(Si)$	$w(P)$	$w(S)$	$w(Mo)$	$w(Nb+Ti+V)$	$w(Ni+Cr+Cu)$	$w(B)$	P_{cm}	C_{eq}
实测值	0.06	1.90	0.24	0.005	0.003	0.31	≤0.08	≤1.50	0.0013	0.22	0.53
APISPEC 5L 要求	≤0.10	≤2.10	≤0.55	≤0.02	≤0.01	≤0.50	≤0.15	≤2.0	≤0.004	≤0.25	

X120 管线钢实例的力学性能（%）　　　　表 1.4-70

项　目	$R_{p0.2}$(MPa)	R_m(MPa)	A_f(%)	$R_{p0.2}/R_m$	C_V(J)(−30℃)	S_A(%)(−30℃)
实测值	860	1020	24	0.84	209	93
APISPEC 5L 要求	830~1050	915~1145	≥14	≤0.99	≥108(0℃)	≥85(0℃)

注：拉伸试样采用板状试样。

热模拟线能量对 HAZ 韧性的影响　　　　表 1.4-71

模拟方案	焊接线能量（kJ·cm⁻¹）	夏比冲击功(J) 单　值	夏比冲击功(J) 平均值
1	20	165，185，145	165
2	35	174，165，209	182
3	60	120，185，145	150

2 种强度匹配的焊缝金属化学成分　　　　表 1.4-72

方案	焊道	$w(Mn)$	$w(Si)$	$w(P)$	$w(S)$	$w(Mo)$	$w(Ni+Cr+Cu)$	$w(V+Nb+Ti)$	$w(B)$
A	外焊	1.94	0.35	0.01	0.005	0.64	2.2	0.06	0.0022
A	内焊	2.01	0.36	0.01	0.005	0.60	2.1	0.05	0.0019
B	外焊	2.05	0.44	0.009	0.006	0.35	1.4	0.05	0.0002
B	内焊	2.16	0.44	0.010	0.006	0.35	1.4	0.04	0.0002

2 种强度匹配的焊接接头强度及韧性　　　　表 1.4-73

方案	焊缝抗拉强度（MPa） 去除余高（断裂位置）	焊缝抗拉强度（MPa） 保留余高（断裂位置）	焊缝冲击功（J） 最低	焊缝冲击功（J） 平均
A		1010（热区）	60	70
B	900（焊缝）	995（热区）	160	165

X120 钢管、用 B 焊丝焊接接头拉伸及冲击性能　　　　表 1.4-74

项　目	母材拉伸 $R_{p0.2}$(MPa)	母材拉伸 R_m(MPa)	母材拉伸 A_f(%)	母材拉伸 $R_{p0.2}/R_m$	焊缝抗拉强度(MPa) 去除余高	焊缝抗拉强度(MPa) 保留余高	冲击功(J)(−30℃) 管体	冲击功(J)(−30℃) 焊缝	冲击功(J)(−30℃) 热影响区	S_A(%)(−30℃) 管体	S_A(%)(−30℃) 焊缝	S_A(%)(−30℃) 热影响区
数值	910	1065	13	0.86	910	1120	238	150	185	90	63	67
API SPEC 5L 要求	830~1050	915~1145	≥11	≤0.99	≥915		≥108(0℃)	≥40(0℃)				

注：1. 母材拉伸采用圆棒试样；

　　2. 热影响区冲击缺口位置：试样上表面与外焊道熔合线交接处。

　　3. 表中 $R_{p0.2}$ 应为 $R_{t0.5}$

X120 钢管焊接接头硬度及弯曲性能 表 1.4-75

焊接接头硬度值（HV10）														弯曲结果	
1	2	3	4	5	6	7	8	9	10	11	12	13	14	8t	10t
307	292	300	259	255	304	303	305	302	279	289	297	281	323	开裂	合格

注：t—弯曲试样壁厚，8t、10t 分别代表弯轴直径为 8 倍及 10 倍壁厚。

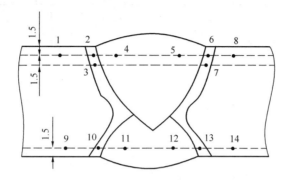

图 1.4-43　焊接接头硬度测点分布

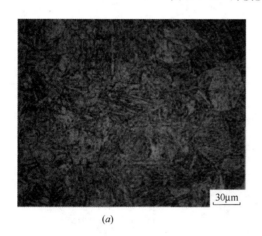　

图 1.4-44　X120 钢焊接热影响区组织
（a）粗晶区；（b）细晶区

（3）小结

线能量 20、35、60kJ/cm 时，模拟粗晶区冲击功分别为 165J、182J、150J。以 35kJ·cm⁻¹ 时冲击功最佳，20kJ·cm⁻¹ 及 60kJ·cm⁻¹ 良好，焊接接头各区冲击功较高，均满足《石油天然气工业管线输送系统用钢管》GB/T 9711—2011 及《Specification for Line Pine》API SPEC 5L—2009（44 版勘误）标准要求。

以选定的最佳线能量和 B 焊丝生产的钢管焊缝硬度（4、5 测点）低于母材，抗拉强度也低于标准要求的最低值，说明能与 X120 管线钢匹配的焊丝尚待研发。

由于 X120 钢材组织中长条状 M-A 岛数量多而且粗大，HAZ 的脆化以及基材的强度、硬度高、塑性变形能力较低，因而在弯曲直径 8t 下弯曲后熔合线处出现开裂。

5. 各强度等级钢材不同焊接方法热输入优选范围及接头热影响粗晶区性能、组织对比各种焊接方法热输入优选范围及接头热影响粗晶区性能、组织见表 1.4-76。

高 强 度 管 线 钢
各种焊接方法焊接热输入优选范围及接头热影响粗晶区性能、组织

表 1.4-76

钢材强度等级焊接方法类别		线能量 E（kJ·cm^{-1}）	硬 度（HV10）	−20℃冲击功（J）	显 微 组 织	板厚（mm）
X70 气保焊接头实例 1		12.5	240	260 纵向		
X70 气保焊接头实例 2		12～17	243			
X70 四丝埋弧焊实例 3		预焊：4～5，内、外焊：32～53	216～225	228～276		17.5 21 26.2
X80 钢气保焊接头实例 1		9～16 预热 100～200℃	≥229	180		18.4
X80 钢接头实例 2	气保焊	2～15 预热 100℃	213～260	223 以上		18.4
	焊条电弧焊	7～22	206～237	127 以上		15.3
X80 钢焊条电弧焊焊接接头实例 3		15～17 预热 100～150℃	227～292	66～120（−40℃）	热影响粗晶区为 GB，焊缝为 GB＋细小多边形铁素体 PF	20
X80 钢内、外双丝埋弧焊接接头实例 4（性能为五钢厂产品平均值）		内焊 21～26 外焊 24～29	213～220	203～223（−10℃）		18.4
X100 钢单丝埋弧焊接头实例		19～25	240～286	90	焊缝为针状铁素体，过热区为 B	
X120 钢单丝埋弧焊接头，低强匹配		20～35	279～305	185（−30℃）	粗晶区晶粒长大，M-A 数量增多并以长条状分布，贯穿于奥氏体晶粒	

1.5　低碳及超低碳贝氏体桥梁用钢的焊接性与焊接接头性能

超低碳贝氏体钢是近年来发展的一种具有优良焊接性的高强度钢。这类钢采用微合金化和控制轧制工艺生产，钢的强度提高不再依赖于固溶强化元素如 C、Mn、Si 等，而是采用 Mn-Mo-Nb-B 低合金系列，以形成贝氏体组织为主要强化手段；在合理的控轧工艺下充分细化铁素体和贝氏体组织，钢的碳当量得到大幅降低，裂纹敏感性低，可采用不预热或低温预热焊接，焊接性改善同时得到高强度和高韧性的综合性能。

1.5.1　Q420qE、Q420qNH（鞍钢）焊接性及焊接接头性能[38]

钢材化学成分与力学性能

Q420qE、Q420qNH 的化学成分见表 1.5-1、表 1.5-2。力学性能见表 1.5-3～表 1.5-5。韧脆转变温度曲线见图 1.5-1、图 1.5-2。

Q420qE 钢板化学成分（％） 表 1.5-1

板厚(mm)	批号	碳 C	硅 Si	锰 Mn	磷 P	硫 S	钒 V	铌 Nb	钛 Ti	铝 Al	铬 Cr	镍 Ni	铜 Cu	碳当量 C_{eq}	数据来源
—	—	≤0.17	≤0.60	1.30～1.70	≤0.020	≤0.015	≤0.08	≤0.045	≤0.02	≥0.020	≤0.30	≤0.30	≤0.30	≤0.45	GB/T 714
16	537612	0.045	0.29	1.63	0.0089	0.0027	—	0.04	0.014	0.036	0.30	0.05	0.28	0.39	钢厂检验值
30	537614	0.045	0.28	1.63	0.0089	0.0027	—	0.04	0.014	0.036	0.30	0.05	0.28	0.39	钢厂检验值
60	545956	0.045	0.29	1.63	0.0089	0.0027	—	0.04	0.014	0.036	0.30	0.05	0.28	0.39	钢厂检验值

Q420qNH 钢板化学成分（％） 表 1.5-2

板厚(mm)	批号	碳 C	硅 Si	锰 Mn	磷 P	硫 S	钒 V	铌 Nb	钛 Ti	铝 Al	铬 Cr	镍 Ni	铜 Cu	碳当量 C_{eq}	数据来源
16	537605	0.032	0.25	1.58	0.0089	0.0027	—	0.048	0.014	0.03	0.38	0.19	0.35	0.39	钢厂检验值
30	537607	0.032	0.25	1.58	0.0089	0.0027	—	0.048	0.014	0.03	0.38	0.19	0.35	0.39	钢厂检验值
60	537610	0.032	0.25	1.58	0.0089	0.0027	—	0.048	0.014	0.03	0.38	0.19	0.35	0.39	钢厂检验值

Q420qE 钢板力学性能 表 1.5-3

板厚 mm	批号	屈服强度 σ_s (MPa)	抗拉强度 σ_b (MPa)	伸长率 δ_5 (％)	弯曲 180°	−40℃纵向冲击 A_{KV} (J)	10％纵向时效 A_{KV} (J)	数据来源
≤16	—	≥420	≥570	≥20	d=2a	≥47	≥47	GB/T 714—2008
16	537612	585	680	21.5	d=2a，完好	325，330，310	290，290，290	钢厂检验值
>16～35	—	≥410	≥550	≥19	d=3a	≥47	≥47	GB/T 714—2008
30	537614	515	615	23	d=3a，完好	305，285，300	290，290，290	钢厂检验值
>50～100	—	≥39	≥530	≥19	d=3a	≥47	≥47	GB/T 714—2008
60	545956	460	580	22	d=3a，完好	285，285，290	330，315，300	钢厂检验值

Q420qNH 钢板力学性能 表 1.5-4

板厚(mm)	批号	屈服强度 σ_s (MPa)	抗拉强度 σ_b (MPa)	伸长率 δ_5 (％)	弯曲 180°	−40℃纵向冲击 A_{KV} (J)	10％纵向时效 A_{KV} (J)	数据来源
≤16	—	≥420	≥570	≥20	d=2a	≥47	≥47	GB/T 714—2008
16	537605	520	635	25.5	d=2a，完好	285，270，280	290，305，280	钢厂检验值
>16～35	—	≥410	≥550	≥19	d=3a	≥47	≥47	GB/T 714—2008
30	537607	500	610	22.5	d=3a，完好	320，320，335	300，315，330	钢厂检验值
>50～100	—	≥390	≥530	≥19	d=3a	≥47	≥47	GB/T 714—2008
60	537610	490	570	21.5	d=3a，完好	310，315，305	310，340，290	钢厂检验值

钢板厚度方向断面收缩率　　　　　　　　表 1.5-5

材　质	板厚(mm)	批　号	S 含量(%)	Z 向断面收缩率 ψ_z(%)	备　注
—	—	—	≤0.005	≥35	Z35 级标准值
Q420qE	30	537614	0.003	77.5，78.0，77.0(77.5)	试验值
	60	545956	0.003	72.0，73.0，73.0(72.7)	试验值
q420qNH	30	537607	0.002	78.0，78.0，78.0(78.0)	试验值
	60	537610	0.003	82.5，81.5，80.5(81.5)	试验值

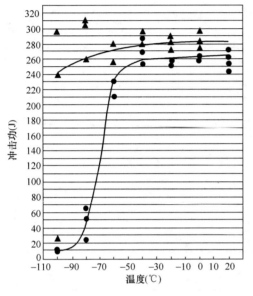

▲ δ30mm 钢板；● δ60mm 钢板　　　　　▲ δ30mm 钢板；● δ60mm 钢板

图 1.5-1　Q420qE 钢的韧脆转变温度曲线　　图 1.5-2　Q420NH 钢的韧脆转变温度曲线

由图 1.5-1 及图 1.5-2 可见，Q420qE 钢的韧脆转变温度 ETT_{50} 为 −90℃（板厚 30mm）和 −70℃（板厚 60mm），Q420qNH 钢的韧脆转变温度 ETT_{50} 为 −70℃（板厚 30mm）和 −90℃（板厚 60mm）。

1. 钢材焊接性

（1）热影响区最高硬度

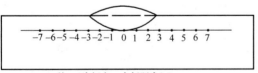

注：0 为切点，点间距为 0.5mm

图 1.5-3　硬度测点分布

硬度测点分布见图 1.5-3。板厚 16mm、30mm、60mm，检测结果见表 1.5-6。

热影响区最高硬度值（HV10）　　　　　　表 1.5-6

点	−7	−6	−5	−4	−3	−2	−1	0	1	2	3	4	5	6	7	最高硬度
距离/mm	3.5	3.0	2.5	2.0	1.5	1.0	0.5	0	0.5	1.0	1.5	2.0	2.5	3.0	3.5	H_{max}
1 号（16mm）	227	227	228	228	228	235	247	247	243	232	228	228	228	228	228	247
2 号（30mm）	230	237	242	254	266	268	290	279	274	270	268	258	258	258	258	290
3 号（60mm）	224	240	240	240	242	249	249	249	249	242	242	240	237	233	213	249
4 号（16mm）	206	216	224	228	240	240	240	254	253	251	237	237	237	237	237	254

续表

点	−7	−6	−5	−4	−3	−2	−1	0	1	2	3	4	5	6	7	最高硬度
距离/mm	3.5	3.0	2.5	2.0	1.5	1.0	0.5	0	0.5	1.0	1.5	2.0	2.5	3.0	3.5	H_{max}
5号（30mm）	240	240	243	243	243	247	254	254	254	251	237	237	237	237	237	254
6号（60mm）	225	225	225	228	230	230	230	232	230	228	228	223	223	223	221	232

注：1号~3号 为 Q420qE 钢，4号~6号 为 Q420qNH。

由表 1.5-6 所见，两种钢材三种板厚焊接热影响区硬度均低于 350HV10，符合《铁路钢桥制造规范》TB 10212—2009 的规定。

（2）斜 Y 形坡口焊接裂纹敏感性评定

板厚 30mm，测试结果见表 1.5-7。

斜 Y 形坡口焊接裂纹测试结果　　　　　　　　　　表 1.5-7

焊接方法及焊接材料	试件编号	环境温度（℃）	预热温度（℃）	表面裂纹率（%）	断面裂纹		
					试样片数	开裂片数	裂纹率（%）
焊条电弧焊	S1	14	—	0	5	0	0
E5515-G（4）	S2	14	—	0	5	0	0
焊条电弧焊	S4	14	—	0	5	0	0
E5515-G（4）	S5	14	—	0	5	0	0

注：S1、S2 为 Q420qE 钢，S4、S5 为 Q420qNH。

由表 1.5-7 所见，两种钢材不预热的焊接裂纹率均为零，焊接性良好。

2. 焊接接头性能

对接接头韧脆转变温度曲线见图 1.5-4、图 1.5-5。

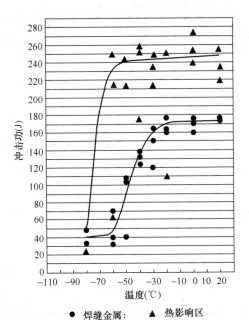

● 焊缝金属：　▲ 热影响区

图 1.5-4　Q420qE 钢对接接头
韧脆转变温度曲线

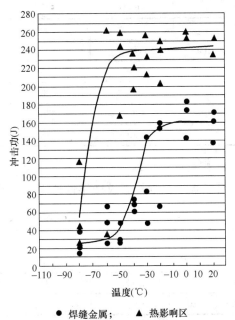

● 焊缝金属；　▲ 热影响区

图 1.5-5　Q420qNH 钢对接接头
韧脆转变温度曲线

由图 1.5-4、图 1.5-5 可见，Q420qE 钢对接接头的韧脆转变温度 ETT_{50} 为 $-50℃$（焊缝金属）和 $-70℃$（热影响区），Q420qNH 钢对接接头的韧脆转变温度 ETT_{50} 为 $-45℃$（焊缝金属）和 $-70℃$（热影响区）。

3. 结语

Q420qE 及 Q420qNH 钢成分及性能符合《桥梁用结构钢》GB/T 714—2000 及《桥梁用结构钢》GB/T 714—2008 的规定，且由于碳含量很低，韧性较高，因而焊接裂纹敏感性低，钢板厚度不大于 30mm 时焊前不需要预热。

1.5.2　600MPa 和 700MPa 级高性能桥梁用钢（武钢）[39]

该钢材为超低碳微合金化，TMCP 工艺生产，组织为针状铁素体。具有高强韧性、耐候性和焊接性。针状铁素体组织由于微区间电位差比较低，因而耐腐蚀性较好，而 09CuPCrNi 钢的组织为铁素体和珠光体，两者之间有较大的电极电位差，因而耐蚀性较差。

实例钢材的化学成分及力学性能见表 1.5-8、表 1.5-9。

实例钢材的化学成分（%）　　　　　　　　　　　　　　表 1.5-8

钢 种	C	Si	Mn	P	S	Cu	Cr	Ni	B
600MPa 级	≤0.06	≤0.40	≤1.65	≤0.020	≤0.015	≤0.40	≤0.30	≤0.25	≤0.0030
700MPa 级	≤0.08	≤0.40	≤1.70	≤0.020	≤0.015	≤0.40	≤0.40	≤0.30	≤0.0030

实例钢材的力学性能　　　　　　　　　　　　　　表 1.5-9

钢　种	板厚 (mm)	R_{eL} (MPa)	R_m (MPa)	A (%)	$-40℃$纵向 A_{KV} (J)
600MPa	32	480	585	25	273 236 248
	50	505	590	24	298 298 286
	60	480	590	23	279 264 269
700MPa	20	620	675	20	313 312 301
	30	655	700	19	272 262 289
	50	575	660	19	219 213 219

1. 钢材的焊接性

斜 Y 形坡口焊接裂纹敏感性评定结果见表 1.5-10。

斜 Y 坡口焊接裂纹敏感性评定结果　　　　　　　　　　表 1.5-10

钢　种	板厚 (mm)	焊条型号	焊条直径 (mm)	电流 (A)	电压 (V)	焊速 (cm·min⁻¹)	温度 (℃)	湿度 (%)	裂纹率（%） 表面	裂纹率（%） 断面
600MPa	60	CJ607Q	5	170	25	15	常温	78	0	0
700MPa	20	CJ707	4	170	24	15	常温	75	0	0

2. 焊接接头性能

焊接接头坡口形式见图 1.5-6，焊接接头力学性能见表 1.5-11、表 1.5-12。

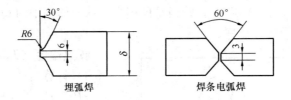

图 1.5-6 焊接接头坡口形式

焊接接头力学性能   表 1.5-11

钢 种	焊接方式	板 厚 (mm)	焊接材料	对接方向	接头拉伸		冷弯 (弯心直径 d=3a)	
					R_m (MPa)	断处 (mm)	弯曲角度	判定结果
600MPa	埋弧焊	60	WQ-1+SJ105Q	纵向	580 585	焊缝 焊缝	180°	合格 合格
700MPa	手工焊	26	WER70N (20%CO_2+80%Ar)	纵向	705 710	焊缝 熔合线 2mm	180°	合格 合格

焊接接头各区冲击韧性   表 1.5-12

钢 种	板厚 (mm)	焊接材料	试板方向	$-14℃A_{KV}$ (J)		
				焊 缝	熔合线	HAZ0.5
600MPa	60	WQ-1+SJ105Q	纵向	96 100 160	160 176 206	170 194 232
700MPa	26	SER70N (20%CO_2+80%Ar)	纵向	165 162 171	100 90 117	103 89 113

3. 结语

该钢材 60mm 板厚不预热埋弧焊及气保焊 HAZ0.5mm 的 $-40℃$ 冲击功在 170J（600MPa 级）和 89J（700MPa 级）以上。600MPa 级钢和 700MPa 级钢已分别应用于中海油海上石油钻井平台和上海振华港机公司 4000t 浮吊上的悬臂梁结构。

1.5.3 WDB620（舞钢）的焊接性与焊接接头性能[40]

WDB620 钢的化学成分和力学性能见表 1.5-13、表 1.5-14。

钢材的化学成分 (%)   表 1.5-13

C	Si	Mn	P	S	Mo	Nb	V	B	Ti
≤0.04	0.15~0.35	≤1.45	≤0.015	≤0.010	≤0.30	≤0.040	≤0.05	≤0.001	0.010~0.020

钢材的力学性能   表 1.5-14

σ_s (MPa)	σ_b (MPa)	δ (%)	$A_{KV}-20℃$ (J)	弯曲，180°
≥490	≥620	≥18	≥47	$d=3a$

1. WDB620 钢的焊接性

(1) 碳当量（C_{eq}）及裂纹敏感性组分（P_{cm}）评定：

$$C_{eq} = C + Mn/6 + (Cr + Mo + V)/5 + (Ni + Cu)/15 \qquad (1.5-1)$$

$$P_{cm} = C + Si/30 + (Mn + Cr + Cu)/20 + Ni/60 + Mo/15 + V/10 + 5B \qquad (1.5-2)$$

WDB620 钢实际 $C_{eq} \leqslant 0.38\%$，碳当量仅相当于珠光体钢中的 Q345 钢。$P_{cm} \leqslant 0.18\%$，焊接性良好。

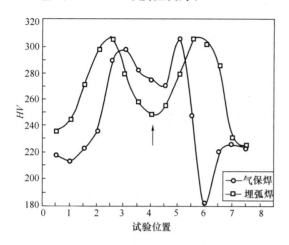

图 1.5-7　焊接热影响区最高硬度测定值曲线

硬度测定结果见图 1.5-7。

预热温度（T_0）（按公式（1.5-3）、（1.5-4）计算）：

$$P_c = P_{cm} + [H]/60 + t/600 \tag{1.5-3}$$

$$T_0 = 1440 P_c - 392 \tag{1.5-4}$$

P_c 为焊接裂纹敏感指数，板厚（t）为 40mm，焊缝金属扩散氢 [H] 含量以 2ml/100g 计。

小结：预热温度 $T_0 = 9.76℃$，即板厚为 40mm 时不需预热。

（2）焊接热影响区最高硬度测评

测评的焊接方法为气体保护焊及埋弧焊，工艺参数见表 1.5-15。

			焊 接 工 艺 参 数		表 1.5-15
焊接方式	环境温度	焊接电流	焊接电压	焊接速度	线能量
气保焊	26.5℃	300A	31.5V	35cm·min⁻¹	16.2kJ·cm⁻¹
埋弧焊	26.5℃	500A	27V	40cm·min⁻¹	20.3kJ·cm⁻¹

小结：最高硬度 HV＝306 位于熔合线底部，小于 AWS D 1.1 及《钢结构焊接规范》GB 50661—2011 所规定的限值 350HV。

（3）斜 Y 形坡口焊接裂纹敏感性评定

1）评定条件：

焊接方法为焊条电弧焊及气体保护焊。

2）测试结果：见表 1.5-16。

斜 Y 形坡口焊接裂纹敏感性测试结果　　　　　　表 1.5-16

焊接方法	环境温度（℃）	相对湿度（%）	预热温度	表面裂纹率（%）	根部裂纹率（%）	断面裂纹率（%）
手工焊	29	53	RT	0	0	0
			50℃	0	0	0
气保焊	27	74	RT	0	0	0
			50℃	0	0	0

3）小结：常温及预热 50℃ 焊接均无裂纹，即焊接裂纹敏感性较小，无需预热即可焊接。

（4）焊接热影响区热模拟试样的冲击韧性

1）评定条件：三个峰值温度 1350℃、1050℃、850℃ 分别模拟过热区、重结晶区、不完全重结晶区的组织。代表冷却速度的 $t_{8/5}$ 包括了焊条电弧焊、气体保护焊及埋弧焊的实用参数范围。热模拟热影响区的冲击功见表 1.5-17。

模拟焊接热影响区的－20℃冲击功（J）　　　　　表 1.5-17

$t_{8/5}$ (s)	峰值温度（℃）		
	1350	1050	850
5	102，74，118	175，160，192	104，97，120
15	60，88，81	190，152，142	110，135，104
25	44，60，38	142，141，150	91，124，98
35	23，16，15	117，128，86	78，114，98
50	12，16，7	106，118，86	122，108，108

2）评定结果：当峰值温度 1350℃（一次热循环），$t_{8/5}$＝5s 时过热区－20℃冲击功较高，增加到 15s 时冲击功严重下降。其他两区冲击功较高，$t_{8/5}$ 增加冲击功随之下降，达到 25s 时冲击功低于规范要求。

2. 焊接接头性能

（1）焊条电弧焊

J607RH 焊条（上海电力修造总厂），直径 4.0mm，扩散氢含量 1.4L/100g（甘油法）。焊条熔敷金属力学性能见表 1.5-18，焊接工艺参数见表 1.5-19。

J607RH 焊条熔敷金属力学性能　　　　　表 1.5-18

	σ_s（MPa）	σ_b（MPa）	δ_5（％）	－40℃A_{KV}（J）
典型值	510	660	25	100

焊条电弧焊工艺参数　　　　　表 1.5-19

预热温度（℃）	层间温度（℃）	焊接电流（A）	焊接电压（V）	焊接速度（cm·min^{-1}）	线能量（kJ·cm^{-1}）
室温 28	50～80	150	24	10.3	21

（2）气体保护焊

80％Ar＋20％CO_2 气体。GHS-60N 焊丝（钢铁研究总院），直径 1.2mm。熔敷金属力学性能见表 1.5-20。接头坡口形式及焊接参数见表 1.5-21。

焊丝熔敷金属力学性能　　　　　表 1.5-20

型　号		σ_s（MPa）	σ_b（MPa）	δ_5（％）	－40℃A_{KV}（J）
GHS-60N	保证值	≥490	≥620	≥19	≥34
	典型值	560	645	26	96

气体保护焊坡口形式及工艺参数　　　　　表 1.5-21

钢　种	坡口形式	保护气体	预热温度（℃）	层间温度（℃）	焊接电流（A）	焊接电压（V）	焊接速度（cm·min^{-1}）	线能量（kJ·cm^{-1}）	试板厚度（mm）
WDB620	双面 V 形 70°，正面坡口深 15mm	80％Ar＋20％CO_2	室温 24	140	300	32	30	19.2	25

（3）埋弧焊

WS03 焊丝（武钢），直径 4.0mm。CHF101 焊剂（大西洋焊材厂）。

熔敷金属力学性能见表 1.5-22，焊接工艺参数见表 1.5-23。

焊接接头冲击功见表 1.5-24。

WS03 焊丝＋CHF101 焊剂熔敷金属力学性能 　　　　　表 1.5-22

	σ_s（MPa）	σ_b（MPa）	δ_5（%）	$-40℃A_{KV}$（J）
保证值	≥490	≥620	≥15	≥47
典型值	515	635	25	≥107

埋弧焊焊接工艺参数 　　　　　表 1.5-23

工艺编号	坡口形式	焊剂准备	层间温度	焊接电流	电接电压	焊接速度	线能量
工艺 A	双面 V 形 60°，正面坡口深 15mm，5mm 钝边	350℃保温 2h	26℃	500A	27V	42cm·min⁻¹	19.3kJ·cm⁻¹
工艺 B	同上	同上	140℃	700A	32V	38cm·min⁻¹	35.4kJ·cm⁻¹

焊接接头冲击功（$-20℃A_{KV}$，J） 　　　　　表 1.5-24

焊接方法		焊接线能量	焊　缝	熔合线	线外 1mm	线外 2mm	线外 5mm
焊条电弧焊		17.6kJ·cm⁻¹	110，120，90	51，53，55	180，168，186	152，112，170	
气保焊		19.2kJ·cm⁻¹	79，70，108	114，84，80	157，102，170	164，157，150	
埋弧焊	工艺 A	19.3kJ·cm⁻¹	147，118，130	47，79，98	146，147，144	68，42，58	
	工艺 B	35.4kJ·cm⁻¹	156，135，172	53，50，48	51，67，49		118，116，100

（4）小结

接头拉伸及弯曲均满足规范要求。

焊条电弧焊以线能量 17.6kJ·cm⁻¹ 焊接，熔合线冲击功较低。

气保焊以线能量 19.2kJ·cm⁻¹ 焊接，接头各区冲击功均较高。

埋弧焊以线能量 19.3kJ·cm⁻¹ 焊接，熔合线及线外 2mm 处冲击功较低；以线能量 35.4kJ·cm⁻¹ 焊接，熔合线及线外 1mm 处冲击功较低。但均满足规范要求。

3. 结语

WDB206 钢已应用于水电站压力钢管、煤矿液压支架、铁道及矿山大型载重车体等钢结构工程。

参 考 文 献

[1]　AWS D1.1M-2010《钢结构焊接规范》

[2]　BS EN 1011.Ⅱ-2001《金属材料焊接规范——铁素体钢的电弧焊》

[3]　《焊接工程缺欠分析与对策》，机械工业出版社，陈伯蠡著，2005.1

[4]　《高性能压力容器用钢的研究进展》，2006 全国钢结构学术年会论文集，陈晓等。

[5]　《原油储罐用钢的开发与应用新进展》，2006 全国钢结构学术年会论文集，章小浒

[6]　《焊接热循环对 X120 管线钢组织和性能的影响》，金属热处理，2008.6，张婷婷等

[7]　《高性能耐候建筑用钢 BRA520C 焊接性应用研究》，焊接技术，2011.9，谢琦等

[8]　《高强耐候钢焊接接头性能研究》，宝钢技术，2005 增刊，屈朝霞等

［9］《Q460E-Z35 钢焊接性试验及工艺评定》，电焊机，2008.4，邱德隆等

［10］《900MPa 高强钢低匹配焊接研究及应用》，焊接技术，2009.9，赵俊丽等

［11］《1000MPa 级高强钢焊接热影响区组织和韧性》，焊接学报，2011.5，吴昌忠等

［12］《HQ130 高强钢热影响区组织及韧性》，焊接学报，1997.3，李亚江等

［13］《首钢储罐用钢 SG610E 大线能量焊接性分析》，电焊机，2012.2，鞠建斌

［14］《液压支架用 1000MPa 级高强钢焊接性试验研究》，煤矿机械，2012.4，彭杏娜等

［15］《高性能压力容器用钢的研究进展》，2006 全国钢结构学术年会论文集，陈晓等

［16］《N610E 钢制 10 万 m^3 原油储罐组焊技术》，压力容器，2008.11，刘淑延等

［17］《S620Q 高强度调质钢焊接工艺及应用》，焊接技术，2011，12，黄金祥

［18］《屈服强度 690MPa 高强度钢焊接工艺设计与开发》，2011 全国钢结构学术年会论文集，2011.10，靳伟亮等

［19］《液压支架用 1000MPa 级高强钢焊接性试验研究》，煤矿机械，2012.4，彭杏娜等

［20］《屈服强度 900MPa 级高强钢焊接工艺》，焊接学报，2007.9，高有进等

［21］《高 Nb X70 管线钢焊接连续冷却转变曲线分析》，焊管 2010.7，陈延清等

［22］《X70 管线钢焊接 CCT 曲线测试及分析》，焊管，2012.6，赵波等

［23］《X80 管线钢的焊接性研究》，电焊机，2009.5，陈翠欣等

［24］《X100 管线钢 SH-CCT 曲线测定及分析》，金属铸锻焊技术，2012.8，胡美娟等

［25］《超低碳超高强 X120 管线钢焊接热影响区粗晶区的组织转变》，焊接学报，2012.3，雷玄威等

［26］《焊接热循环对 X80 管线钢粗晶区组织性能的影响》，热加工工艺，2007，第 7 期，刘恒等

［27］《X80 高性能管线钢焊接热敏感性研究》，热加工工艺，2005.第 7 期，徐学利等

［28］《焊接热输入对 X100 管线钢粗晶区组织及性能的影响》，焊接学报，2010.3，张骁勇等

［29］《X70 管线钢的气体保护焊实验研究》，武汉工程职业技术学院学报，2004.1，缪凯等

［30］《高强钢 X70 海管的药芯焊丝气体保护焊工艺》，焊接技术，2009.11，鲁欣豫等

［31］《X70 直缝钢管四丝埋弧焊焊接工艺研究》，焊管，2002.7，林文彬等

［32］《大直径 X80 油气输送管道焊接技术》，焊管，2012，第 8 期，胡建春等

［33］《西气东输冀宁支线 X80 钢工业性应用中的焊接技术》，焊接技术，2007.6，黄福祥等

［34］《X80 管线钢的焊接性分析》，热加工工艺，2010，21 期，孙莹等

［35］《西气东输二线工程用 X80 螺旋埋弧焊管热影响区性能分析》，焊管，2011.2，李建等

［36］《X100 管线钢埋弧焊焊接性能研究》，武汉工程职业技术学院学报，2009.3，方要治等

［37］《X120 管线钢焊接试验及分析》，焊管，2011.1，杜伟等

［38］《超低碳贝氏体高强度桥梁钢焊接试验研究》，钢结构，2007.5，朱庆菊等

［39］《武钢高性能桥梁系列钢的研究》，2006 全国钢结构学术年会论文集，邹德辉等

［40］《超低碳贝氏体钢 WDB620 的焊接性》，宽厚板，2002.3，姚连登等

第2章　结构钢高效焊接技术

我国钢结构施工历来属于高污染手工技能劳动密集型行业，焊接质量严重依赖于焊工技能、身心状态和检测技术、检测频率。近年来随着钢结构向大型及重型化发展，单条焊缝及结构总体的焊接量大大增加，迫切需要采用高效及自动化焊接技术。目前适用于钢结构施工领域的高效焊接技术有多丝电弧焊、窄间隙焊、复合能源焊等以及相配套的机器人系统。国内，多丝电弧焊中的 SAW 及 MAG 焊接在钢结构制造业中如建筑钢结构、焊管行业等已有所应用，窄间隙焊在机械制造业中已应用于汽轮机转子、液压缸焊接等。复合能源焊还处于研发阶段。焊接机器人在汽车、机械制造业中应用较广，在造船业中也已开始应用，但在其他行业中基本尚未应用。而在发达国家造船业和建筑钢结构中，焊接机器人已得到广泛应用，因此有必要在本章中作适当介绍以供借鉴。

2.1　多丝电弧焊

2.1.1　多丝电弧焊特点

1. 采取交、直流电源并用或相位关系可控的多台交流电源，以避免电弧间相互干扰及产生磁偏吹。

2. 每个电弧都有独立的控制系统以及独立可控的送丝机。

3. 每个电弧都能独立地调节熔滴过渡和弧长。

4. 双、多焊丝共用一个导电嘴或双、多丝使用独立导电嘴，见图 2.1-1。共用一个导电嘴时焊速提高有限，各自使独立导电嘴时，前丝保证熔深并对后丝预热，后丝填充并加大熔宽，可使焊速明显提高。独立导电嘴可串列、并列、斜列，见图 2.1-2 并且相互间角度及间隙可调。

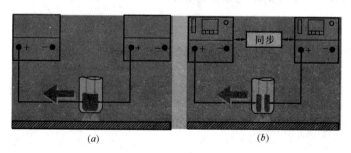

图 2.1-1　双丝导电嘴形式

(a) 共用导电嘴；(b) 独立、相互绝缘导电嘴

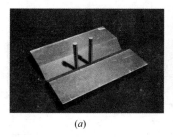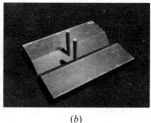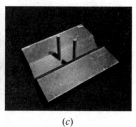

(a) (b) (c)

图 2.1-2 双丝导电嘴排列形式

(a)串列；(b)并列；(c)斜列

5. 配备信息传感系统如接触式跟踪传感器、电弧传感器、光电感应式传感器、旋转电弧式传感器、视觉传感器、激光传感器等，随着焊接坡口角度、间隙、焊缝高度及尺寸的变化而实时控制焊接工艺参数。由于早期应用的接触式跟踪传感器受工件接头及坡口形式限制，光电感应式与视觉传感器受电弧干扰影响、目前已成功应用的是电弧传感器、激光传感器，见图 2.1-3。电弧传感器依靠电弧沿坡口横向移动至两侧时，因电弧长度变化导致电流不同，可测知电弧原始位置对坡口中心线的偏离。激光传感器通过激光扫描获得坡口截面信息，从而实现焊缝的自动跟踪。

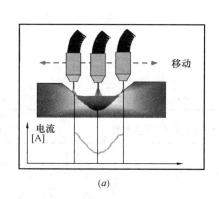

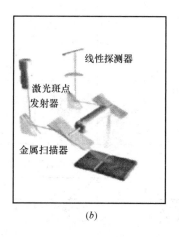

(a) (b)

图 2.1-3 电弧传感器与激光传感器

(a)电弧传感器示意；(b)激光传感器示意

2.1.2 建筑钢构件的双/三丝埋弧焊接工艺

1. H 形、箱形构件双丝串列埋弧焊接工艺[1]

采用交、直流电源独立供电双熔池形式，焊丝串列布置，焊接 H 形钢纵缝部分熔透焊接时构件及焊丝位置如图 2.1-4 所示，其焊接参数见表 2.1-1。全熔透焊接双丝焊构件及焊丝位置见图 2.1-5，其焊接参数见表 2.1-2。箱形构件纵缝全熔透焊接坡口尺寸及双丝位置见图 2.1-6，其埋弧焊工艺参数见表 2.1-3。

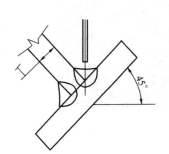
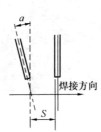
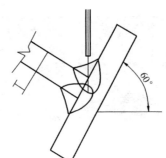
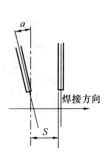

图 2.1-4　焊接 H 形钢纵缝部分　　　　图 2.1-5　焊接 H 形钢纵缝全熔透
熔透焊接双丝焊构件及焊丝位置　　　　　　焊接双丝焊构件及焊丝位置

焊接 H 形钢纵缝部分熔透双丝焊接参数　　　　　　　　　　表 2.1-1

腹板厚度(T, mm)	8	10	12	16	18	24
焊接电流(A)	DC＝750	DC＝825	DC＝900	DC＝1075	DC＝1100	DC＝1100
	AC＝550	AC＝600	AC＝700	AC＝750	AC＝850	AC＝850
电弧电压(V)	DC＝28	DC＝30	DC＝32	DC＝34	DC＝37	DC＝37
	AC＝30	AC＝33	AC＝34	AC＝36	AC＝39	AC＝39
焊丝直径(mm)	4.8	4.8	4.8	4.8	4.8	4.8
电极角度(α)	DC＝0	DC＝0	DC＝0	DC＝0	DC＝0	DC＝0
	AC＝12	AC＝12	AC＝12	AC＝12	AC＝12	AC＝12
焊接速度(mm/min)	1700	1270	100	740	540	370
电极间距(S, mm)	16	16	19	19	19	22
焊丝伸出长度(mm)	25	32	38	45	50	50
焊脚尺寸(K, mm)	6.5	8	10	13	16	19

焊接 H 形钢纵缝全熔透双丝焊接参数　　　　　　　　　　表 2.1-2

腹板厚度(T, mm)	10	12	14	16	18	22
焊接电流(A)	DC＝850	DC＝950	DC＝1000	DC＝1025	DC＝1075	DC＝1100
	AC＝575	AC＝650	AC＝700	AC＝750	AC＝800	AC＝850
电弧电压(V)	DC＝30	DC＝32	DC＝33	DC＝34	DC＝36	DC＝37
	AC＝32	AC＝33	AC＝34	AC＝36	AC＝38	AC＝39
焊丝直径(mm)	DC＝4.8	DC＝4.8	DC＝4.8	DC＝4.8	DC＝4.8	DC＝4.8
	AC＝4.0	AC＝4.8	AC＝4.8	AC＝4.8	AC＝4.8	AC＝4.8
电极角度(α)	DC＝0	DC＝0	DC＝0	DC＝0	DC＝0	DC＝0
	AC＝15	AC＝15	AC＝12	AC＝12	AC＝12	AC＝10
焊接速度(mm/min)	1270	1020	900	762	610	450
电极间距(mm)	16	19	19	19	19	22
焊丝伸出长度(mm)	25	32	38	45	50	50
焊脚尺寸(K, mm)	6.3	8	10	11	14	16

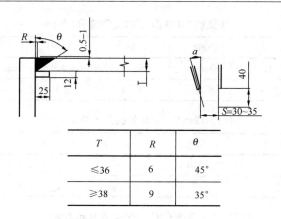

T	R	θ
≤36	6	45°
≥38	9	35°

图 2.1-6　箱型构件纵缝全熔透焊接坡口尺寸及双丝位置

箱型构件双丝双熔池埋弧焊工艺参数　　　　　　　　　　　表 2.1-3

焊接道次	DC 电源		AC 电源		焊接速度
	电流（A）	电压（V）	电流（A）	电压（V）	（mm·min⁻¹）
第一道	620	32	620	40	880～950
第二道起	700～880	34～37	700～880	37～40	700～850
盖面	750～800	34～37	750	38	600～700

注：焊丝伸出长度 40mm；电极间距 30～35mm；DC 先起弧，5～7s 后 AC 再起弧。

2. 桥梁钢 Q370q 双丝埋弧焊工艺[2]

Q370qD 钢材化学成分见表 2.1-4，力学性能见表 2.1-5，使用低硫、磷、含镍的 CJQ-4 焊丝（武汉铁锚），其化学成分和力学性能见表 2.1-6，焊剂为 SJ101q。

坡口形式见图 2.1-7，双丝埋弧焊接参数见表 2.1-7，双丝埋弧焊接头性能见表 2.1-8，双丝焊焊缝及 HAZ 金相组织见图 2.1-8、图 2.1-9。焊缝区−20℃冲击功均值为 82J，大于标准要求的 47J。

桥梁钢 Q370qD 钢材化学成分(%)　　　　表 2.1-4

数据来源	$w(C)$	$w(Si)$	$w(Mn)$	$w(P)$	$w(S)$	$w(Als)$
标准值	≤0.17	≤0.55	1.00～1.70	≤0.025	≤0.020	≥0.015
质保书	0.14	0.36	1.53	0.011	0.003	0.036

钢材力学性能(控轧状态，板厚 44mm)　　　　表 2.1-5

数据来源	σ_s(MPa)	σ_b(MPa)	δ(%)	弯曲 180°	A_{KV}(J)(−20℃)
标准值	≥370	≥510	≥20	$D=3a$, 完好	≥47
质保书	445	585	28	完好	260，256，232

焊丝(武汉铁锚 CJQ-4)化学成分和力学性能　　　　表 2.1-6

化学成分(%)						力 学 性 能				
w(C)	w(Si)	w(Mn)	w(P)	w(S)	w(Ni)	σ_s(MPa)	σ_b(MPa)	δ(%)	A_{KV}(J)(−40℃)	数据来源
0.093	0.054	1.640	0.010	0.004	0.300	460	565	27	145，136，120	质保书
0.090	0.040	1.770	0.009	0.006	0.280	—	—	—	—	复验

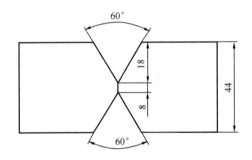

图 2.1-7　坡口形式

双丝埋弧焊接参数　　　　表 2.1-7

接头名称 (材质)	焊 道	电流 I(A)		电压 U(V)		焊速 v (m·h⁻¹)	丝距 l (mm)
		前丝	后丝	前丝	后丝		
$\delta44+\delta44$ 双丝埋弧焊 (Q370qD)	1	930	750	30	33	35	25
	2	860	750	30	36	32	25
	3①	860	750	30	33	30	25
	4①	860	750	30	34	35	25
	5①	800	680	30	36	35	25

①　后焊面焊道，先清根；线能量为 50～54kJ/cm。

双丝埋弧焊接头性能　　　　表 2.1-8

母材				接头拉伸(拉板)	焊缝拉伸(拉棒)			侧弯	最高硬度	低温冲击吸收能量 A_{KV}(J)(−20℃)	
σ_s(MPa)	σ_b(MPa)	σ_b(MPa)	断裂位置	σ_s(MPa)	σ_b(MPa)	δ(%)	$D=3a$	HV10	焊缝区	热影响区
430	580	575	母材	430	680	24.5	完好	254	90，70，86/82	173，62，164/133

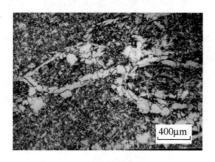

图 2.1-8 双丝焊焊缝金相组织

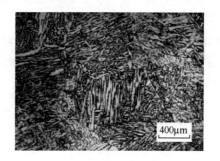

图 2.1-9 双丝焊 HAZ 组织

由于选用低温性能优良的 CJQ-4 焊丝（武汉铁锚）配 SJ101q 焊剂焊接，该焊丝 S、P 含量降低，Ni 含量提高，而 Ni 是奥氏体化元素，固溶在 Fe 晶格间抑制了先共析铁素体的形成。组织图显示，焊缝中针状铁素体明显多于先共析铁素体，焊缝区－20℃冲击功均值达到 82J，大于标准要求的 47J。

3. 特厚板小坡口双丝埋弧焊工艺[3]

香港皇后道太平洋广场项目，楼高 174m，钢结构框架，共有 10 条主支撑柱。因该柱脚焊接结构复杂，先分开两部分制作，采用双丝埋弧焊将厚度为 100mm 底板拼焊为整体。

采用前丝为直流，后丝为交流的供电方式，并采用窄坡口单面焊。坡口形式和尺寸见

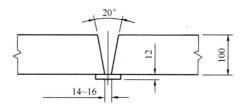

图 2.1-10 坡口形式和尺寸

图 2.1-10 所示。钢材为 50C（英国），焊丝选用 LINCOLN L-61，直径 4mm，焊剂选用 LINCOLN F960 焊接工艺参数见表 2.1-9。

焊接工艺参数 表 2.1-9

焊接 道数	焊接电流 I（A）		电弧电压 U（V）		焊接速度 v(cm · min^{-1})
	直流	交流	直流	交流	
1	500	—	27	—	40
2	550	—	28	—	35
3～25	650	600	30	32	70
26～28	650	600	30	32	65～70

注：焊前预热 66℃，层间温度低于 250℃。

焊后经 100% 超声波探伤合格，并达到了减小变形的效果。

4. Q345GJC 钢三丝埋弧焊[4]

三丝埋弧焊采用直流反接＋交流＋交流电源独立供电，焊丝电源及排列方式见图 2.1-11。焊丝牌号 CHW-S3A，直径 4.8mm＋4.8mm。焊剂牌号 SJ101。焊丝排列间距及倾角见图 2.1-12。接头坡口形式见图 2.1-13，接头焊道排列示意见图 2.1-14。

由于三丝埋弧焊线能量大，熔池凝固慢，由于熔池中合金元素烧损较严重，易造成焊缝强度不足，并因熔池长易发生结晶裂纹。因此必须采用新研发的高锰、低硫、磷，并添加适量钼、镍的焊丝以满足强度、韧性要求，避免焊缝出现凝固裂纹。该焊丝（牌号

CHW-S3A）成分见表 2.1-10。

　　Q345GJC，厚度 75mm 钢材的焊接参数实例见表 2.1-11。图 2.1-15 为大型组合柱角对接焊接实况。接头性能见表 2.1-12～表 2.1-14。

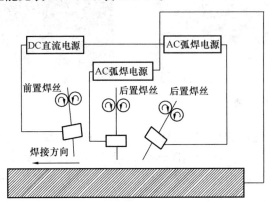

图 2.1-11　焊丝电源及排列方

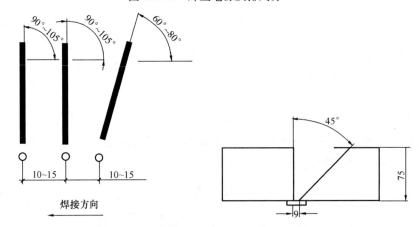

图 2.1-12　单熔池焊丝排列间距及倾角　　　　图 2.1-13　接头坡口形式

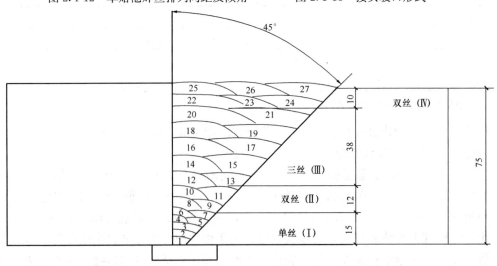

图 2.1-14　接头焊道排列示意

CHW S3A 焊丝的化学成分（%）　　　　　　　表 2.1-10

C	Si	Mn	Cr	Ni	Cu	S	P	Mo
0.08～0.14	≤0.10	1.9～2.2	≤0.20	≤0.30	≤0.20	≤0.010	≤0.010	适量

Q345GJC 钢材三丝单熔池埋弧焊焊接参数实例（板厚 75mm）　　　表 2.1-11

丝数	焊缝道次	电　流（A）	电　压（V）	焊接速度 (cm·min^{-1})	线能量 (kJ·cm^{-1})
单丝	1～7	650	32	45	21～28
双丝	8～11	DC700(L)＋AC750(T)	DC32(L)＋AC38(T)	56	50～57
三丝	12～21	DC750(L)＋AC750(T)＋AC700(T)	DC32(L)＋AC40(T)＋AC38(T)	66	69～80
双丝	22～27	DC700(L)＋AC750(T)	DC32(L)＋AC40(T)	58	50～54

注：预热、层间温度 170～240℃。

Q345GJC 钢材三丝单熔池埋弧焊焊接接头拉伸性能　　　　表 2.1-12

试验项目	缩减断面拉伸试验				全焊缝拉伸试验				
	编号	R_e (MPa)	R_m (MPa)	断裂位置	结果	编号	R_e (MPa)	R_m (MPa)	A（%）	结果
PQR-001	1	—	510	母材	合格	3	440	600	24.5	合格
	2	—	530	母材	合格					

Q345GJC 钢材三丝单熔池埋弧焊焊接接头弯曲性能　　　　表 2.1-13

试验项目	试样编号	弯心直径（mm）	弯曲角度（°）	评定结果
PQR-001	6-1、7-1、8-1	30	180	合格
	6-2、7-2、8-2	30	180	合格
	6-3、7-3、8-3	30	180	合格
	6-4、7-4、8-4	30	180	合格

Q345GJC 钢材三丝单熔池埋弧焊焊接接头冲击性能　　　　表 2.1-14

试样编号	缺口位置	试验温度（℃）	冲击功（J）	试样编号	缺口位置	试验温度（℃）	冲击功（J）
4 上	焊缝	0	73、92、96	5 上	热影响	0	148、60、75
4 中	焊缝	0	206、182、186	5 中	区直角		251、225、226
4 下	焊缝	0	210、246、262	5 下	边		270、252、284

该焊接工艺与焊丝以成功应用于中央电视台主楼钢结构异形组合柱焊接。

图 2.1-15　异形组合柱角对接焊接实况

2.1.3　AMET 四丝埋弧焊接系统及焊接工艺[5]

1. 四丝埋弧焊工艺特点

四丝共熔池焊接，熔池存在时间长，冶金反应充分，延长了冷却时间，有充裕时间供气体逸出，减小了气孔的产生。且焊缝熔深大，厚板焊接速度显著提高。

2. AMET 系统组成

由 XM 数字化控制系统、电源（林肯）、META 激光跟踪系统、送丝焊接机头、转胎架组成。

图 2.1-16 为 AMET 四丝埋弧焊接系统组成模型，图 2.1-17 为 XM 控制器与林肯电源的连接模式，图 2.1-18 为 XM 控制系统图。

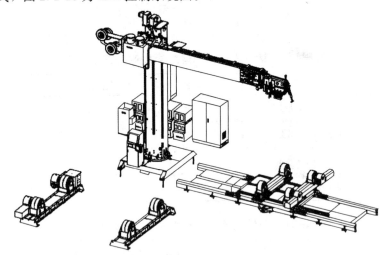

图 2.1-16　AMET 四丝埋弧焊接系统组成模型

（1）XM 控制器结构与功能

采用分布式控制结构，对多个焊接参数同步控制，见图 2.1-19。解决了多弧共熔池的极性和相序的控制问题，减轻了电弧的相互干扰，从而提高了电弧的稳定性和焊接质量。采用多处理器同步控制技术和 ARC-LINK 数字化通信技术，准确控制每台电源在任意时刻输出电流的大小、频率、相位、波形等参数，严格保证电弧间电参数的相对稳定性。

图 2.1-17 XM 控制器与林肯电源的连接模式

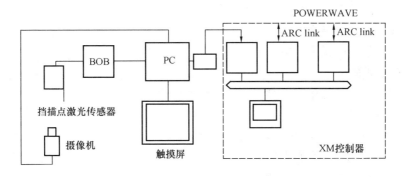

图 2.1-18 XM 控制系统图

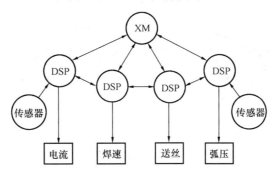

图 2.1-19 AMET 分布式同步控制

XM 控制器编程界面对每个电弧的设置及实时调整：

1）电源模式——恒电流模式、恒电压模式、直流正/反接模式、交流方波模式。电弧相序和波形平衡。

2）起弧、焊接、收弧段参数分别设置——电弧频率、电压、电流、送丝速度，延时起弧、熄弧回烧时间。

控制系统对整个焊接过程实施高速监控、数据采集、分析偏差、反馈、超差报警或自动熄弧，以便焊后质量分析。

（2）META 激光跟踪系统——通过三角成像原理，以激光点扫描焊缝方式提供实时焊缝坡口截面的图像，见图 2.1-20。

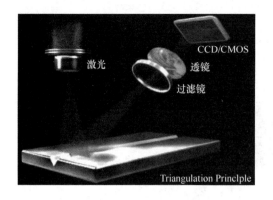

图 2.1-20　META 激光跟踪　　　　　　图 2.1-21　四丝埋弧焊机头

（3）四丝埋弧焊机头（图 2.1-21）功能

焊枪角度调整范围最大 25°；

焊枪位置调整范围最大 30mm；

焊枪对中调整轴；

具有导电稳定性，焊丝间与部件间的良好绝缘性。

3. 焊接工件实例

焊接接头的钢材牌号 D36（GB 712—2000）。焊丝型号 H08MnA，直径 4mm。焊剂牌号 SJ101。坡口形式及尺寸见图 2.1-22（a）、（b）。

焊接工艺参数见表 2.1-15、表 2.1-16。

焊接接头性能见表 2.1-15～表 2.1-22。焊缝宏观金相见图 2.1-23（a）、（b）。

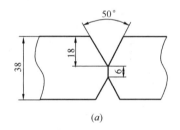

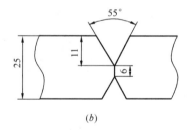

图 2.1-22　坡口形式及尺寸

板厚 25mm 三丝埋弧焊接工艺参数　　　　　　　　　　表 2.1-15

		电流（A）	电压（V）	相位	焊接速度（m·min⁻¹）
	头丝	AC900	32	0	
三丝内焊	二丝	AC800	34	90	1.45
	三丝	AC700	39	180	
	头丝	DC+970	32		
三丝外焊	二丝	AC860	35	0	1.45
	三丝	AC850	40	90	

板厚 38mm 四丝埋弧焊接工艺参数 表 2.1-16

		电 流 (A)	电 压 (V)	相 位	焊接速度 (m·min⁻¹)
三丝内焊	头丝	AC950	32	0	0.95
	二丝	AC900	34	90	
	三丝	AC880	39	180	
四丝外焊	头丝	DC+980	30		1.10
	二丝	AC950	32	0	
	三丝	AC900	34	90	
	四丝	AC850	38	180	

全焊缝拉伸性能 表 2.1-17

编 号	屈服强度 σ_s (MPa)	抗拉强度 σ_b (MPa)	伸长率 δ (%)	破坏位置
A8 (25mm)	585	670	24.0	BM
A7 (38mm)	590	650	21.5	BM

接头横向拉伸性能 表 2.1-18

编 号	抗拉强度 σ_b (MPa)	断裂位置
A7 (38mm) —1	583	BM
A8 (25mm) —1	579	BM
A7 (38mm) —2	582	BM
A8 (25mm) —2	579	BM

板厚 25mm 接头各区冲击韧性 表 2.1-19

编号	试验温度 T (℃)	缺口位置	缺口类型	冲击功 A_{KV} (J)
25-1	23	焊缝	V	80, 98
25-2	20	焊缝	V	174, 125
25-3	20	焊缝	V	160, 64
25-4	20	热影响区	V	199, 121
25-5	20	热影响区	V	75, 64
25-6	20	热影响区	V	93, 59

板厚 38mm 接头各区冲击韧性 表 2.1-20

编号	试验温度 T (℃)	缺口位置	缺口类型	冲击功 A_{KV} (J)
38-1	23	焊缝	V	63, 58
38-2	23	焊缝	V	135, 122
38-3	23	焊缝	V	130, 112
38-4	23	热影响区	V	175, 191
38-5	23	热影响区	V	102, 104
38-6	23	热影响区	V	137, 85

厚板 25mm 接头各区硬度值　　　　　　　　　　表 2.1-21

测量位置	焊　缝	热影响区	母　材
A8（25mm）—1	214，208，215	188，201，206	172，186，163
A8（25mm）—2	208，201，208	213，237，243	171，163，169
A8（25mm）—3	222，212，233	205，217，213	172，186，163

板厚 25mm 接头各区硬度值　　　　　　　　　　表 2.1-22

测量位置	焊　缝	热影响区	母　材
A7（38mm）—1	192，210，229	205，214，214	178，172，192
A7（38mm）—2	200，204，204	201，221，224	160，163，165
A7（38mm）—3	186，204，196	192，216，195	144，157，148

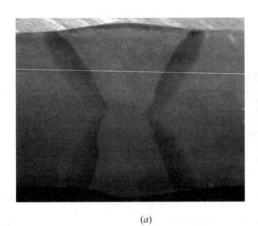

(a)　　　　　　　　　　　　(b)

图 2.1-23　焊缝宏观金相

(a) 板厚 25mm；(b) 板厚 38mm

4. 小结：AMET 四丝埋弧焊接系统实现了高质量、高效率焊接，通过对焊接电源的相位控制，有效降低了电弧之间的干扰，使后丝可以设置大电流，进一步提高效率并保证了焊缝质量。

2.1.4　圆管环缝双丝埋弧自动焊[6]

1. 圆管环缝的焊接特点

焊道形状较难控制，双丝焊时由于熔池较长，熔化金属易于流淌易使焊缝成形不良，而焊丝位置对焊缝成形的影响较大，如图 2.1-24 所示。应适当控制焊丝的偏移距离，如图 2.1-25 及表 2.1-23 所示。其他焊缝成形改善措施如设置焊剂支托，见图 2.1-27。

由于小焊道易脱渣，大焊道咬边不利于脱渣（见图 2.1-28），宜用小焊道施焊，如图 2.1-29 所示。用压缩空气辅助脱渣的措施如图 2.1-30。双丝埋弧自动焊环缝焊接参数见表 2.1-24。

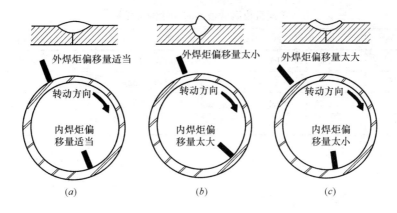

图 2.1-24 焊丝位置对焊道形状影响示意图

（a）焊丝位置合适；（b）、（c）焊丝位置不合适

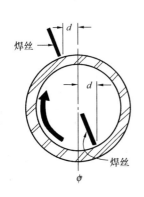

图 2.1-25 焊丝偏移距离示意图

图 2.1-26 焊丝正确位置示意图

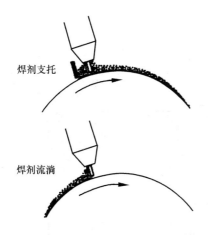

图 2.1-27 焊剂支撑示意图

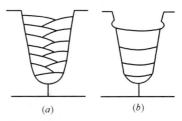

图 2.1-28 多道焊焊道尺寸和形状对脱渣性的影响

（a）小焊道易脱渣；（b）大焊道咬边不利于脱渣

不同直径钢管适当的焊丝偏移距离　　　　　　表 2.1-23

试件直径（mm）	焊丝偏移距离 d（mm）	试件直径（mm）	焊丝偏移距离 d（mm）
25～76	9.5～19.1	1067～1219	44.4～50.8
76～457	19.1～25.4	1219～1829	50.8～63.5
457～914	31.7～38.1	＞1829	76.2
914～1067	38.1～44.4		

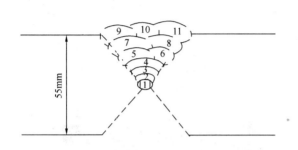

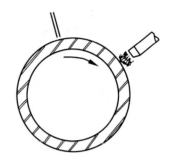

图 2.1-29　有利于脱渣的焊道布置图　　　　　图 2.1-30　施加压缩空气清渣示意图

2. 双丝埋弧自动焊环缝焊接参数，见表 2.1-24。

双丝埋弧自动焊环缝焊接参数　　　　　　表 2.1-24

焊道	工艺	极性	电流（A）	电压（V）	焊速（mm·min^{-1}）
1	GMAW	DC（+）	414　168　155	16～18	150～220
2	SAW	DC（+）	400	28	431
3	SAW	DC（+）	510	32	615
		AC	460	37	
4	SAW	DC（+）	600	35	566
		AC	550	38	
5	SAW	DC（+）	600	35	694
		AC	510	38	
6	SAW	DC（+）	605	34	673
		AC	450	38	
7	SAW	DC（+）	605	34	649
		AC	450	38	
8	SAW	DC（+）	530	32	631
		AC	450	35	
9	SAW	DC（+）	550	32	627
		AC	490	35	
10	SAW	DC（+）	550	34	686
		AC	490	37	
11	SAW	DC（+）	635	35	371

注：板厚 55mm，前后丝间距 30mm。

2.1.5　建筑钢构件大线能量双丝埋弧焊[7]

应用大线能量焊接用钢进行箱型柱双丝埋弧焊的工艺参数见表 2.1-25、表 2.1-26，接头坡口形式及尺寸见图 2.1-31，采用表 2.1-25 参数焊接的接头各区 0℃冲击功见图 2.1-32。接头宏观金相见图 2.1-33。

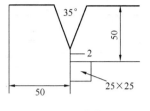

图 2.1-31　接头坡口形式及尺寸

大线能量双丝埋弧焊参数　表 2.1-25

板厚	焊　材	焊接参数	线能量
50mm	KW-55，ϕ6.4mm ×KB-601AD	L：1850A，43V，T：1500A，50V 焊速：21cm·min^{-1}	440kJ·cm^{-1}

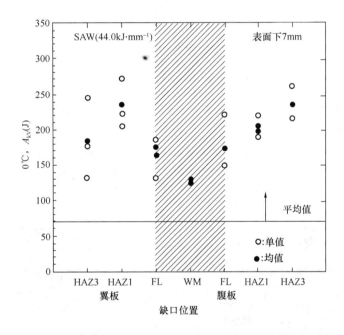

图 2.1-32　双丝埋弧焊接头各区 0℃冲击功（线能量 440kJ·cm^{-1}，板厚 50mm）

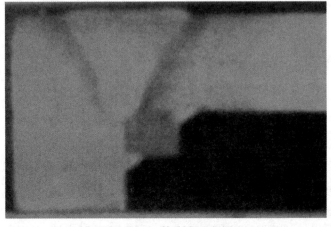

图 2.1-33　接头宏观金相

109

箱型构件角接接头双丝、三丝埋弧自动焊工艺参数[8]　　　　表 2.1-26

板厚 (mm)	坡口形状	焊接条件			焊接 热输入 (kJ·cm⁻¹)
		电流 (A)	电压 (V)	速度 (mm·s⁻¹)	
50	35° 2	1750	38	3.33	410
		1400	35		
70	35° 5	2300	40	4.17	678
		1900	50		
		1800	53		

2.1.6　双/多丝 MAG/MIG 电弧焊[9]

MAG/MIG 共用一个导电嘴的传统双丝焊其两焊丝电位相同,仅送丝速度可单独调节,焊接参数调节范围较窄。20 世纪 90 年代德国 CLOOS 公司开发了 TANDEM 双丝焊技术[9],通过特制的焊枪将两焊丝互成角度彼此绝缘,分别由独立电源供电,两焊丝都可使用脉冲电弧且电源模式及参数可独立调节,避免了两电弧间的干扰,保证了电弧的稳定和焊接质量,图 2.1-34 为两者供电方式比较。

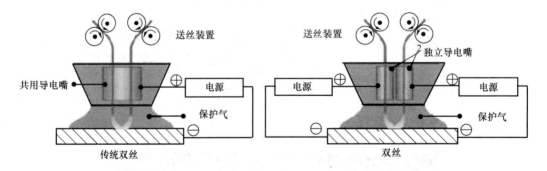

图 2.1-34　传统双丝与 TANDEM MIG 双丝焊接的供电方式比较(德国 Cloos 公司)

1. 双丝独立电源及独立导电嘴模式(见图 2.1-35)

(1) 同步模式——两电弧电源频率相同相位同步,电流同时达到最大值,熔深较大但飞溅也较大,应用较少。

(2) 交替模式——两电弧电源频率相同相位交替,其电弧相互作用力只有前者的四分之一,能显著减少焊接飞溅,适合于铝合金等轻金属的焊接。

(3) 随机模式——两电弧电源频率、脉冲宽度及幅度不同,兼顾了降低两电弧相互作用力减少飞溅同时得到较大熔深的要求,适合于焊接钢铁等较重的金属,但应调节适当。

2. 双丝焊工艺特点

(1) 焊缝成型好——两焊丝以一定角度前后排列,前丝电流较大形成较大熔深,后丝电流稍小，电压稍高，熔宽较大，起填充盖面作用使焊缝表面美观。

（2）熔池尺寸大——两焊丝电弧间距小时形成共熔池，冷却时间长有利于熔池中气体析出，气孔倾向极低。

（3）焊丝熔敷率高——两焊丝电弧互相加热，充分利用电弧能量，热效率高。

（4）接头力学性能优良——电流大但由于热效率高焊接速度快，线能量却反而小，因而热影响脆化区窄，裂纹倾向小。

（5）焊接效率高——Tandem 高性能双丝独立导电嘴焊接速度可达 $2\sim6\text{m}\cdot\text{min}^{-1}$；熔敷率约 $20\text{kg}\cdot\text{hr}^{-1}$。使用 Tandem 焊接工艺可降低生产总成本 35%。

应用 Tandem MAG 双丝焊工艺进行 20mm 厚钢板拼板焊接，背面用陶瓷衬垫，两道完成焊缝，焊速为 $700\sim1500\text{mm}\cdot\text{min}^{-1}$。

3. 双/多丝 MAG/MIG 电弧焊的应用

（1）双丝 MAG 焊在海底管线环缝焊接中的应用[10]

高强度等级管线钢焊接时必须避免热影响区的晶粒粗大导致脆化，以及热影响区相变、再结晶而出现软化现象，双丝焊的特点正适合于 X80、

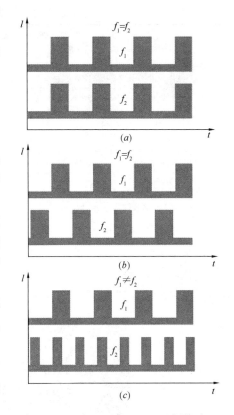

图 2.1-35　Tandem MIG 双丝焊接独立
供电模式的电流波形
（a）同步模式；（b）交替模式；（c）随机模式

X100、X120 高强度管线钢的焊接，试验用焊接参数如表 2.1-27 所示，表 2.1-28 为 X80 钢管双丝焊与单丝焊接接头性能比较。可以看出，双丝焊接头性能具有较高的冲击功和裂纹张开位移值，即具有更高的抗断裂性能。

海底管线环缝双丝 MAG 焊接工艺参数　　　　　表 2.1-27

焊 道		焊接电压（V）	焊接电流（A）	焊接速度（cm·min⁻¹）	送丝速度（m·min⁻¹）	线能量（kJ·cm⁻¹）	层间温度（℃）	摆动宽度（mm）	摆动频率	保护气体	气体流量（l·min⁻¹）
根焊	前丝	23.0～24.5	239～283	9～115	11.6～12.8	3.2～4.3	50（焊前预热温度）	0～0.5	200		
	后丝	25.0～25.5	232～254		9.4～0.7	3.0～4.0					
热焊	前丝	24.4～25.4	235～256	62～77	10.5～11.8	4.5～6.0		1.0～2.0	180	50% Ar/50% CO₂	48～62
	后丝	24.8～25.5	212～240		9.0～10.9	4.3～5.9					
填充	前丝	24.3～25.0	220～241	60～80	9.9～10.7	4.2～5.8	250（max）	1.5～2.5	180		
	后丝	24.1～25.0	208～235		8.8～10.1	3.9～5.6					
盖面	前丝	22.1～23.0	205～226	59～73	8.1～8.7	3.7～5.2		1.0～2.0	180		
	后丝	22.1～23.1	198～214		8.4～9.2	3.6～5.0					

X80 钢管双丝焊与单丝焊接头性能比较　　　　　　　　表 2.1-28

焊接材料	焊接方法	拉伸性能（MPa）		夏比冲击功（J）		CTOD（−10℃）（mm）		
		$R_{t0.5}$	R_m	−40℃	−10℃	min	max	Avg
ESAB XTi (C-Mn-Si-Ti)	单丝	608	669	65	101	0.25	0.38	0.30
	双丝	546	627	88	131	0.35	0.63	0.45
Thysseb-K Nova-Ni (C-Mn-Si-Ni-Ti)	单丝	604	672	61	99	0.24	0.31	0.28
	双丝	579	643	117	140	0.35	0.51	0.42
Bohler NiMol-lG (C-Mn-Si-Ni-Mo-Ti)	单丝	704	756	72	98	0.23	0.28	0.25
	双丝	661	728	93	120	0.23	0.38	0.32

注：CTOD 表示裂纹尖端张开位移量。

（2）多丝 MAG 焊在船舶制造焊接中的应用[11]

通过多台电源、多个送丝机构、多把焊枪及多路焊丝和数字编程控制系统，使每根焊丝的电弧电压和送丝速度分别调节，大大提高焊接速度。图 2.1-36 为 16 电极 CO_2 焊接在沪东造船厂的应用实况[12]。

图 2.1-36　16 电极 CO_2 焊接在沪东造船厂的应用实况

2.1.7　双丝气电立焊[13]

王凤兰等针对板厚大于 60mm 的气电立焊，开发了双丝气电立焊技术。

1. 双丝气电立焊机的组成

一套控制系统控制 2 台电源及 2 台送丝机，共用 1 台行走小车，1 套水冷系统及 1 套 CO_2 供气系统。图 2.1-37 为焊接小车组成示意图。

焊接时一电极为正极性，另一电极为负极性，立焊示意图见图 2.1-38。

2. 双丝气电立焊焊接参数

（1）坡口形式

厚板立缝的坡口为不对称 X 形坡口，焊缝正面坡口深度略大于背面，先焊正面坡口，后焊背面坡口。焊正面坡口时，水冷滑块置于焊缝外口，三角形水冷铜排从背面坡口装入焊缝底部。双丝水冷焊枪的两个导电嘴在坡口深度方向上前后分布，焊接小车自下向上焊接。

板厚 100mm 的坡口形式见图 2.1-39。

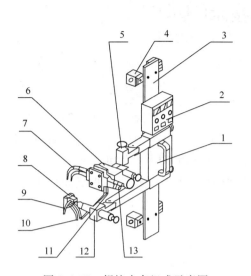

图 2.1-37 焊接小车组成示意图

1—车体；2—焊接操作盒；3—轨道；4—磁铁；
5—焊枪调整机构；6—焊枪摆动器；7—双丝水冷
焊枪；8—水冷滑块；9—CO_2 供气管；10—冷却
水管；11—水冷电缆；12—滑块调整机构；13—
送丝管

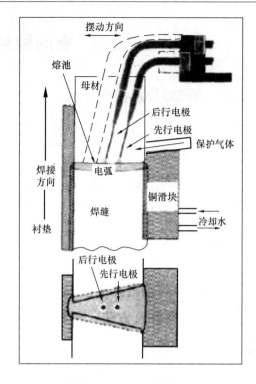

图 2.1-38 双丝气电立焊示意图

（2）焊接参数，见表 2.1-29。

Q235 钢双丝焊接参数（DC-600 电源两台）　　　　　　　表 2.1-29

焊丝牌号	焊丝直径（mm）	每丝电流（A）	电压（V）	焊速	气体流量（$l \cdot min^{-1}$）	冷却水流量（$l \cdot min^{-1}$）
43G	1.6	480～550	38～40	自适应	25	130

3. 焊接效果

焊缝正面宽度为 28～30mm，背面宽度为 22～25mm，成形良好。

在国外双丝气电立焊主要应用于船舱侧板分段合龙厚板长焊缝立焊，可提高熔敷率及生产率，改善焊工操作条件，见图 2.1-40。在国内双丝气电立焊尚处于研发阶段，但有良好的应用前景。

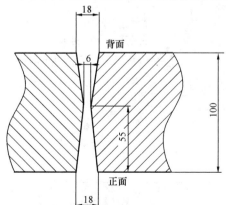

图 2.1-39 焊缝坡口形式及尺寸

图 2.1-40 气电立焊在船舱侧板分段合龙应用实况

113

2.2　窄间隙焊接技术[14]、[15]

2.2.1　窄间隙焊接技术特点

1. 焊接效率高且焊材消耗低

焊接剖口窄小，所需焊丝熔敷填充量少，

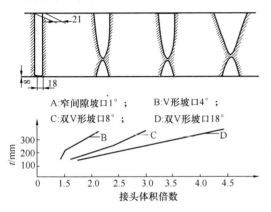

A：窄间隙坡口1°；　　B：V形坡口4°；
C：双V形坡口8°；　　D：双V形坡口18°

图 2.2-1　厚壁窄间隙坡口与常规剖口体积对比
注：窄间隙坡口体积倍数为 1，A 曲线与纵坐标重合

厚壁窄间隙坡口与常规剖口体积对比如图 2.2-1 所示。由图中曲线可见，钢板壁厚在 300mm 以下时，窄间隙坡口与不同尺寸常规坡口相比，减少的焊缝面积比例从 1～3.5 倍，而且壁厚越大，减少的焊缝面积比例越大，焊接效率越高，焊材成本减低越明显。

2. 焊接残余应力低且接头冷裂纹倾向小

由于填充金属量减少使焊缝收缩量成比例减小，焊接残余应力低，可减少低合金高强钢预、后热及消氢、消应力的工艺措施，更节约能源。

2.2.2　窄间隙焊接工艺特点

1. 坡口宽度对焊接质量的影响较大　坡口宽度对焊道成形的影响如图 2.2-2 所示，由图可见当单道焊焊接参数一定时，坡口宽度 12mm 则焊缝宽度窄深度大，焊缝中心结晶交会面产生纵向热裂纹倾向较大。坡口宽度增加则焊缝宽度增大熔深减小，坡口宽度增加到 26mm 时，焊缝熔深小且侧壁熔合不足。因此配合焊接参数设置坡口宽度至关重要。

2. 焊接参数对焊道成形深宽比（H/W）的影响很大

在相同的坡口宽度下，电源直流反接时 H/W 大，电源为交流时则 H/W 小，且纵缝焊接时可避免磁偏吹，见图 2.2-3。

电弧电压低时焊道深而窄，即 H/W 大，不仅易产生热裂纹而且会导致侧壁熔合不良。弧压高则焊道 H/W 小，且咬边大，脱渣困难并易产生夹渣缺陷，如图 2.2-4 所

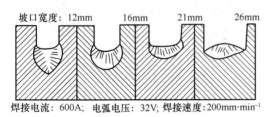

坡口宽度：12mm　16mm　21mm　26mm

焊接电流：600A；电弧电压：32V；焊接速度：200mm·min⁻¹

图 2.2-2　坡口宽度对焊道成形的影响

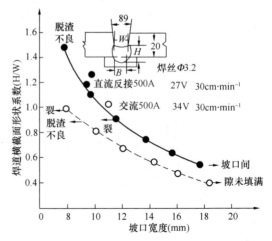

图 2.2-3　电流极性及坡口宽度对焊道成形的影响

示，因此应在侧壁熔合良好的前提下选择较低电压，例如，每层双焊道时适当的电弧电压范围为28～30V（焊丝直径3.0mm和4.0mm）。

3. 焊丝与坡口侧壁间距要求精确控制——丝壁间距值决定了侧壁熔合的适度或咬边是否严重而产生夹渣，因而对导电嘴刚度、定位及移位控制以及坡口宽度偏差均有严格要求。

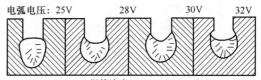

图 2.2-4 窄间隙埋弧焊电弧电压对焊道成形的影响

2.2.3 窄间隙焊接工艺要点

1. 坡口尺寸

通常采用单面坡口加固定钢衬垫、陶瓷衬垫或封底焊道以得到焊缝根部焊透，常用坡口形式见图 2.2-5；

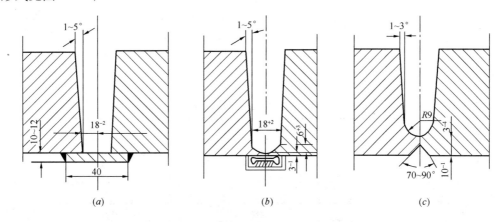

图 2.2-5 窄间隙埋弧焊常用坡口形式
（a）固定衬垫单面坡口；（b）陶瓷衬垫单面坡口；（c）背面封底的单面坡口

焊后需加工的部件可采用图 2.2-6 所示的坡口形式。对于焊缝反面不再加工的部件，可采用图 2.2-7 所示反面带凸台的坡口，坡口底部的半圆弧低于内孔 5～6mm，焊后清除凸台即相当于清根[13]；

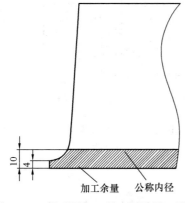

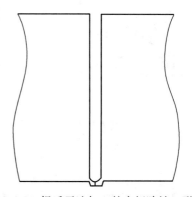

图 2.2-6 焊后需加工的窄间隙坡口形式　　　图 2.2-7 焊后无法加工的窄间隙坡口形式

115

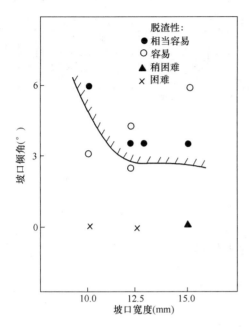

图 2.2-8　坡口倾角及宽度与脱渣性之间的关系

根部圆弧半径 R 值为：单丝焊时 $R＝（B/2）±1＝10～11mm$，双丝焊时 $R＝12mm$。钝边取 4mm（中信重工经验值）；

坡口侧壁倾角小时脱渣较困难，坡口倾角及宽度对脱渣性的影响见图 2.2-8 所示，由图可见坡口宽度 10～15mm 时，倾角宜为 1～5°。在实际生产中，应视工件接头刚度选取侧壁倾角，如厚壁筒体环缝接头的刚度较大，焊接收缩变形较小，可选用 1～1.5° 的倾角，而筒体纵缝由于接头刚度较小，焊接收缩变形较大，应选择 3° 以上的坡口倾角；坡口宽度偏差不应超过 2mm。

2. 焊丝直径

根据焊件厚度及坡口宽度选择焊丝直径范围，如图 2.2-9 及表 2.2-1 所示，坡口宽度大则焊丝直径粗，不同焊丝直径允许的电流范围见图 2.2-10。

每层单道焊时，根据坡口宽度选择焊丝直径　　　　　　　　　　　　表 2.2-1

焊丝直径 d（mm）	坡口宽度 B（mm）	B/d 比
1.6	10	6.3
2.4	13	5.4
3.2	15	5.0
4.0	18	4.5
5.0	22	4.4

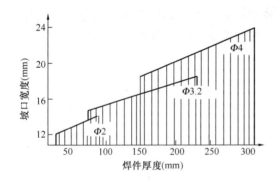

图 2.2-9　根据焊件厚度及坡口
宽度选择焊丝直径范围

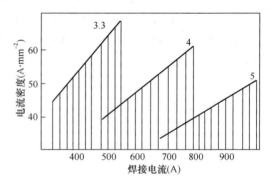

图 2.2-10　不同焊丝直径允许
的电流范围

3. 焊接电流

根据坡口宽度选择图 2.2-11 所示的焊接电流范围，同时应根据图 2.2-12 所示的焊接热输入与焊缝低温冲击韧性关系优选焊接电流值，由图可见热输入超过 50kJ·cm⁻¹时，焊缝低温韧性逐渐下降，在重型厚壁压力容器焊接时热输入应控制在 80kJ·cm⁻¹以下。

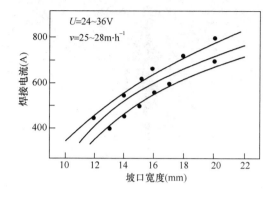 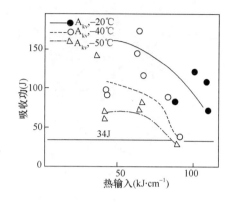

图 2.2-11　坡口宽度与焊接电流关系　　　图 2.2-12　热输入与焊缝低温冲击韧性关系

4. 焊道排列方式

根据坡口宽度选择焊道排列方式如图 2.2-13 所示的每层单道、双道或三道，以得到致密的焊缝。

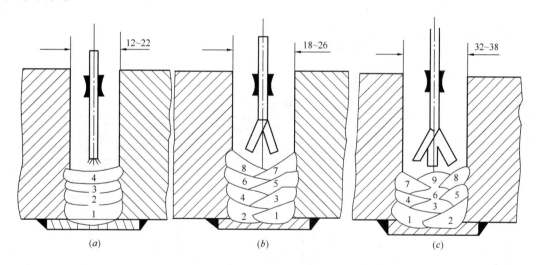

图 2.2-13　窄间隙埋弧焊坡口宽度与焊道排列方式
(a) 每层单道焊；(b) 每层双道焊；(c) 每层三道焊

5. 焊丝伸出部的位置

根据每层焊道排列数设置焊枪在坡口中位置及焊丝伸出长度部分

相对于坡口侧壁的偏转度，见图 2.2-14、图 2.2-15。

设置适当的焊丝伸出端部至坡口侧壁距离以达到侧壁熔合良好。对于单丝焊，焊丝到侧壁距离应等于焊丝直径（宜为 3.5～4.0mm），允许偏差为±1mm。当热输入较大时允许偏差为±1.5mm。

6. 筒体在滚轮架上的轴向窜动

采用防偏移滚轮架控制偏移量在±1mm 以内，见图 2.2-16。

窄间隙埋弧焊典型焊接工艺参数见表 2.2-2。窄间隙埋弧焊接头横剖面照片见图 2.2-17。

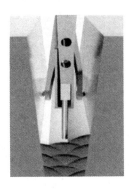　　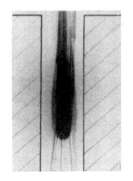

图 2.2-14　每层三道焊时焊枪在坡口中位置　　图 2.2-15　焊丝伸出部分相对于侧壁的偏转

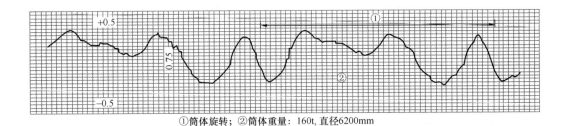

①筒体旋转；②筒体重量：160t, 直径6200mm

图 2.2-16　筒体在防偏移滚轮架上的轴向窜动量实测值（每层单道焊时）

窄间隙埋弧焊典型焊接工艺参数　　　　　　　　　　表 2.2-2

| 工艺方法 | 每层焊道数 | 焊丝 | | 坡口宽度 (mm) | 坡口倾角 (°) | 电流种类及极性 | 焊接电流 (A) | 电弧电压 (V) | 焊接速度 (m·h⁻¹) |
		根数	直径(mm)						
每层单道焊（日本川崎）	1	1	3.2	12	3	交流	425	27	11
		1	3.2	18	3	交流	600	31	45
		2	3.2	18	3	交流	（前置）600	32	27
							（后置）600	28	
每层单道焊（日本钢管）	1	1	3.2	12	7	直流反接	450～550	26～29	15～18
每层双道焊（瑞典伊莎）	2	1	3.0	18	2	直流反接	525	28	24
每层双道焊（哈尔滨锅炉厂）	2	1	3.0	20～21	1.5	直流反接	500～550	29～31	30
	2	1	4.0	22	1.5	直流反接	550～580	29～30	30
每层三道焊（德国 GHH）	3	1	5.0	35	1～2	交流	700	32	30

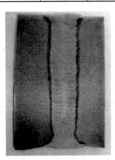

图 2.2-17　窄间隙埋弧焊接头横剖面照片

118

2.2.4 窄间隙埋弧焊设备组成

窄间隙埋弧焊设备由数字网络控制系统、电源、机头、跟踪系统、送丝机、新型特殊焊枪及导电嘴、焊剂系统、滚轮架、龙门架等组成，见图 2.2-18～图 2.2-27。

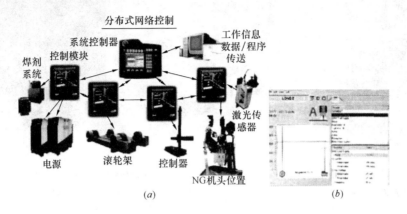

图 2.2-18 窄间隙埋弧焊设备系统组成实例
(a)窄间隙焊接应用中多处理器网络控制方法以及通过一个主控制器选择每个设备并编程；
(b)典型的监测视频

图 2.2-19 焊接系统电源

图 2.2-20 控制器和焊接工艺检测显示器

图 2.2-21 激光扫描跟踪窄间隙双丝埋弧焊机

图 2.2-22 窄间隙双丝埋弧焊双侧跟踪系统

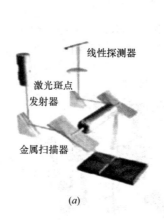

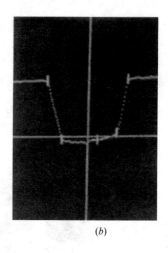

(a)　　　　　　　　　　　　　　　　(b)

图 2.2-23　新型窄间隙埋弧
焊焊枪侧视图

图 2.2-24　激光扫描跟踪系统示意图

(a)激光点扫描方法示意图；(b)焊丝与母材交叉(图中以"＋"表示)的剖面扫描图

图 2.2-25　龙门架式窄间隙埋弧焊设备全貌　　　图 2.2-26　立柱、横梁式窄间隙埋弧焊设备全貌

图 2.2-27　悬臂式窄间隙埋弧焊设备全貌

在窄间隙焊接机头中，导电嘴有特殊的要求，为扁平形结构，有足够刚度，表面涂有耐高温绝缘材料，其功能包括焊丝的倾斜导向及变道控制，即筒体环缝双道焊时在焊完一道焊缝后导电嘴能平缓的从坡口一侧自动按设定幅度转移到另一侧，以防止夹渣和未熔合缺陷的产生。

激光扫描传感器的跟踪精度应为±0.2mm。

表 2.2-3 为窄间隙埋弧焊机头技术特性参数实例。

窄间隙埋弧焊机头技术特性参数实例 表2.2-3

主要技术特性参数	单丝焊机头	双丝串列电弧焊机头
可焊接头形式	对接	对接
适用焊丝直径(mm)	3～4	3～4
送丝电机参数	A6-VEC，312：1，8000r·min^{-1}	A6-VEC，156：1，4000r·min^{-1}
最大送丝速度(m·min^{-1})	4.0	4.0
最大焊接电流(A)	8000DC	800DC 800AC
每层焊道数	2	2～4
最大熔敷率(kg/h)	7	16
焊嘴倾角(°)	±3.5	±3.5
最大接头厚度(mm)	350	350
坡口宽度(mm)	18～24	18～50
焊丝间倾角(°)	—	15
焊丝间距(mm)	—	15(焊丝伸出长度30mm)
机头跟踪精度(mm)	±0.15	±0.15
焊件最高温度(℃)	300	300
焊件最小直径(mm)	500	1200
内纵环缝焊接时筒体内最小内径(mm)	1500	1500
焊剂斗容量(L)	10	10
压缩空气耗量(Nm³·min^{-1})	0.35	0.35
压缩空气压力(kp/cm²)	6.0	6.0
机头重量(kg)	140	165

注：表载数据引自瑞典 ESAB 公司最新产品样本。

2.2.5 窄间隙焊接工件坡口尺寸实例

1. 圆筒制粒机的滚圈体

由两个半滚圈焊成，材料为 35 锻钢，窄间隙坡口 $R=11$mm，钝边 4mm，开口宽度 $B=34$mm，有效焊接深度 $H=300$mm，见图 2.2-28。焊后开口宽度 B 收缩到 27mm。

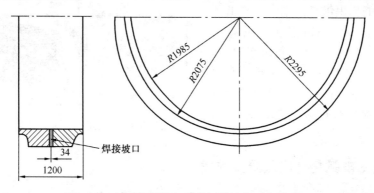

图 2.2-28 圆筒制粒机的滚圈体窄间隙焊接坡口

图 2.2-29　18500T 油压机液压缸

2. 18500T 油压机的液压缸

由缸底＋中段＋缸头组焊而成，焊接部位外径 2140mm，内径 1430mm，长度 6310mm。材质为 28CrNiMo V8-5 锻件。窄间隙坡口的 $R=12mm$，钝边为 7mm，开口宽度 $B=30mm$，有效焊接深度 $H=337mm$ 见图 2.2-29。焊后 B 收缩到 29mm。

3. 小结

窄间隙埋弧焊的坡口宽度决定于焊枪尺寸、焊丝数及直径、工件直径及刚度、焊接参数的因素，坡口宽度过小在焊接中途会因工件收缩变形而无法继续施焊，宽度过大则导致坡口横向跟踪、变道控制失效，且填充量增大，效率降低。

2.3　激光—电弧复合高效焊接技术[16]、[17]

激光束具有高能量密度，应用于焊接时焊速高，线能量小，工件热影响区窄，焊接变形小，接头性能好，但其设备投资大，能量利用率低，工件装配精度要求高。并且接头中易产生气孔、裂纹、咬边等缺陷，高反射金属焊接困难，应用范围有限。电弧焊与其相比则能量密度较低，焊缝熔深小，焊接变形大，虽已广泛应用，但焊接效率还有待提高。

2.3.1　激光—电弧复合高效焊接原理[14]

激光与电弧同时作用于工件表面同一位置，焊缝上方因激光作用产生光致等离子体云，对入射激光的吸收和散射会降低激光能量利用率。外加电弧后，低温低密度的电弧等离子体使激光致等离子体被稀释，激光能量的传输效率得到提高；同时电弧对工件加热，使其温度升高使工件对激光的吸收率提高，焊接熔深增加。此外，激光熔化金属为电弧提供自由电子，降低了电弧通道的电阻，电弧的能量的利用率也得到提高，从而使总的能量利用率提高，熔深进一步增加。激光束对电弧还有聚焦、引导作用，使焊接过程中电弧更为稳定。激光—电弧复合焊接原理如图 2.3-1 所示。

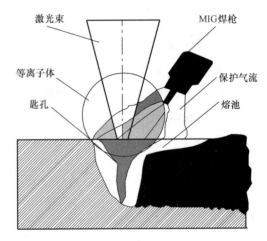

图 2.3-1　激光—电弧复合焊接原理图

2.3.2　激光—电弧复合高效焊接种类

1. 参与复合焊的激光种类——Nd：YAG(钕：钇铝石榴石)激光、CO_2 激光，目前以后者应用较多。

2. 激光—电弧复合焊接种类：激光—等离子弧复合焊接、激光—TIG 复合焊接、激光—MIG 复合焊接。仅激光—MIG 复合焊接适用于薄钢板及中等厚度钢板。

3. 激光与电弧之间空间位置种类——旁轴和同轴，如图 2.3-2 所示。与旁轴激光—电弧复合焊相比，同轴复合焊可在工件表面提供对称热源，焊接质量不受焊接方向和坡口形状的影响，但同轴复合较难实现。

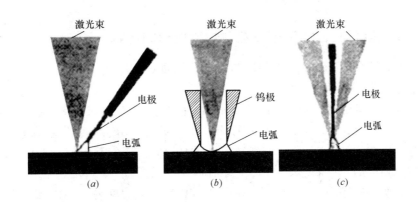

图 2.3-2　激光与电弧之间空间位置种类

(a)激光—电弧旁轴复合；(b)激光—TIG 同轴复合；(c)激光—电弧同轴复合

2.3.3　激光—电弧复合高效焊接系统组成

控制装置、激光振荡器、MIG 电源、机头、送丝机、电弧电极头等，如图 2.3-3 所示。

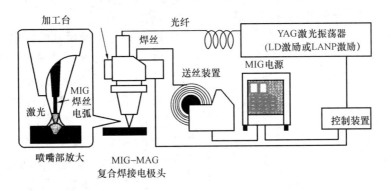

图 2.3-3　激光—电弧焊复合高效焊接系统组成

2.3.4　激光—电弧复合高效焊接工艺特点

1. 工件装配精度要求低

激光焊光束窄，要求坡口间隙精确且小于 0.5mm，而激光—电弧复合焊可增加熔池宽度，工件最大间隙可达 1mm，降低了装配精度要求，既保持激光焊的快速、高效及深熔特点，可应用于厚板并降低对激光器的功率要求。

2. 激光前置时易于引弧，焊接过程更稳定，减少了飞溅量。

3. 焊缝外观好

用 MIG 电弧填充金属，可避免焊缝表面凹陷及咬边，并调节焊缝成分及性能。

4. 激光—单电弧复合焊接适用于薄钢板、铝合金、钛合金的焊接。激光双电弧复合焊焊速比单电弧提高约 1/3，热输入减少 1/4，间隙裕度可达 2mm，适用于焊接中等厚度钢板。

2.3.5 激光—电弧复合焊工艺参数对焊缝成形的影响

国内上海交通大学及上海激光制造与材料改性重点实验室在激光—MIG 电弧复合焊接技术的应用方面进行了深入研究[15]。

试验用钢材为船用钢 AH32，厚度 20mm，抗拉强度为 570MPa，化学成分（质量分数，%）：0.15C，1.42Mn，0.29Si，0.015P，0.008S。采用 JM56 药芯焊丝，化学成分（质量分数，%）：0.08C，0.6Si，1.13Mn。保护气体：75% He＋25% Ar，20l·min^{-1}。采用 Y 形坡口角度为 5°左右。

采用连续波 CO_2 激光，最大输出功率 15kW，激光参数见表 2.3-1。

<table>
<tr><td colspan="5" align="center">激 光 参 数</td><td align="right">表 2.3-1</td></tr>
<tr><td>最大功率
p(kW)</td><td>焦距
d(mm)</td><td>焦斑半径
r(mm)</td><td>雷利长度
l(mm)</td><td colspan="2">K-因子</td></tr>
<tr><td>15</td><td>356</td><td>0.38</td><td>6.80</td><td colspan="2">0.25</td></tr>
</table>

采用焊枪在前，激光束在后的方式，焊丝在熔池前端进入熔池。侧吹气管输出纯 He 气，流量为 25l·min^{-1}，焊枪和激光束在垂直于工件表面的同一平面内。实验所得规律如下：

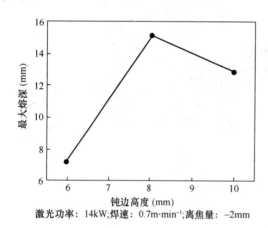

激光功率：14kW；焊速：0.7m·min^{-1}；离焦量：－2mm

图 2.3-4 坡口钝边高度对焊缝熔深的影响

1. 坡口形式及尺寸的影响

坡口钝边高度对焊缝熔深的影响见图 2.3-4。由图可见在已选参数条件下钝边 8mm 时熔深最大。坡口间隙与焊缝熔深、根部熔宽的关系见图 2.3-5，间隙 0.2、1、1.5（mm）时，熔深分别为 16.5、19、18（mm），且根部熔宽随间隙加大而增大。

2. 激光束离焦量对焊缝熔深的影响

由图 2.3-6 所示，离焦量－5mm 时的熔深比离焦量－2mm 时稍大。

3. 送丝速度对熔深和熔宽的影响

送丝速度和熔深、熔宽的关系见图 2.3-7，由图可见送丝速度增加时熔深下降同时熔宽相应增加。

4. 焊接速度对熔深和熔宽的影响

焊接速度和熔深、熔宽的关系见图 2.3-8，由图可见焊接速度增加时两者均减少。

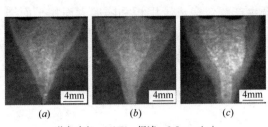

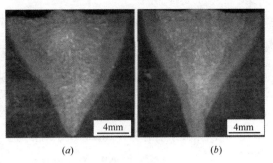

激光功率：15kW；焊速：0.5m·min⁻¹；
离焦量：—5mm；送丝速度：12m·min⁻¹；

激光功率：15kW；焊速：0.5m·min⁻¹；
送丝速度：11m·min⁻¹

图 2.3-5 坡口间隙与焊缝熔深、根部熔宽的关系

(a)间隙 0.2mm；(b)间隙 1mm；(c)间隙 1.5mm

图 2.3-6 激光束离焦量对焊缝熔深的影响

(a)离焦量—2mm；(b)离焦量—5mm

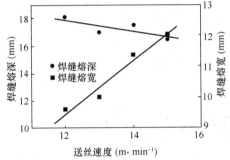

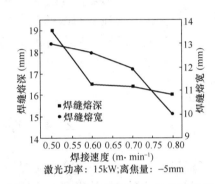

激光功率：15kW；焊速：0.5m/·min⁻¹；离焦量：—5mm

图 2.3-7 送丝速度和熔宽的关系

激光功率：15kW；离焦量：—5mm

图 2.3-8 焊接速度和熔深、熔宽的关系

2.3.6 激光—电弧复合焊焊缝硬度

由图 2.3-9 曲线所示，焊缝上、中、下各部硬度明显不同，中部硬度最高，下部硬度最低。由于焊缝上部主要由电弧焊的熔敷金属组成，中部更多呈现激光焊热循环特点，热量集中冷却快，焊缝较窄，硬度比上部稍高。焊缝下部的热循环模式具有特殊性，主要由母材成分组成，硬度远低于焊缝上、下部。

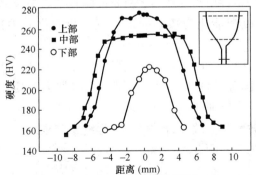

激光功率：15kW；焊速：0.5m·min⁻¹；送丝速度：12m·min⁻¹
离焦量：—0.5mm

图 2.3-9 焊缝各部显微硬度值

2.3.7　激光—电弧复合焊高效焊接技术应用实例

1. 德国 Meyer 船厂建造了激光—电弧复合生产线，完成了甲板和隔墙大面积平面结构对接和角接接头的焊接生产，大大提高了生产率。

2. 丹麦 Odense 船厂使用了 5 轴控制门架式激光—MIG 复合焊接装置，配置 12kW 的 CO_2 激光器。

3. 德国和芬兰的 Kvaemer Masa 船厂选用了 Nd：YAG 激光—电弧复合装置用于船舶焊接。

美国海军造船应用复合焊单道焊熔深达 15mm，双道焊熔深达 30mm。

4. 德国在 2000 年研制了应用于储油罐的激光—MIG 电弧复合焊接系统：

工件为直径 1.6m 小油箱；焊接壁厚 5～8mm，焊速 15m·min^{-1}，激光功率 5.7kW，电弧电压 29kV，焊接电流 240A。焊后经 X 射线检测，焊缝无气孔、裂纹。

结语：激光—电弧复合焊技术作为一种新型的焊接方法，由于可改变激光及电弧能量密度在工件上面及熔池空间内的分布，改善母材热作用和热影响区的温度分布及冷却条件，从而改善其组织转变和应力状态，改善了接头性能。此外复合焊由于焊接速度高，工件变形小，降低了对工件装配间隙精度要求，使该项技术具有实用性，并有广阔的工业应用前景。

2.4　弧焊接机器人[18]

弧焊机器人系统是集当今金属焊接、机电工业、信息控制领域最新技术于一体的智能化焊接装备，具有焊接效率高、焊接质量好、自动化程度高的特点，是目前世界先进发达国家各金属结构工业领域研发和生产应用的关注重点。

第一代示教再现型焊接机器人不具备信息反馈能力，需根据作业条件预设焊接路径和参数难以适应工件条件的变化，即缺乏"柔性"，在工业应用中受到限制。第二代机器人具备听觉、视觉、触觉等感知能力，借助传感器获得外界信息，实时调整焊接参数和工作状态。已在工业生产中得到应用。随着计算机控制技术、人工智能技术以及网络控制技术的发展，第三代焊接机器人不但具有感觉能力，而且具有独立判断、行动、记忆、推理和决策能力，能完成复杂工件条件所需动作，还具备故障自我诊断及修复能力。焊接机器人已由单一的示教再现型向以智能化为核心的多传感、智能化的柔性加工单元（系统）方向发展。

截至 2005 年全世界在役工业机器人总量已达到 91.4 万套，其中日本装备总量达到了 50 万台以上，其次是美国和德国、韩国。我国焊接机器人的应用集中在汽车、摩托车、工程机械、铁路机车的几个行业，应用领域较窄。截至 2009 年，我国已有工业机器人约三万余台，但在离线示教编程、故障自动修复、焊缝实时跟踪动态反馈技术方面，以及应用领域范围与国外相比尚有差距。

2.4.1 弧焊机器人制造单元/系统组成

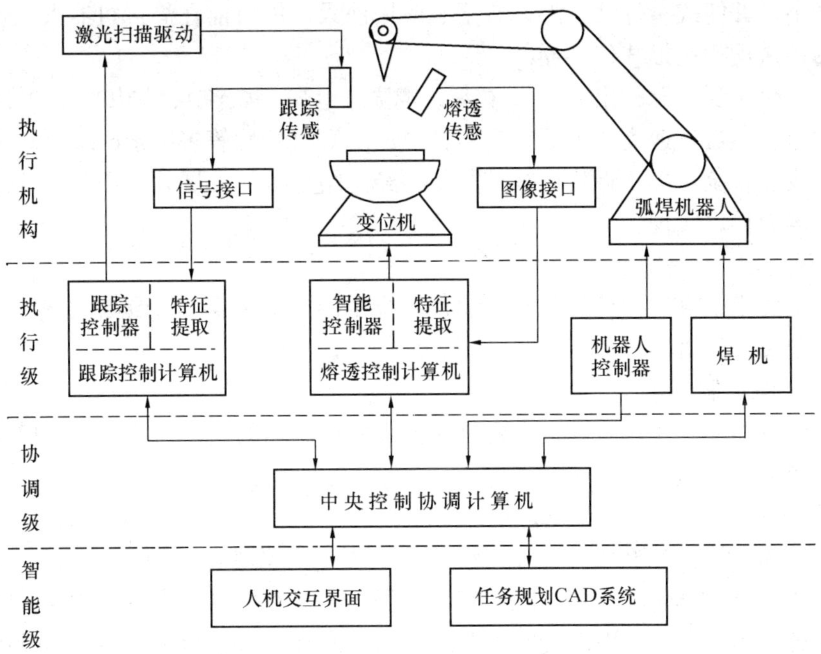

图 2.4-1 标准智能弧焊机器人制造单元/系统

2.4.2 弧焊机器人关键技术

1. 焊缝跟踪技术[19]

实现焊接过程的自动化和智能化，必须保证焊接质量，而焊缝坡口精确跟踪是其前提。通过传感器将跟踪检测的偏差信息传递处理，以实时修正焊炬行走路径和调整焊接参数。

传感器的种类：

（1）外加传感器——在焊炬上固定一个机械、电磁或光学（包括红外、激光、光电、视觉、光谱和光纤式）装置，用于检测焊缝相对于坡口中心或侧壁的位置。其中尤以视觉传感器获得的信息量大，结合计算机视觉和图像处理技术，加强了机器人对复杂工件条件的适应能力。而激光跟踪传感器则具有不受外界干扰的优越性能，是最有前途、发展最快的传感器。

（2）电弧传感器——通过电弧摆动，检测由于焊丝与坡口表面及侧壁间距离变化导致的电弧电流和电压变化，提取信号实现焊炬高低及水平两个方向的位置控制。

电弧传感器种类：

① 并列双丝式——采用两个设定参数相同的电弧并列焊接，如焊炬未对中，则两焊炬的高度不同、两电弧的电流、电压不相等，其差值经检测、处理后可判断出焊炬位置偏差，根据两电流之和可进行焊炬高低跟踪，根据两电流之差可进行焊炬左右跟踪，从而实现焊缝跟踪。该跟踪方式的焊枪结构复杂，要求较宽的坡口，实用性有限。

②　摆动扫描式——通过焊枪横向摆动实现焊缝跟踪。

③　旋转扫描式——以电机带动导电杆及偏心导电嘴使电弧高速旋转代替摆动电弧，其机械振动小，并能改善焊缝成形，有一定应用前景。但目前在焊接机器人工业化生产中广泛应用的还是摆动扫描式传感器。

焊接过程由于受电源输出参数（频率、相位、电压、电流）、热传导、工件坡口形状及加工装配精度、送丝速度、焊炬行走路径及速度等时变性等多因素的综合影响，而呈现为复杂的非线性系统，由于近代模糊控制及神经网络技术的发展并应用于焊缝跟踪，使智能化焊接机器人得以实现。

2. 离线编程技术

只需将工件模型输入计算机，离线编程系统中的专家库会自动编制工艺规程和参数，并生成加工全过程的机器人程序。

3. 多机协调控制技术

包括多台机器人合作与协调，主要是对多智能体之间的通信与协商、建模与规划、群体行为的控制等。

4. 弧焊数字电源技术

机器人专用弧焊电源大多为晶体管逆变器，工作频率 $20\sim50\text{kHz}$，最高可达 200kHz，可精细控制波形，动特性优良。还可通过主控制器的指令输出多种电流波形，并调节弧压稳定焊接参数，因而受网路电压波动和温升等因素影响很小。同时还具有多参数，起弧、焊中、熄弧全程自动调节功能。

5. 焊接机器人系统仿真技术

机器人系统的机械手是十分复杂的多自由度、多连杆空间机构，如将其作为仿真对象，运用计算机图形 CAD 技术和机器人学理论在计算机中形成几何图形动画显示，对其机构设计动作控制及障碍自动避让等进行模拟仿真，解决机械手研发、设计及操作编程出现的问题。

6. 高效焊接工艺技术

机器人通常采用先进的高效焊接工艺如双丝/多丝 MAG/MIG 弧焊、热丝 TIG 弧焊、热丝等离子弧焊等方法，具有高熔敷率、多层多道焊接所需的导电嘴自动移位变道机构、多轴变位行走焊接机头，以及工/构件转胎架或全方位变位器实现船形位置焊接等。

7. 遥控焊接技术

对焊接设备和焊接过程进行远程控制，从而可在高危环境如核辐射、深水、有毒等环境中代替人的工作。

2.4.3　弧焊机器人的应用

1. MIG 机器人焊接在船厂的应用[12]

4 个龙门式的机器人在一起工作，x 轴在地面移动 72m，每个机器人的操作范围是 2.5m×16m×4m。执行地板与舱板，及舱板与舱板垂直向上的焊接。每个龙门上安装有 2 个摄像头的电视监视系统。应用实况见图 2.4-2。

该生产线舱体部分也可用于油罐的焊接。

2. 机器人焊接在工程机械中的应用（日本神户、唐山开元）[20]

（1）系统功能——具有专家数据库及焊接参数自动生成功能、电弧传感器对焊缝左右及上下两方向的跟踪记忆功能、多层多道往复或变道移位焊接功能、重试功能、再引弧及引弧点转移功能及喷嘴接触回避功能。

（2）系统组成——由 6 轴机器人、3 轴移动装置、2 轴变位机构、焊接电源及相关装置组成。

（3）系统焊接效率——所有焊缝均可实现船形或水平位置焊接，双丝焊接速度可达传统焊接的 4 倍，最大熔敷率达到 $20kg \cdot h^{-1}$。

图 2.4-2　MIG 机器人焊接在船厂的应用实况

（4）应用实例——用于挖掘机中间架、动臂、斗杆、履带架、挖斗、斗齿、引导轮支架、马达支架、车架、动臂及斗杆套筒的焊接，见图 2.4-3（a）、图 2.4-3（b）、图 2.4-3（c）、图 2.4-3（d）、图 2.4-3（e）、图 2.4-3（f）、图 2.4-3（g）、图 2.4-3（h）、图 2.4-3（i）。

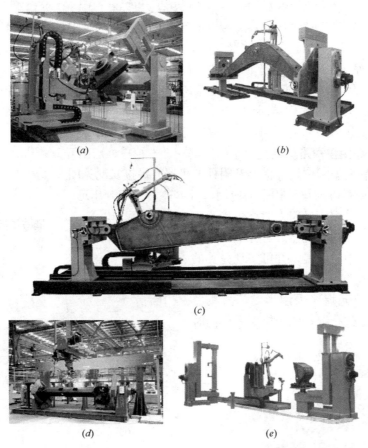

（a）　　　　　　　　　　　　（b）

（c）

（d）　　　　　　　　　　　　（e）

图 2.4-3　机器人焊接在工程机械中的应用实况（日本神户）（一）

（a）挖掘机中间架机器人焊接系统；（b）挖掘机动臂机器人焊接系统；（c）挖掘机斗杆机器人焊接系统（变位机一端可调以满足不同规格斗杆的焊接）；（d）挖掘机履带架机器人焊接系统；（e）挖斗机器人焊接系统；

图 2.4-3　机器人焊接在工程机械中的应用实况（日本神户）（二）

（f）斗齿机器人焊接系统；（g）引导轮支架、马达支架机器人焊接系统；（h）车架机器人焊接系统；
（i）动臂及斗杆套筒机器人焊接系统

3. 机器人焊接在国内风电行业中的应用（日本神户、唐山开元）[21]

1.5MW 风力发电机机座机器人焊接系统见图 2.4-4。焊接时间仅为手工焊接的 39%（一次焊接时间 12h，二次焊接时间 12h，辅助时间 4h），焊接质量达到《钢焊缝手工超声波探伤方法和探伤结果分级》GB/T 11345—1989 规定的 B1 级标准。

4. 机器人焊接在铁路车辆行业中的应用（日本神户、唐山开元）[22]

铁路车辆转向架、侧梁、横梁及附件的机器人焊接实况见图 2.4-5。

5. 机器人焊接在桥梁结构中的应用（日本神户、唐山开元）[23]

横隔板单元采用双机器人对称焊接避免单侧焊接时的变形，两机器人可分别独立跟踪传感找到焊缝中心位置，并可实现完美的包角焊缝，见图 2.4-6 及图 2.4-7。

U 形肋板单元焊接采用半龙门式机器人，工件可双工位布置，四个机器人可同时

图 2.4-5　铁路车辆行业中机器人焊接实况

（a）转向架机器人焊接系统；（b）横梁机器人焊接系统；
（c）侧梁机器人焊接系统；（d）附件机器人焊接系统

图 2.4-4　风力发电机机座机器人焊接实况

焊接一个工位上的四根 U 形肋，也可分别焊接不同工位的两根 U 形肋，实现 34 轴联动焊接。并能离线编程示教，焊接过程实时电弧跟踪，符合 U 形肋板 80％焊透的要求。

横隔板单元机器人焊接系统

桥梁行业

桥梁板单元机器人焊接系统

图 2.4-6　桥梁结构中机器人焊接实况

图 2.4-7　包角焊缝

2.4.4 建筑钢结构焊接机器人（神钢）[24]、[25]

建筑钢结构由于构件和节点构造复杂，而通常应用热加工，坡口加工及装配尺寸精度低，对机器人的应用造成了困难，不但要求机器人高度智能化，而且必须要求构件形式和节点构造设计适应于对机器人自动化焊接。

1. 适用机器人焊接的钢结构柱种类及组焊顺序

机器人特别适合于焊接梁贯通型方管柱及圆管柱，首先分部焊接节点的横隔板、牛腿，然后按顺序组装焊接，见图 2.4-8。

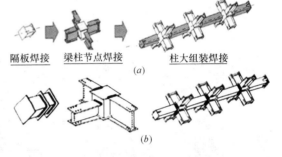

隔板焊接　梁柱节点焊接　柱大组装焊接
(a)
(b)

图 2.4-8　适用机器人焊接的梁贯通型结构柱及组焊顺序
(a) 组装焊接顺序；(b) 分部焊接
注：黑粗线所示为机器人可焊接的焊缝

2. 梁贯通型方管柱的焊缝坡口形式

采用常规的坡口形式及尺寸见图 2.4-9、图 2.4-10。其适用的坡口根部间隙为 4～10mm，同一焊缝内其允许变化率为 1％。

3. 系统构成——钢结构软件数据库、控制器（包括跟踪传感器）、机械手及移动装置、工件变位机等，系统构成见图 2.4-10。

4. 系统功能

（1）跟踪传感功能

针对梁贯通型结构柱焊接特点设置的功能：

1）接触传感跟踪——预先在焊丝端部加上检测电压，焊丝与母材接触时会产生电压降，由此测出接触点位置，如图 2.4-11 所示。

2）电弧传感跟踪——检测出焊枪摆动到两侧时焊接电流差值，据此得出焊枪偏离焊接中心线的值，从而实现焊缝位置跟踪，如图 2.4-12 所示。

（2）方钢管圆角偏差检测及焊接电弧点偏移控制功能

横隔板与方管柱焊接时，从直线部到圆角部可以不断弧连续焊接，圆角半径的加工误

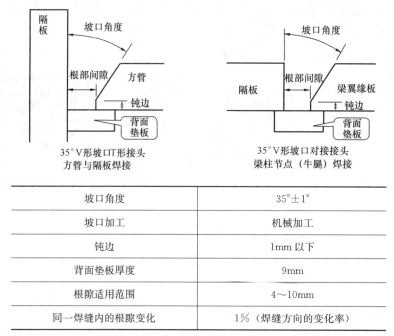

坡口角度	$35°\pm1°$
坡口加工	机械加工
钝边	1mm 以下
背面垫板厚度	9mm
根隙适用范围	4～10mm
同一焊缝内的根隙变化	1‰（焊缝方向的变化率）

图 2.4-9　梁贯通型方管柱的焊缝坡口形式与尺寸

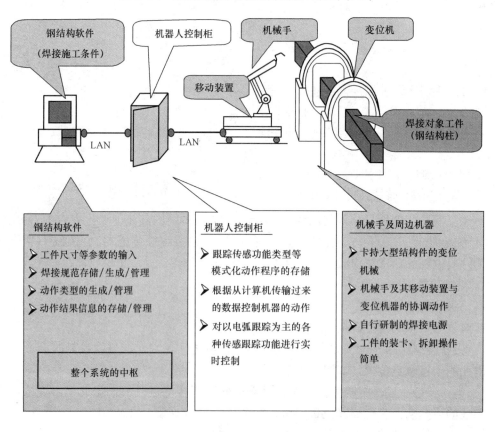

图 2.4-10　建筑钢结构焊接机器人系统构成示意图

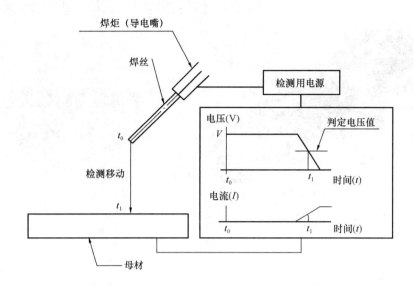

图 2.4-11　接触传感功能

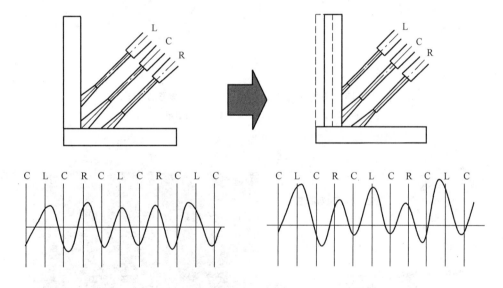

图 2.4-12　电弧传感功能

差对焊缝成形有一定的影响（同一方管的四个圆角半径约有 10％误差），因此圆角部的跟踪误差将直接影响焊接质量，图 2.4-13 为圆角部焊接时方管柱转动姿态示意。

　　系统具有用接触传感器对圆角半径及坡口根部间隙的检测功能（如图 2.4-14 所示）。并实时调整电弧点偏移量以控制熔深和焊缝形状，图 2.4-15 所示为电弧点向下正对角部与电弧点前进角呈 7°时对熔池的影响关系，可以控制电弧点的偏移确保圆角部焊缝成形和熔深。

　　（3）自动清渣功能

　　根据各种跟踪传感功能所确定的焊接动作轨迹生成自动清除焊渣轨迹，为避免焊接缺陷和实现设备无人运转提供保障条件，见图 2.4-16。

133

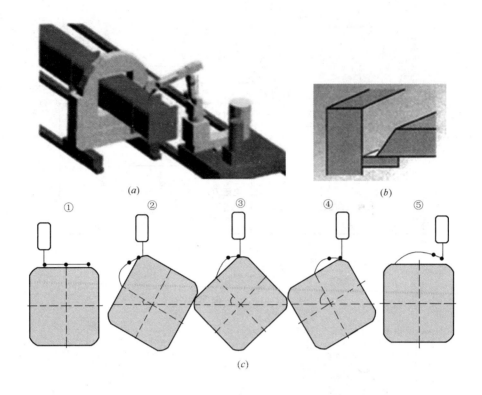

图 2.4-13　圆角部焊接时方管柱转动五种姿态示意图

(a) 横隔板与柱焊接；(b) 坡口形式；(c) 方管柱转动姿态变化

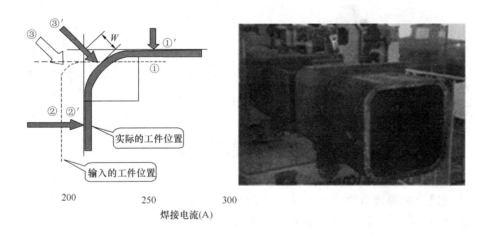

图 2.4-14　用接触传感器对方管柱圆角半径及坡口间隙检测功能示意图

5. 保护气体种类的选择

由于采用 CO_2 比 $Ar+CO_2$ 保护气体的焊缝熔透范围（根部熔宽）更大，见图2.4-17，当垫板间隙大时防烧穿能力更强，见图 2.4-18。综合经济性、对工件组装精度的适应性、熔敷速度及抗气孔性方面比较见表2.4-1，选用 CO_2 气体保护。

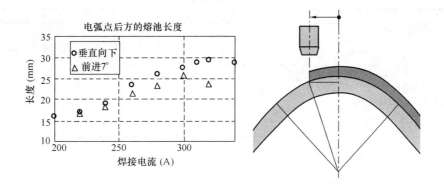

图 2.4-15 方管柱圆角部焊接电弧点偏移对熔池长度的影响

图 2.4-16 自动清渣功能

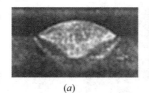

图 2.4-17 两种保护气体焊接的熔透形状比较
(a) 保护气体为 CO_2；(b) 保护气体为 $Ar+CO_2$

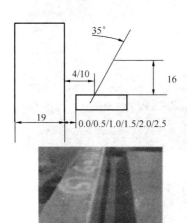

间隙/根隙	CO_2焊接		Ar–CO_2焊接	
	4mm	10mm	4mm	10mm
0.0	○	○	○	○
0.5	–	–	–	○
1.0	–	–	○	×
1.5	–	–	×	×
2.0	○	○	×	×
2.5	× (290A)	○	–	–

图 2.4-18 两种保护气体防烧穿性的比较

两种保护气综合性能的比较（O 优于 △）　　　　　　　表 2.4-1

	CO$_2$	Ar-CO$_2$
熔透形状	○	△
熔敷速度	○	△
抗气孔性	○	△
防烧穿性能	○	△
气体的价格	○	△
气溅发生量（熔敷效率）	△	○
焊渣发生量	△	○
焊缝外观	△	○

6. 生产线应用实例

如图 2.4-19～图 2.4-23 所示。

图 2.4-19　横隔板焊接实况

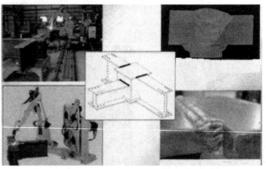

图 2.4-20　梁柱节点焊接，焊缝外观
及端面宏观照片

图 2.4-21　方管柱总装焊接实况

图 2.4-22　圆管柱总装焊接实况

图 2.4-23　圆管柱横隔板焊缝外观

2.5 焊缝根部反面成形技术

2.5.1 表面张力过渡（STT－SurfaceTensionTransfer）焊接技术

1.表面张力过渡（STT）技术原理[26][27][28]

表面张力过渡技术源于短路过渡技术，其熔滴过渡的方式是短路过渡，当焊丝与熔池金属之间形成液态金属小桥时，较大的短路电流流过逐渐变细的小桥产生较大的电阻热，形成的液态小桥被急剧加热，$100 \sim 150 \mu s$ 内的短路电流产生过量的能量积累，导致液态小桥在每秒几十次的过渡频率下汽化爆断，引起很大飞溅。所以控制飞溅必须迅速减小液态小桥爆破前的短路电流。

表面张力过渡与传统短路过渡技术的区别是：熔滴完全在其与熔池熔合界面的表面张力作用下完成向熔池的铺展和缩颈、断裂，利用电弧本身作为传感器，在短路期间内，缩颈小桥形成时与存在期间，控制输出小的焊接电流与焊接电压，使熔滴由短路过渡转变为自由过渡，极大地减少了短路液态小桥的爆炸程度，从而减小飞溅，达到熔滴平稳过渡的目的。

为兼顾工件的热输入、燃弧率与再燃弧可靠性等因素，分别在短路液态小桥扩展至焊丝直径的 $1 \sim 2$ 倍时与缩颈小桥断裂之后，加上适当的高电流高电压脉冲，以实现缩颈的快速形成和快速可靠再燃弧等目的。

表面张力熔滴过渡形式及电流波形见图 2.5-1。

由图 2.5-1 可见：

（1）t_1 之前阶段基值电流为 $50 \sim 100A$，是焊丝端形成熔滴的阶段（状态Ⅰ），电流恒定。

（2）t_1 阶段在基值电流下，焊丝端部熔滴在表面张力作用下形成近似球状（状态Ⅱ），到 t_1 末期熔滴一旦接触熔池，电弧电压立刻提供反馈信号，基值电流很快降到 10A 左右，表面张力开始吸引熔滴从焊丝向熔池过渡，形成小桥造成短路（状态Ⅲ）。

（3）t_2 阶段为缩颈阶段，此阶段短路电流上升到一个较大值（I_{SM}），由于电磁收缩力的作用，加速了熔滴缩颈（状态Ⅳ）。

（4）t_3 阶段为熔滴的过渡阶段，随着缩颈的形成，焊丝端小桥电阻增大，在小桥断裂前，电流很快减小，小桥在表面张力的作用下，实现熔滴的无飞溅过渡（状态Ⅴ）。

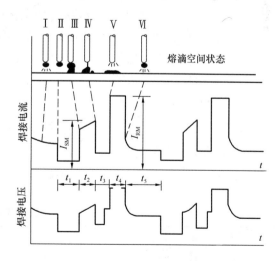

图 2.5-1 表面张力熔滴过渡形式及电流波形

t_1—早期短路持续期；t_2—缩颈加速期；t_3—缩颈断裂期；t_4—燃弧脉冲持续期；t_5—燃弧后期基值电流持续期；I_{SM}—缩颈电流脉冲；I_{RM}—燃弧电流脉冲

（5）t_4 阶段为熔滴已通过表面张力作用过渡到熔池，随着缩颈的消失电流增加（I_{RM}），使焊丝熔化形成熔滴。

（6）t_5 阶段是形成熔滴后，电流降到基值电流，抑制熔池搅拌，准备进行下一次的过渡循环。

为实现表面张力过渡，电源由高灵敏度、高精度弧压传感器提供控制信号，使熔滴的空间状态（尺寸、形状与位置）与该状态电弧最佳电流电压波形相对应，并加以自适应控制，美国 Lincoln 公司制造的 Invertec STT 电源已实现这一技术。

2. 表面张力过渡 STT 工艺的技术优势

（1）熔滴呈轴向过渡，飞溅率非常低，焊缝周围工件表面清洁；

（2）作业环境更舒适（低烟尘、低飞溅、低光辐射）；

（3）根部焊缝低线能量焊接而熔合优良，并且焊接变形减少、热影响区较窄；

（4）具有良好的打底焊道全位置单面焊双面成形能力，可以进行厚度 0.6mm 板材的仰焊，也可以取代 TIG 焊从而提高生产效率；

（5）可以使用各种保护气体，包括纯氩气、氦气和二氧化碳气体；

（6）适用范围广，适于焊接各种钢材和电镀钢。

3. 表面张力过渡 STT 焊接工艺参数对质量的影响[28]

STT 焊接主要的焊接参数有基值电流、峰值电流、送丝速度、尾拖、气体流量、热引弧参数等。这些参数及其相互之间的配合影响到整个焊接质量，主要参数的作用及其对焊接质量的影响如下：

（1）送丝速度——通过控制该参数可控制熔敷效率和电流过渡频率，但该参数必须与其他的参数相匹配，否则将引起焊缝成形差或飞溅大等缺陷。不同位置焊接时的送丝速度应不同，0～1 点钟位置时，送丝速度为 229～305cm·min^{-1}，最佳为 254～280cm·min^{-1}。1～6 点位置时，为 356～406cm·min^{-1}，最佳为 381～394cm·min^{-1}。

（2）基值电流——可控制焊缝形状，影响焊缝总体热输入量。基值电流太大会造成滴状过渡和形成大的熔滴，导致飞溅增大。还会形成如图 2.5-2 所示宽而浅薄的焊缝形状，并且易于烧穿。基值电流而太小会引起焊丝抖动，也会使焊缝金属的润湿性变差，形成如图 2.5-3 所示的根部超高焊缝，并伴有未熔合缺陷。一般基值电流为 50～55A，并按表 2.5-1 所示根据工件厚度适当增加。

图 2.5-2　基值电流太大时的焊缝形状　　　图 2.5-3　基值电流太大时的焊缝形状

工件厚度与基值电流变化关系　　　　　　　　　　　　　表 2.5-1

工件厚度（mm）	13～17	18～22	23～27
基值电流（A）	50～52	51～53	52～54

基值电流的大小还与保护气体相关，CO_2 为 100% 时，基值电流应比富氩混合气体时略小。

（3）峰值电流——作用是建立电弧长度和保证较佳的熔化，峰值电流大时会引起电弧瞬间变宽，同时增加了电弧长度，甚至会形成滴状过渡。当达到 430～440A 时 会形成如图 2.5-4 所示向下凹陷的焊缝形状，在后续的焊接过程中易出现层间未熔合。峰值电流太小时会引起电弧不稳和焊丝抖动，如当峰值电流为 360～380A，则形成如图 2.5-5 所示的焊缝形状，焊缝与坡口之间的夹角在填充、盖面焊时，会产生坡口侧壁未熔合，实际焊接时，峰值电流的设置应满足最小的飞溅和熔池搅拌作用。一般峰值电流为 410～430A，最佳约为 420A。峰值电流太小时会引起电弧不稳和焊丝抖动，实际焊接时，峰值电流的设置应满足最小的飞溅和熔池搅动作用。

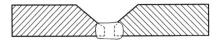 

图 2.5-4　峰值电流太大时的焊缝形状　　图 2.5-5　峰值电流太小时的焊缝形状

CO_2 100％时 峰值电流应比富氩混合气体时大一些，而且电弧长度应长一些，以减少飞溅。

（4）焊接速度——与其他焊接方法一样，焊接速度对熔深和熔宽均有明显的影响，焊接速度增加时，焊缝的热输入减少，焊缝的熔深和熔宽都减小。

（5）热起弧——设置热起弧控制可以提高起弧的成功率，在焊缝起始点处将电流增加 20％～50％，可保证有足够的热输入以补偿因工件温度较低而散失的热量，并能增加熔宽。

（6）尾拖——根据需要给电弧增加热量而不增加电弧长度，可以提高润湿性，一般来说尾拖增加，电弧在熔池上的面积增大，峰值及基值电流相对要减小。

（7）坡口形式与尺寸——STT 用于薄板对接焊时一般不需要开坡口，但对间隙较为敏感，以厚度 3.0mm 材料为例，间隙大小控制在 1.4～1.8mm 为宜，否则将出现焊不透或焊穿的缺陷。受 STT 电源功率的限制，对于厚度 4.0mm 的 Q235 钢板，以直径 1.0mm 焊丝施焊时，采用钝边为 0，坡口角度为 60° 的 V 形坡口则焊透良好。

4. STT 焊缝成形和焊接质量

STT 根焊正面及背面成形见图 2.5-6、图 2.5-7。

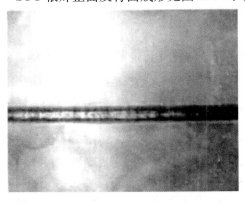 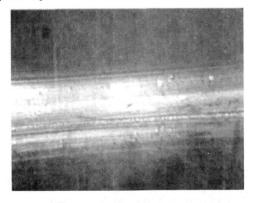

图 2.5-6　STT 根焊正面成形　　　　图 2.5-7　STT 根焊背面成形

根焊背面成形较好，正面焊缝成形较凸，需进行适当打磨。并易出现背面焊缝两侧的咬边和立焊位置焊缝中间的内凹及正面焊缝仰焊部位中间凸起 两侧夹沟等现象。

对不错边或轻微错边的焊缝，焊缝成形良好，无缺陷，但对于较大的错边量，操作不好会出现单侧的咬边或未熔合。

根焊时参数或操作不当会出现冷熔（未熔合）现象，射线检测时发现不了该缺陷，只有在进行背弯试验时才能发现。

5. STT 焊接工艺

西气东输二线工程应用的 STT 工艺参数见表 2.5-2，STT CO_2 半自动根焊工程应用参数实例见表 2.5-3。

西气东输二线工程应用的 STT 工艺参数　　　　　　　表 2.5-2

工艺项目	STT	工艺项目	STT
坡口形式	双 V 形、V 形	参数设置	各参数单独设置
保护气体	（CO_2）100%	干伸长	6～10mm
适用焊丝直径	1.2mm	受反馈信号影响	较大
适用焊丝类型	实心、金属粉芯		

STT CO_2 半自动根焊工程应用参数实例　　　　　　　表 2.5-3

焊材牌号	直径（mm）	极性	送丝速度（mm·min^{-1}）	基值电流（A）	峰值电流（A）	气体流量（l·min^{-1}）
SG3-P	1.2	反接	2286～4064	50～55	410～430	10～16

注：在 0～1 钟点位置时横向摆动，在 1～6 钟点位置不横向摆动。

6. STT 焊接高效、经济的优点

STT 焊的焊接效率是 TIG 焊的 3～5 倍，SMAW 焊的 1.5～2 倍。综合比较后焊接所需成本是 TIG 焊的 1/3，另外，层间清理和焊后的表面清理费用约为 SMAW 焊的 1/10。

7. 结语

STT 技术应用于板材对接焊具有经济、高效的显著特点，采用合理的焊接工艺能够满足厚度 2.0～2.4mm 的板材对接焊要求。由于焊接热输入较小，焊缝组织晶粒较为细密。STT 技术更适合于在固定地点施焊薄板和需控制焊接变形的结构。STT 焊接工件厚度下限为 0.6mm[29]。

2.5.2　熔敷金属控制技术（RMD—Regulated Metal Deposition）焊接技术[29]

1. RMD 技术原理

RMD 是美国 Miller 公司的专利技术，主要通过对焊丝短路过程的高速监控，动态检测焊丝短路，控制并减少焊接电流上升速度，从而控制熔滴过渡和电弧吹力的大小，使熔滴过渡迅速而有规律，形成高质量的稳定熔池，是对短路过渡做出精确控制的一种技术。同时通过控制短路过程中各个阶段的电流波形，从而控制多余的电弧热量，提高电弧推力，在根部产生高质量的熔深，获得好的焊接质量和焊缝成形。

RMD 软件通过集成的强大专家系统，每个程序各个阶段的电流波形根据电流大小自动优化到最佳的电弧特性，如图 2.5-8 所示。

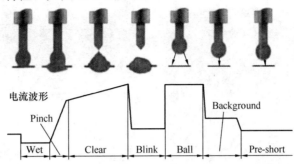

图 2.5-8　RMD 熔滴过渡形式和电流波形

（1）Wet 阶段：熔滴与熔池形成短路。

（2）Pinch 阶段：增加电流，使熔滴开始产生颈缩。

（3）Clear 阶段：产生颈缩的同时立即监控颈缩过程，并适当增加电流使熔滴分离。

（4）Blink 阶段：一旦检测到颈缩过程结束，熔滴分离，便迅速降低电流，熔滴过渡到熔池，同时维持一个较小的电流值。

（5）Ball 阶段：增加电流，使焊丝迅速熔化，形成又一个熔滴。

（6）Background 阶段：降低电流到一个适合的值，等待熔滴与熔池形成短路。

（7）Pre-short 阶段：熔滴在较低的电流下长大一定时间后，再次减小电流，减小电弧力对熔池的强烈搅拌作用，准备进入下一个循环过程。

由上述可知，STT 和 RMD 技术都是通过监控熔滴过渡过程，并作出相应的电流电压变化来控制和减小产生飞溅，同时不对熔池产生较大的搅拌，以获得较好的焊缝成形。从实际使用的情况观察，STT 表面张力过渡的电弧较 RMD 的电弧更柔，电弧挺度较小。

2. RMD 技术参数调节方式

RMD 集成了强大的焊接专家系统，参数调节只需设定送丝速度即可，其他参数自动匹配，参数调节更简单，而且软件升级容易，一旦有更好的参数控制程序，只需输入新程序即可获得更好的焊接效果，无需更换新设备。

RMD 对干伸长适应性较好，干伸长 6～15mm 时电弧稳定。西气东输二线工程应用的 RMD 工艺参数见表 2.5-4。

西气东输二线工程应用的 RMD 工艺参数　　　　　　　　表 2.5-4

工艺项目	RMD	工艺项目	RMD
坡口形式	双 V 形、V 形	参数设置	焊接专家系统控制
保护气体	（Ar）80%＋（CO_2）20%	干伸长	6～15mm
适用焊丝直径	1.2mm	受反馈信号影响	较大
适用焊丝类型	空心、金属粉芯		

3. 焊缝成形和焊接质量

RMD 的焊缝成形如图 2.5-9、图 2.5-10 所示，其正面成形较平坦，背面成形也较好，正面焊缝无需打磨即可正常焊接下一层。

RMD 对错边的适应性较强，较大的错边量时也不会出现咬边或未熔合。

141

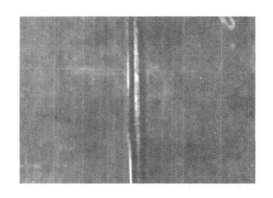

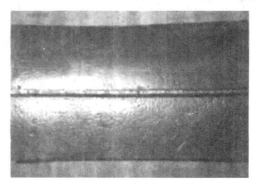

图 2.5-9　RMD 根焊正面成形　　　　图 2.5-10　RMD 根焊背面成形

RMD 焊接方法，不存在冷熔（假熔合）的问题，焊接质量较好。

4. 结语：RMD 根焊技术不仅焊接效率高，而且焊缝成形好，因此更适合于各种壁厚的管道野外施工。

2.5.3　陶瓷衬垫单面焊背面成形技术[30]

单面焊双面成形与双面焊相比，单面焊可提高焊接生产效率 3 倍以上，节省材料 10％，节约电能 50％，且能简化装配工序。药芯焊丝 CO_2 气体保护单面焊是一种高效、节能、低成本的 CO_2 焊接新工艺，在造船、桥梁工业应用尤为普遍，正在逐步取代实芯焊丝 CO_2 单面焊。

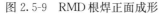

图 2.5-11　药芯焊丝 CO_2 保护陶瓷衬垫单面焊

1. 药芯焊丝 CO_2 气体保护单面焊工艺要点

药芯焊丝 CO_2 保护单面焊采用陶瓷衬垫衬托熔池金属并使之冷却凝固而强制成形的焊接工艺（如图 2.5-11 所示）。

陶瓷衬垫形式见图 2.5-12，陶瓷衬垫的主要成分（％）见表 2.5-5，单面焊坡口形状与尺寸见图 2.5-13。

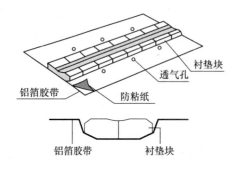

图 2.5-12　陶瓷衬垫形式

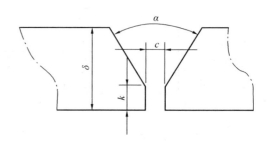

图 2.5-13　单面焊坡口形状与尺寸

陶瓷衬垫的主要成分（%）   表 2.5-5

成分	Al_2O_3	SiO_2	MgO	FeO	其他
比例	27～37	40～45	4～10	2～4	3～6

要使工件背面形成焊缝，必须采用较大的焊接电流，使焊缝具有足够的熔深，保证焊缝根部熔透。

2. 药芯焊丝 CO_2 气体保护陶瓷衬垫单面焊工艺参数对背面焊缝成形的影响

（1）焊接电流对背面焊缝成形的影响

焊接电流对背面焊缝成形的影响见表 2.5-6。

焊接电流对背面焊缝成形的影响   表 2.5-6

焊接电流（A）	230	250	270
余高（mm）	2	3	3.5
熔宽（mm）	12.5	16	17
背面成形	未焊透	良好	良好

注：焊接电弧电压 28V，焊速 180mm·min^{-1}，气体流量 15l·min^{-1}，坡口角度 $\alpha=60°$，坡口间隙 $c=6mm$，钝边 $k=3mm$。

由表 2.5-6 可知：在其他条件不变时，随着焊接电流的增加，背面焊缝的熔宽和余高都增大；焊接电流为 250A 和 270A 时，背面焊缝成形良好。焊接电流为 230A 时，出现未焊透和熔合不良等缺陷；焊接电流大于 270A 时，背面焊缝成形不良，出现咬边、夹渣、焊瘤等缺陷。可见焊接电流是药芯焊丝 CO_2 单面焊主要的焊接工艺参数，是保证焊缝背面熔透的前提条件。

（2）电弧电压对背面焊缝成形的影响，见表 2.5-7。

焊接电压对背面焊缝成形的影响   表 2.5-7

电弧电压（V）	20	25	30
余高（mm）	1.5	2	3
熔宽（mm）	10	11	12
背面成形	夹渣	良好	良好

注：焊接电流 250A，焊速 180mm·min^{-1}，气体流量 24l·min^{-1}，坡口角度 $\alpha=90°$，坡口间隙 $c=6mm$，钝边 $k=3mm$。

由表 2.5-7 可知：在其他条件不变时，随着电弧电压的增加，背面焊缝的熔宽和余高都增大；电弧电压为 25～30V 时，背面焊缝成形良好。电弧电压低于 20V 时，电弧不稳，飞溅较大，且背面焊缝成形不良，出现夹渣缺陷。电弧电压大于 30V 时，电弧也不稳，飞溅较大，不能正常焊接。可见电弧电压是药芯焊丝 CO_2 单面焊另一个主要的焊接工艺参数。

但是，药芯焊丝 CO_2 单面焊时，电弧电压对电弧稳定性的影响没有实芯焊丝单面焊时明显，电弧电压与焊接电流的匹配范围较大。从焊接过程的保护效果和焊缝成形考虑，电弧电压在 25～30V 范围较为合适。

3. 药芯焊丝 CO_2 气体保护陶瓷衬垫单面焊的应用

（1）在桥梁制造中的应用及实例[31]

焊接设备、焊丝及主要工艺参数见表 2.5-8，焊缝成分（％）及力学性能见表 2.5-9。

焊接设备、焊丝及主要工艺参数　　　　　　　　　表 2.5-8

焊接位置	焊丝牌号	焊机型号	气体流量 (l·min⁻¹)	焊丝直径 (mm)	电流 I (A)	电压 U (V)	焊接速度 (cm·min⁻¹)	极性
F	TWE-711	NBC-Ⅲ	20～24	φ1.2	240～260	24～28	30～32	DC 反接
V	TWE-711	NBC-Ⅲ	22～24	φ1.2	220～240	22～24	24～28	DC 反接

焊缝成分（％）及力学性能　　　　　　　　　表 2.5-9

C	Mn	Si	P	S	屈服强度（MPa）	抗拉强度（MPa）	延伸率（％）	−20℃冲击值（J）
0.036	1.40	0.52	0.013	0.011	520	580	28	115

注：保护气体为 CO_2。

图 2.5-14　大桥钢箱梁预拼装实景照片

在厢西堡互通式立交桥钢梁焊接中的应用实例[32]

钢箱梁主体结构采用 Q345D 钢，供货状态为正火。接头坡口形式、焊位及焊接参数见表 2.5-10，焊接材料化学成分及力学性能见表 2.5-11，焊接接头力学性能见表 2.5-12。

坡口形式、焊位及焊接参数　　　　　　　　　表 2.5-10

编号	坡口尺寸	焊接方法	焊材	熔敷示意图	焊接参数			
					焊道	电流 (A)	电压 (V)	焊速 (m·h⁻¹)
4	50° 6 14 陶质衬垫	平位 FCAW	E501T-1 (φ1.2mm) CO_2	其余 2 1	1	200	28	—
					2	240	30	
					其余	260	30	
5	50° 6±2 20 陶质衬垫	立位 GMAW	ER50-6 (φ1.2mm) CO_2	2 1 3 4	1	130	20	—
					2～4	150	21	

焊接材料化学成分及力学性能 表 2.5-11

| 牌号 | 化学成分（质量分数，%） | | | | | | 力学性能 | | | |
	C	Si	Mn	P	S	Ni	R_{eL} (MPa)	R_m (MPa)	A (%)	A_{KV} (J)
E501T-1 ϕ1.2mm	0.03	0.42	1.28	0.010	0.009	0.043	485	560	27	133 (−20℃)
ER50-6 ϕ1.2mm	0.08	0.89	1.6	0.016	0.009	—	470	585	26	118 (−29℃)

焊接接头力学性能 表 2.5-12

| 编号 | 接头拉伸 | | 全焊缝金属拉伸 | | | 侧弯 | 最高 HV10 | 低温冲击功 A_{KV} (−20℃) (J) | |
	R_m (MPa)	断裂位置	R_{eL} (MPa)	R_m (MPa)	A_5 (%)			焊缝	热影响区
4	580	母材	495	600	26	未裂	251	67	181
5	565	母材	515	635	26	未裂	303	107.6	58

从接头拉伸和焊缝金属拉伸结果可以看出，两种接头的焊缝强度均高于母材标准值。

药芯焊丝 CO_2 气体保护陶瓷衬垫单面焊背面成形的焊缝致密光顺，省去碳弧气刨清根、打磨，节能节电降低了焊接烟尘对人体的危害，有可观经济效益和社会效益。药芯 CO_2 陶瓷衬垫单面焊在造船、桥梁制造中已广泛应用，在其他结构现场对接焊中有借鉴指导意义和推广前景。

（2）实心焊丝 CO_2 气体保护陶瓷垫板单面焊在建筑钢结构中的应用实例

中国石油大厦工程 D 栋塔楼 F18～F22 顶网球馆为箱形梁柱框架结构，全部为室内外露构件。其中 F19～F21 层顶箱形梁与箱型柱外挑箱型牛腿对接，下翼缘对接焊缝下的钢垫板需在焊接后刨除以免妨碍结构美观。由此焊接完成后须刨除的钢垫板长度在 150m 以上，加之其他相关损耗，造成材料无谓的浪费，且工作效率低下，耗费较长工期，与预定工期相矛盾。采用了造船业中广泛采用的气体保护陶瓷垫板单面焊。陶瓷衬垫型号为 JH300009000C 不吸水材料陶瓷垫板（江苏宜兴）。图 2.5-15 所示为焊接完成后衬垫自然脱落照片，图 2.5-16 为焊缝根背面的美观外形。

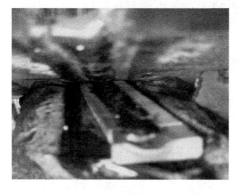 

图 2.5-15 焊接完成后自然脱落　　　图 2.5-16 焊缝背面的美观外形

陶瓷垫安装简易方便，不干胶锡箔一粘即可；焊后不发生崩裂破碎，无需专门清理即可自行脱落；焊缝背面成形美观。在成本上低于钢垫板；施工效率比钢垫板提高数倍。CO_2 保护陶瓷衬垫单面焊是一种高效、优质、低成本的焊接新技术，在建筑钢结构工程中也具有广泛的应用前景。

参 考 文 献

[1] 《建筑钢结构中的双弧双丝埋弧焊工艺》，熊海东，豆丁网

[2] 《桥梁钢 Q370q 双丝埋弧焊研究》，电焊机，2011.8，车平等

[3] 《双丝埋弧焊工艺在高层建筑钢结构上的应用》。焊接，2003.8．毕波等

[4] 《三丝埋弧焊技术在厚板焊接中的应用》，施工技术，2008.5，高国兵等

[5] 《精密数字控制四丝埋弧焊接系统》，电焊机，2010.6，蒋华雄等

[6] 《双丝埋弧自动焊在环缝焊接上的问题和对策》，全国钢结构学术年会论文集，2011.10，闵祥军等

[7] 《适合高输入热量焊接的钢材》，钢结构进展与市场，2008.1，刘玉姝译

[8] 《钢结构制造技术规程》，机械工业出版社，2012.8，中国钢结构协会

[9] 《高效焊接技术研究现状及进展》，焊接，2007.7，马晓丽等

[10] 《高钢级油气输送管道环焊缝双丝焊接技术的应用》，钢管，2007.6，何小东等

[11] 《高效弧焊设备与方法在船舶制造中的应用现状》，焊接技术，2008.1，马晓丽等

[12] 《中国船舶焊接技术进展》，焊接，2007.5，陈家本等

[13] 《双丝气电立焊厚板立缝焊接技术的研究》，焊接技术，2012.7，王凤兰等

[14] 《窄间隙埋弧焊技术的新发展一、二》，现代焊接，2012.4、5，陈裕川

[15] 《窄间隙埋弧焊坡口形式和尺寸》，电焊机，2009.8，白金生等

[16] 《激光—电弧复合焊接技术的研究与应用》，焊接技术，2010.5，袁小川等

[17] 《大厚度船用高强钢激光—电弧复合焊技术研究》，金属铸锻焊技术，2009.11，朱晓明等

[18] 《焊接机器人现状及发展趋势》，现代焊接，2011.3，宋金虎

[19] 《电弧传感器在焊缝跟踪中的应用研究》，华章，2010 年 35 期，李海欧

[20] 《中厚板焊接机器人系统(一)～(四)》，现代焊接，2009.6～2009.9

[21] 《中厚板机器人焊接系统——风力发电行业》，现代焊接，2011.12

[22] 《中厚板机器人焊接系统——铁路车辆行业》，现代焊接，2012.4

[23] 《中厚板机器人焊接系统——桥梁行业》，现代焊接，2012.7

[24] 《机器人焊接在钢结构领域的普及推广》，2007 全国钢结构学术年会论文集，竹内　直记等

[25] 《日本钢结构柱梁结合部的机器人焊接》，焊接技术，2007.8，松村浩史等

[26] 《窄间隙焊接技术及其新进展》，电力建设，1999.8，王朋等

[27] 《STT 焊接技术》，焊接技术，2010.12，詹斌

[28] 《STT 焊接工艺参数对根焊质量的影响》，焊接技术，2010.5，刘光云等

[29] 《STT 与 RMD 根焊焊接技术》，电焊机，2009.5，朱洪亮

[30] 《药芯焊丝 CO_2 气体保护单面焊背面成形工艺研究》，中国修船，2005.4，陈长江

[31] 《陶瓷衬垫和药芯焊丝 CO_2 焊单面焊双面成形技术在桥梁制作中的应用》，现代焊接，2011.6，宋统战等

[32] 《厢西堡互通式立交桥钢梁焊接工艺研究》，金属加工，2010.6，宗小艳

第3章 焊接变形及其控制

焊接时，焊件局部加热到熔化状态，产生瞬时变化的膨胀变形，不均匀的局部加热和冷却是焊接变形产生的最主要原因。

焊接过程中受局部加热的影响使焊件上形成不均匀温度场，产生的热膨胀也是不均匀的，同时高温热膨胀区受到周围冷态金属的阻碍不能自由膨胀而受到压应力，周围的金属则受到拉应力。当被加热金属受到的压应力超过其屈服点时，就会产生塑性变形。如果焊件均匀加热，冷却时应产生等量的收缩而回复原状，但由于工件在局部加热时已产生了压缩塑性变形，所以，收缩后的尺寸比构件小。此外，各种焊接方法的能量集中度有区别，影响加热不均匀的程度不同；接头及坡口形式影响高温区金属冷却收缩的方向；焊件坡口尺寸、装配间隙、焊接参数直接影响热输入量；焊接顺序决定了局部加热区与构件中和轴的对称度，这些都会对焊接变形的形式和变形量造成影响。由于焊接变形和焊接应力相伴而生，其关系密不可分，控制难以同时兼顾，一般情况下静载结构的制作安装通常优先考虑控制变形，以使工件或构件尺寸达到验收标准，所采用的控制变形措施往往同时增加焊接应力（如刚性固定法），尤其是在大型、重型钢结构焊接时，还利用结构本身的刚性限制焊接变形（如分部组焊法），对焊接应力控制不利，但也积累了许多能同时控制变形、应力的有效方法值得推介（如减少坡口填充量、多层多道焊、预置反变形、预留收缩以及各种对称、同步、分散跳焊顺序等），在本章及下一章中将分别重点阐述。

3.1 焊接变形的种类[2]

焊接过程中构件受局部加热的影响产生瞬时变化的膨胀受到约束，而在焊后冷却时产生不可回复的变形，根据构件的接头形式与截面形状，焊缝与构件中和轴的位置关系，焊缝坡口尺寸与形状，焊接道次与顺序，外加拘束刚性程度及板厚等因素，产生不同的变形，其类别有纵向变形、横向变形、角变形、弯曲变形、扭曲变形及波浪变形，如图3.1-1所示。图3.1-1（b）中角变形是由于单面坡口焊接使沿板厚方向产生收缩量不同而造成。T形接头由于焊缝在与翼板表面，翼缘也会产生角变形；图3.1-1（c）中的弯曲变形是由于T形接头腹板只有一侧焊接所造成，如H形截面腹板两侧不对称焊接也会出现此类变形；图3.1-1（d）中扭曲变形是由于H形截面上下翼缘焊缝热输入量不等而造成的。箱形截面构件如对角焊缝热输入量不同也易产生扭曲变形；图3.1-1（e）中波浪变形由于热膨胀时受塑性压缩失稳而形成，是薄板焊接变形的特有形式。

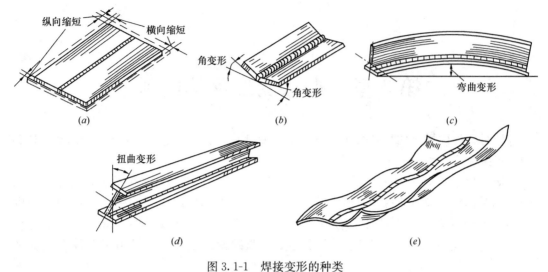

图 3.1-1　焊接变形的种类

（a）纵向和横向收缩；（b）角变形；（c）弯曲变形；（d）扭曲变形；（e）波浪变形

3.2　焊接变形量的估算公式

纵向收缩量（mm）—— $\Delta L = k_1 \cdot A_{\mathrm{w}} \cdot L/A$

横向收缩量（mm）—— $\Delta B = 0.2\, A_{\mathrm{w}}/\delta + 0.05b$

式中：A——杆件截面积（mm^2）；A_{w}——焊缝截面积（mm^2）；

L——杆件长度（mm）；δ——板厚（mm）；b——跟部间隙（mm）；

k_1——焊接方法系数：

二氧化碳气体保护焊：$k_1 = 0.043$；

埋弧焊：　　　　　　$k_1 = 0.071 \sim 0.076$；

手工电弧焊：　　　　$k_1 = 0.048 \sim 0.057$。

角变形量（rad）—— $\Delta\theta = 0.07B \cdot h_{\mathrm{f}}^{1.3}/\delta^2$

式中：B——翼缘板宽度（mm）；δ——翼缘板厚度（mm）；h_{f}——焊脚尺寸（mm）。

公式显示各方向焊接收缩量均与焊缝截面积成正比，因此尽量减少焊缝的数量和尺寸是很重要的。

3.3　焊接变形的控制方法[2]

根据焊接变形产生的原因和影响因素可采取多种控制方法，如减少热输入总量、多层多道焊接、小坡口及窄间隙焊接、对称或分散的焊接顺序、预制反变形、预留收缩量、外加刚性固定、分部组装焊接、补偿加热等。简述如下：

3.3.1　减少热输入总量

选用高能量密度、低热输入的焊接方法，如单丝或多丝气体保护焊，激光/等离子与MIG/MAG 复合电弧。由于焊接方法的选择受施工条件的限制，因而较为现实的辅助措施是在钢材碳当量和节点拘束度允许的条件下，尽可能不采用附加热输入如预热、后热，或降低其温度值。

3.3.2 多层多道焊接

用小线能量分道次热输入，减少单道焊缝的收缩。前焊道凝固后会增加后续焊道的拘束度，因而能减小后续焊道引起的变形，与其他一次成型的焊接工艺方法（如电渣立焊、气电立焊）相比焊后变形明显减少。

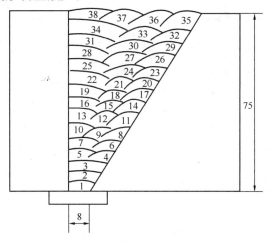

图 3.3-1 厚板多层多道焊接

3.3.3 小坡口、窄间隙焊接

减小焊缝面积以减少熔敷金属填充量，是减小收缩变形最为高效的措施，并能同时减少残余应力。但其实现受技术、设备和施工条件的限制，图 3.3-2 所示为窄间隙焊接坡口实例。

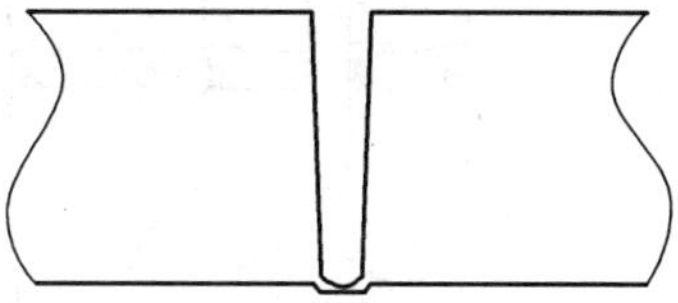

3.3.4 对称焊接顺序

截面对称的构件，采用对称于构件中和轴的顺序焊接，如图 3.3-3[3]、图 3.3-4 所示；

图 3.3-2 窄间隙焊接坡口实例

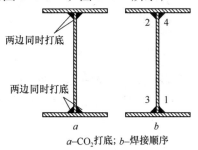

图 3.3-3 H 形钢对称焊接顺序[2]

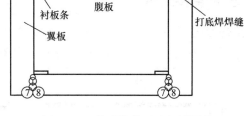

图 3.3-4 箱形构件对称焊接顺序

对接接头、T 形接头和十字接头，在焊接操作条件允许的情况下，宜采用双面坡口由两面对称轮流施焊（对称坡口对称轮流施焊，非对称双面坡口先焊深坡口侧焊缝，后焊浅

149

坡口侧，最后焊完深坡口侧焊缝），如图 3.3-3～图 3.3-5 所示[4]。特厚板宜增加轮流对称翻身焊接的循环次数，如图 3.3-6 所示[5]；

杆件两侧对称连接的牛腿，制作时宜对称焊接，以防杆件不对称加热而引起弯曲变形，见图 3.3-7。

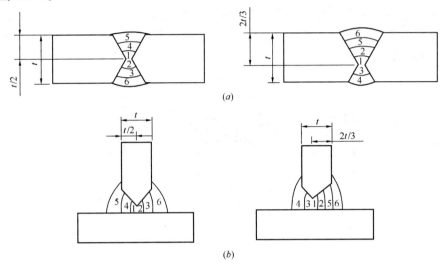

图 3.3-5　对称坡口与不对称坡口的焊接顺序[4]

（a）对接；（b）T 接

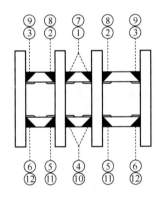

图 3.3-6　三箱柱的对称翻
身焊接顺序[5]

图 3.3-7　杆件上对称的牛腿同时对称焊接

3.3.5　分散焊接顺序

1. 长焊缝应采用分段退焊法、分段跳焊法或多人对称焊接法，见图 3.3-8～图 3.3-10。这种方法避免工件局部热量集中，在减少变形的同时可均化残余应力的分布。

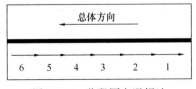

图 3.3-8　分段同向退焊法

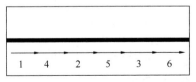

图 3.3-9　分段跳焊法

2. 多节点构件或桁架的相邻节点或焊缝间宜采用对称、跳焊法，避免局部加热集中收缩变形，如图 3.3-11 所示的吊车梁宜按图 3.3-12、图 3.3-13 所示焊接顺序控制弯、扭变形[6]。

3. 多节点结构件先焊板厚收缩量较大或拘束度大的节点，反之后焊。

图 3.3-10　从中点向两端对称分段反向退焊法（双人）

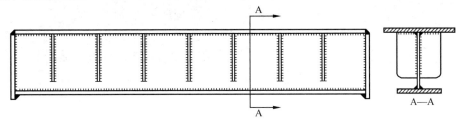

图 3.3-11　吊车梁图

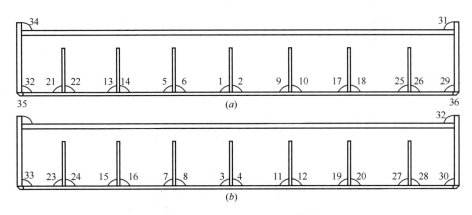

图 3.3-12　吊车梁加劲板与翼缘板焊接顺序[6]

（a）主视图正面；（b）主视图背面

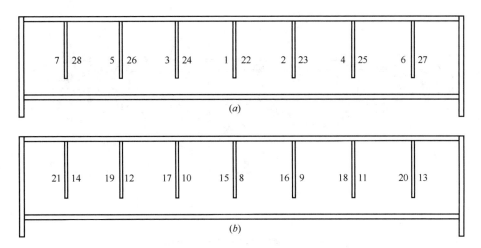

图 3.3-13　吊车梁加劲板与腹板焊接顺序[6]

（a）吊车梁俯视图正图；（b）吊车梁俯视图背面

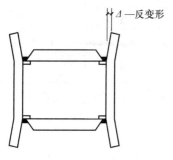

图 3.3-14　箱形构件翼缘角
变形的反变形法[5]

3.3.6　预制反变形[4]

对于翼缘板会产生较大角变形的 T 形接头，焊前可采用如图 3.3-14～图 3.3-18 所示的反变形方法，控制收缩、变形而不增大残余应力。表 3.3-1 为管板构件法兰反变形量与法兰厚度、边宽对应值，板厚大时坡口内填充量增加，收缩变形增大，所需反变形量越大。

图 3.3-16 为桥梁板块单元横向反变形示意，图 3.3-17 为桥板块 U 形肋装配时设置纵向反变形实况，图 3.3-18 所示为桥梁板块单元反变形胎架及多头门式焊机[7]

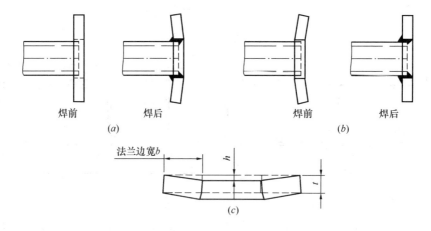

焊前　　　　焊后　　　　　　　焊前　　　　焊后

(a)　　　　　　　　　　　　　　　　(b)

(c)

图 3.3-15　管板构件法兰反变形示意[4]

(a) 不采取措施；(b) 采取反变形措施

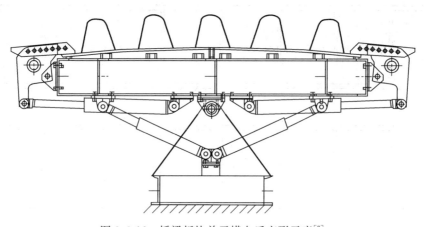

图 3.3-16　桥梁板块单元横向反变形示意[7]

图 3.3-17 桥板块 U 形肋装配时纵向反变形[7]　　图 3.3-18 桥梁板块单元反变形胎架及多头门式焊机[7]

法兰反变形量与法兰厚度、边宽对应值（mm）[4]　　　　表 3.3-1

厚度 t	边宽 b	反变值 h	厚度 t	边宽 b	反变值 h
16～18	50～60	2	26～32	80～110	4
	70～110	4		120～150	5
	120～150	5	34～40	100～120	4
20～24	50～70	3		130～150	6
	80～110	4	42～50	120～140	5.5
	120～150	5		150～190	6

3.3.7 预留收缩量

对于会产生较大收缩量的接头，焊接前应采用预留焊接收缩裕量控制收缩和变形，收缩量预留值与板厚、焊接方法、焊接参数有关，如图 3.3-19 所示的经验值具有一定的参考价值[3]。

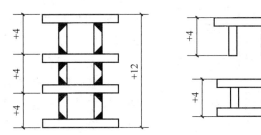

图 3.3-19 预留焊接收缩裕量（板厚 75mm，双丝埋弧焊）[5]

3.3.8 外加刚性固定

小构件用定位焊固定组件同时可限制变形，对大型、厚板构件则用刚性支撑或卡具增加结构焊接时的刚性以限制变形，见图 3.3-20(a)～图 3.3-20(c)[4] 及图 3.3-20(d)[8]。

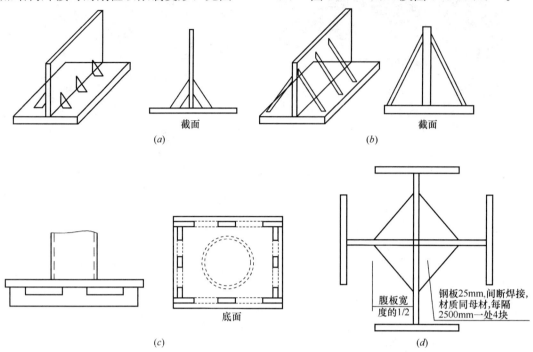

图 3.3-20 刚性固定法支撑位置示意

(a) 薄板位置；(b) 厚板位置；(c) 管与板结构位置；(d) T 形钢与 H 形钢焊接时的临时加固件

3.3.9 分部组装焊接

多组件构成的组合构件应采取分部组装焊接，各分部分别矫正变形后再进行总装焊接，总装焊接时仍然需采用 3.3 节前述各条焊接变形应对措施，以控制构件整体尺寸公差。

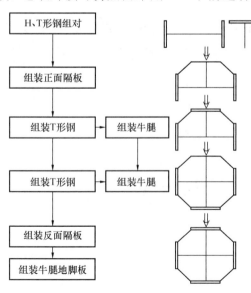

图 3.3-21 十字柱组装顺序[8]

1. 十字柱

由 H 形钢与 T 形钢组焊而成，见图 3.3-21、图 3.3-22 所示，而 T 形钢一般由 H 形钢切割而得（采取分段切割或焊接固定板后切割）。

2. 异形组合柱[9]

北京国贸三期工程核心筒钢柱截面复杂、体量大，必须采取分部组焊的方案。图 3.3-23～图 3.3-26 为各不同截面形式钢柱截面图及拆分图。拆分后槽形、T 形、箱形构件与平板之间焊接及总装焊接均可实现对称施焊，图 3.3-27 所示为 C1-1 异形组合柱制作、运输段的分部组装顺序。

3. 大型复杂柱脚

国家体育场钢结构的 T 形组合钢柱脚形状复杂，零部件多，极须采用分部组焊的方法。但柱板壁厚达 100mm，焊缝交错且全部要求焊透，在焊缝无法清根的条件下，特厚板采用单面焊，其应力和变形的控制极度困难。由于内部空间狭窄，为保证焊工能正常操作，拼装顺序必须服从于焊接顺序。以 C12 柱脚为例，其拼装焊接顺序为：步骤 1、2 采取横拼两侧长焊缝对称施焊并预留焊接收缩裕量；步骤 3 中两大块先在胎架上预拼，各自焊接时四周对称施焊并预留焊接收缩裕量，焊接过程中四周焊接线能量必须

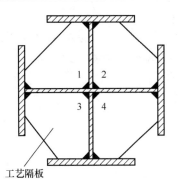

图 3.3-22 十字柱焊接顺序[3]

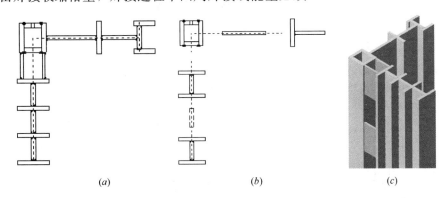

图 3.3-23 C1-1 柱截面图

(*a*) C1-1 柱全截面图；(*b*) C1-1 柱拆分图；(*c*) C1-1 柱轴测图

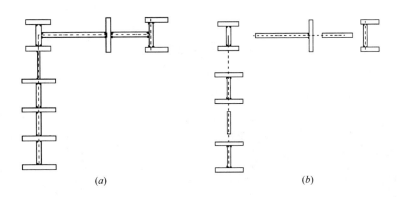

图 3.3-24 C1-1 柱截面及分部图

(*a*) C1-2 柱全截面图；(*b*) C1-2 柱拆分截面图

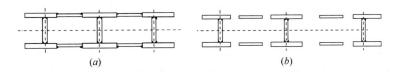

图 3.3-25 C2-1 柱截面及分部图

(*a*) C2-1 柱全截面图；(*b*) C2-1 柱拆分截面图

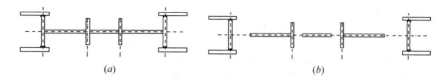

图 3.3-26 C2-2 柱截面及分部图

（a）C2-2 柱全截面图；（b）C2-2 柱拆分截面图

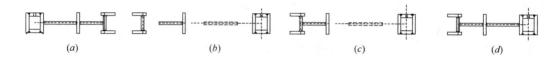

图 3.3-27 异形组合柱分部组装顺序

（a）C1-1；（b）第一步组装；（c）第二步组装；（d）第三步组装

一致，并实时测量监控保证上下口尺寸一致；步骤 4、5 为 T 形柱脚合拢焊接；步骤 6 完成周围筋板等散件的焊接，见图 3.3-28 所示[9]。以上各措施保证了柱脚尺寸精度，使其上口能与组合柱中各单柱准确接合。该大型复杂柱脚拼焊顺序见图 3.3-29。[10]

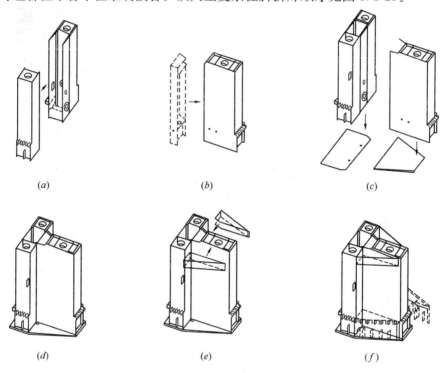

图 3.3-28 大型复杂柱脚组拼顺序[10]

（a）步骤 1；（b）步骤 2；（c）步骤 3；（d）步骤 4；（e）步骤 5；（f）步骤 6

3.3.10 补偿加热

对于焊缝分布相对于构件的中性轴不对称的构件，可采用补偿加热的方法人为创造对称加热条件，如桁架弦杆单侧布置的节点板等。

3.3.11 振动焊接[12]

振动焊接是在焊接过程中施加机械振动应力，可在焊缝金属凝固结晶过程及热影响区冷却过程细化晶粒，并由于产生热塑性变形而减小凝固过程应力。

根据卢庆华等[12]的试验证实，振动焊接可减少 H 形钢焊接变形，试验构件材质为 Q235B，规格为 900mm × 200mm × （6、8）mm，长 6m。采用埋弧焊（船形位置）常规焊接工艺参数及顺序（图 3.3-30、图 3.3-31）。

振动时工件稳定支撑于四个托架上，激振器固定在工件顶部翼板中央（图 3.3-30），并用楔块压紧底部的 H 形钢翼缘。偏心旋转面

图 3.3-29 大型复杂柱脚拼焊顺序[11]

注：1. A、B 为焊接先后顺序，1～12 为同时施焊的焊工；

2. 先焊箱内横隔板，后焊箱外环焊缝，采用多层多道，多人同时施焊法[6]。

与腹板平行，在偏心距确定后通过改变旋转频率控制振幅，限幅振动 0.6～1.0g（g 为重力加速度）。每焊一道焊缝，工件翻转一次，并需换一次激振器的位置使其与当前焊缝之间相对位置保持一定，见图 3.3-32。

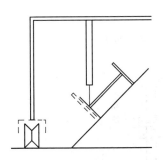

图 3.3-30 H 形钢埋弧焊

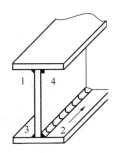

图 3.3-31 焊接顺序

图 3.3-32 激振器与焊缝的相对位置

按图 3.3-33 所示布点检测腹板不平度，检测结果见表 3.3-2，变形改善率为 21～32%。振动与非振动埋弧焊四个波浪变形最大值的比较见图 3.3-34。

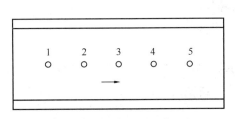

图 3.3-33 腹板测点布置

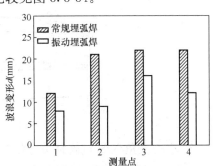

图 3.3-34 振动与非振动埋弧焊四个波浪变形最大值的比较[13]

腹板不平度比较					表 3.3-2
测量点	1	2	3	4	5
振动焊接 dL_1	12	9	8	18	16
非振动焊接 dL_0	3	12	22	21	22

3.3.12　非对称截面及异形复杂节点构件综合运用各种焊接变形控制方法实例

1. 槽形构件[14]

槽形构件由于焊缝不对称于中性轴，焊接后易产生较大的纵向弯曲变形。并由于槽形开口一侧无约束，腹板易产生较大的角变形（图 3.3-35）。宜运用适当的横向刚性固定、纵向反变形、纵向长焊缝单面坡口非对称焊接及分段倒退跳焊的综合控制措施，如图 3.3-36～图 3.3-40 所示。

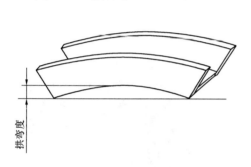

图 3.3-35　槽形构件焊后的变形

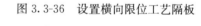

图 3.3-36　设置横向限位工艺隔板

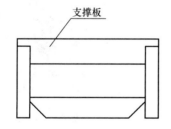

图 3.3-37　设置刚性固定支撑板控制角变形

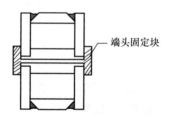

图 3.3-38　用端头固定块设置反变形

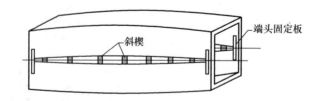

图 3.3-39　设置反变形控制纵向弯曲示意

2. 小交叉角 X 形钢管柱节点焊接变形控制（珠江新城西塔）[15]

（1）X 形钢管柱节点概况

节点组成、焊缝及坡口形式如图 3.3-41～图 3.3-43 所示。节点中椭圆拉板、钢管和

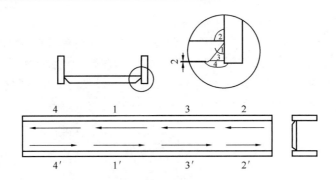

图 3.3-40 设置单面坡口非对称焊接顺序＋分段倒退、跳焊

牛腿环板材质为 Q345GJC Z15～25。节点最宽 4.4m，最长 14.6m。钢管最大规格 ϕ1800mm×55mm，拉板最大厚度 100mm。

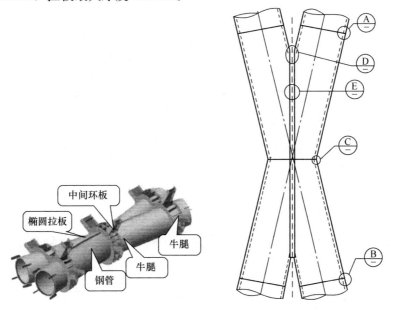

图 3.3-41 X形钢管柱节点组成　　图 3.3-42 X形钢管柱节点焊缝

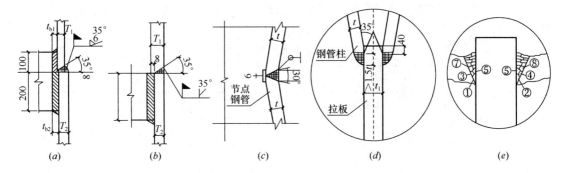

图 3.3-43 X形钢管柱节点焊缝坡口形式

（2）X形钢管柱节点总体焊接顺序（图 3.3-44）

支管与拉板定位焊，刚性固定（图 3.3-45）——焊接钢管件对接焊缝 ①、②（E 部，

除跟部 D 外）打底焊至 1/3 焊缝高度——翻身 180°焊接③、④（E 部，除跟部 D 外）1/2 焊缝高度——翻身 180°焊接①、②剩余焊缝及③、④内侧焊缝的清根、焊接——翻身 180°焊接③、④剩余焊缝及①、②内侧焊缝的清根、焊接——翻身 90°焊接②、④跟部位置（即 D 部）的焊缝（先焊内侧再外侧清根焊接）——翻身 180°焊接①、③跟部位置（即 D 部）的焊缝（先焊内侧再外侧清根焊接）——上胎装焊牛腿。

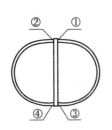  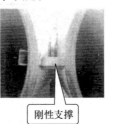

图 3.3-44　总体焊接顺序　　　　　图 3.3-45　刚性固定限制变形

（3）X 形钢管柱节点纵向焊接顺序

从中间向两边对称、退焊。相贯口由趾部向跟部方向焊接，见图 3.3-46。

图 3.3-46　X 形钢管柱节点纵向焊接顺序

3.4　焊接变形焊后矫正方法

3.4.1　火工矫正法[16]

通常采用三种加热方式：线状加热（包括线形及三角形）；点状加热；三角形加热。

加热温度不宜过高，冷却速度不宜过快，表 3.4-1 所示为低碳钢火焰矫正时所用的加热温度和许用冷却方式。

低碳钢火焰矫正时的加热温度和冷却方式[16]　　　　　　表 3.4-1

序号	温　度　控　制	矫　正　方　法
1	低温矫正 500～600℃	冷却方式：水
2	中温矫正 600～700℃	冷却方式：空气和水
3	高温矫正 700～800℃	冷却方式：空气

1. 管板构件火工矫正加热方法

图 3.4-1 所示为火焰矫正加热带位置，（a）为圆管弯曲变形，（b）为 T 形构件翼缘角变形，（c）为管板接头法兰角变形。[4]

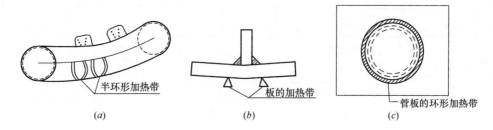

图 3.4-1　火焰矫正加热带位置示意[4]

（a）钢管结构；（b）T接形式；（c）管与板结构形式

2. H形钢火工矫正加热方法

（1）角变形[17]

在翼缘板上面对准焊缝背面作纵向线状加热，加热范围不超过两焊脚范围，两条加热带要同步进行以防产生扭曲，见图 3.4-2。

（2）正弯变形

在拱起的翼缘板上面全宽沿纵轴由中间向两端，垂直于焊缝纵轴作横向线状加热，并由板宽中间向两边扩展。加热范围根据板厚一般取 20～90mm（板厚小时加热范围窄），同时在腹板上对应于翼缘加热带的位置作三角形加热，三角形底宽与翼缘加热带宽度相同，三角形顶点直到腹板纵轴线，加热时从三角形顶部开始，然后从中心向两侧扩展，逐步加热直到三角形底部，见图 3.4-3[18]。

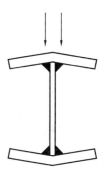

图 3.4-2　焊接 H 形钢角变形火焰加热矫正法——纵向线状加热位置

（3）侧弯变形——在翼缘板上面作三角形加热，三角形底部位于翼缘伸长边，见图 3.4-4，加热方法与以上所述相似。

（4）扭曲变形

在翼缘及腹板上面作斜向线状加热，加热方向分别如图 3.4-5（a）、（b）、（c）所示[19]。

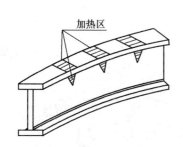

图 3.4-3　焊接 H 形钢正弯火焰加热矫正法——翼板线状加热，腹板三角形加热[17]

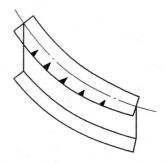

图 3.4-4　焊接 H 形钢侧弯火焰加热矫正法[17]

（5）腹板波浪变形[15]

在凸起的波峰处用圆点加热法配合手锤矫正逐个矫正各波峰点。加热圆点的直径一般 50～90mm，可按直径 $d = 4\delta + 10$ 计算，（δ 为钢板厚度），波浪面积较大时加热直径应较大。加热时火焰从波峰开始作螺旋形移动，当温度达到 600～700℃时，在加热区边缘处

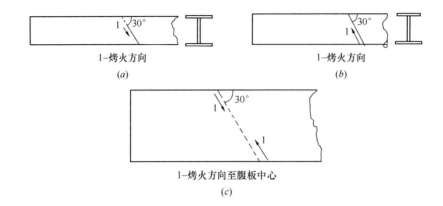

图 3.4-5　H 形钢扭曲变形火工矫正方法示意

（a）上翼板线状加热；（b）下翼板线状加热；（c）腹板线状加热

用大锤敲击手锤的方法，使加热区金属受挤压与冷却收缩同时使波峰拉平。

3. 桥梁板块单元火工矫正加热方法（舟山桃夭门大桥钢箱梁）[20]

桥梁板与 U 形肋焊接后的板块单元产生的变形如图 3.4-6 所示。

矫正方法：桥板作线状加热，肋板作三角形加热。板块横向变形矫正加热线如图 3.4-7 所示。

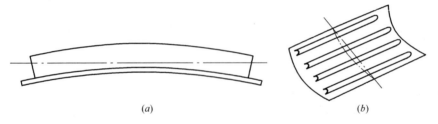

图 3.4-6　桥梁板块单元焊后变形示意

（a）板块焊后纵向弯曲变形；（b）板块焊后横向弯曲变形

3.4.2　机械矫正法

H 形钢生产线上通常配置滚轮式翼缘角变形矫正机。一般情况下应用千斤顶加力矫正，例如图 3.4-8～图 3.4-10 所示。

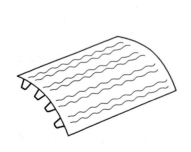

图 3.4-7　板块横向变形矫正

图 3.4-8　H 形柱矫正示意[17]

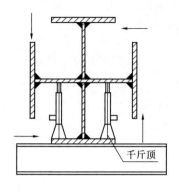

图 3.4-9 十字柱矫正示意[3]

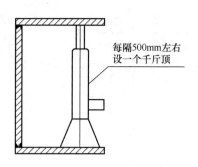

图 3.4-10 槽形柱矫正示意[3]

3.5 施工安装焊接时钢结构的形位控制

施工安装时钢结构的焊接变形几乎是无法在焊后矫正的，焊接时的变形控制措施尤为重要，对于重型钢结构由于本身刚性很大，焊接裂纹的控制成为首要任务，一般不采取会增大拘束度的焊接顺序，因此必须控制焊接收缩量及其分布，使其尺寸偏差在验收规范允许的范围内，对结构形位控制造成了一定困难。

3.5.1 大跨度钢结构整体焊接变形控制实例

1. 大跨度网格状框形结构[21]

上海浦东新区文献中心主楼钢结构工程为 82.5m×82.5m 的方框形结构，主楼 17.5m 标高处楼面及 27.2m 标高屋面均由 7.5m×7.5m 网格状的连续箱形梁刚性连接，并由四周四个核心筒和中心钢柱支撑整体结构。楼面钢箱梁高度为 1.6m，主梁下翼缘钢板厚度 100mm，上翼缘厚度为 80mm，两腹板厚度为 50mm，其他钢箱梁上下翼缘厚度均为 30mm，两腹板厚度均为 25mm，周边悬挑主梁中部由 2 道斜向拉杆支撑，拉杆上端与筒体上部的屋面钢箱梁连接。屋面结构由网格（7.5m×7.5m）状箱形钢梁组成，钢箱梁高度为 1.3m，主梁翼缘板厚度为 80mm，腹板厚度为 50mm，其他次梁截面与楼面层相同。方形结构中间四根组合柱通过六根转换大梁来支撑主梁。主楼钢结构平面图见图 3.5-1。

安装焊接变形控制要点为悬挑框架的外形尺寸和轴线直线度。由于构件刚度大，特厚

图 3.5-1 主体结构楼面平面图

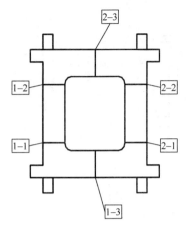

图 3.5-2　转换大梁轴向对称
焊接顺序图

板焊缝收缩量大，在控制变形的同时必须控制焊接应力，严防焊接裂纹的产生。

总体焊接顺序是由中心向四周施焊，即：中心转换大梁——十字形主梁——四周边框梁——主次梁——次梁。

根据结构各部分特点运用以下各种控制变形的焊接顺序：

（1）轴向对称焊接顺序

转换大梁如图 3.5-2 所示，为使大梁焊后保持正方形，用两人同时在同一轴线上对称焊接。

说明：数字"1-1"表示焊接顺序，其中第一个数字表示焊工编号，第二个数字表示焊接顺序编号，第二个数字相同的位置同时焊接。以下各图同此表示方法。

（2）多人同时轴心对称向四周扩展焊接顺序

十字形主梁如图 3.5-3 所示，为保持十字形主梁的轴线垂直度，由七名焊工从转换大梁轴心沿十字轴线向四周扩展焊接。由于主梁为特厚板组焊的箱形构件，为避免因焊接应

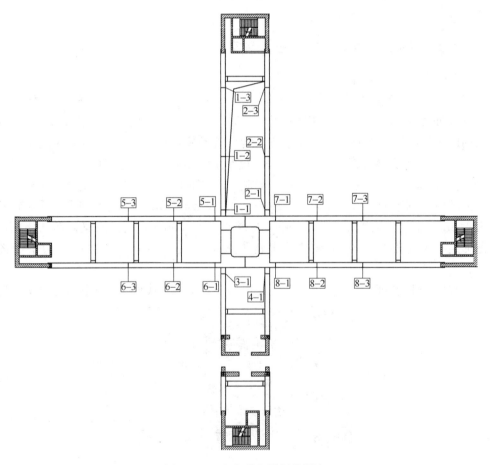

图 3.5-3　十字形主梁焊接顺序

164

力过大而产生焊接裂纹，未采用会增大焊接拘束度的跳焊顺序。

（3）以刚性核心筒为中心向两侧扩展的焊接顺序

四周边框梁采取以四周核心筒为中心向四角多人同时对称扩展焊接的顺序，如图3.5-4所示。

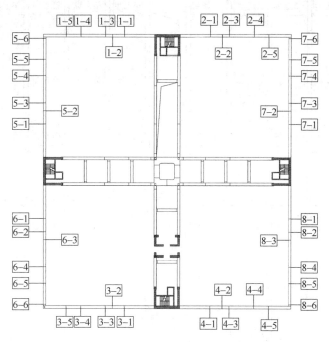

图3.5-4　边框梁焊接顺序

（4）按轴线对称跳焊以及每一轴线上所有牛腿同时焊接的顺序

主次梁焊接时，结构已形成框架体系，为使各轴线交点偏移均匀，避免残余应力集中，采取按轴线对称跳跃的焊接顺序，如图3.5-5所示（图中每步的焊接根据接头数量安排2～4名焊工同时进行焊接）。

（5）角对称分区焊接顺序

次梁数量多而焊接量大。根据现场条件分四区作业，如图3.5-6所示。在该步骤焊接过程中，一区与二区同时，三区和四区同时进行焊接作业。

为了尽量控制外框的形状，并避免收缩变形累积至一端使最后焊的次梁接口间隙过大，各分区内次梁焊接采取多人同时从外向内对称跳焊顺序。

主次梁两侧均有对称次梁的十字节点，安排一名焊工对称焊接同一节点，如图3.5-7所示。

结构焊后整体尺寸测量结果见图3.5-8所示，

（6）小结

综合运用对称、同时、交替轮换的焊接顺序使该重型封闭结构的焊接变形得到适当控制，最终整体形位满足《钢结构工程施工质量验收规范》GB 50205—2001的要求。相关工艺原则是保证同类结构焊接质量的重要措施，对其他钢结构工程有指导意义。

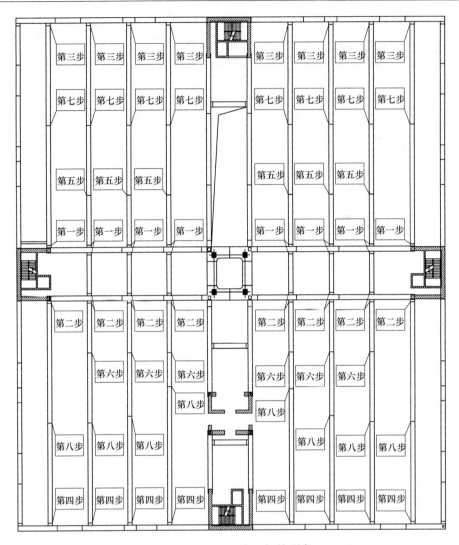

图 3.5-5　节间主次梁焊接顺序

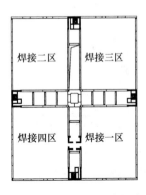

图 3.5-6　次梁焊接区域划分图

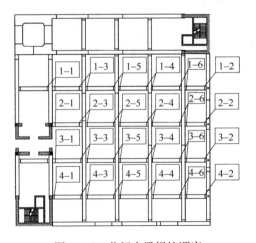

图 3.5-7　节间次梁焊接顺序

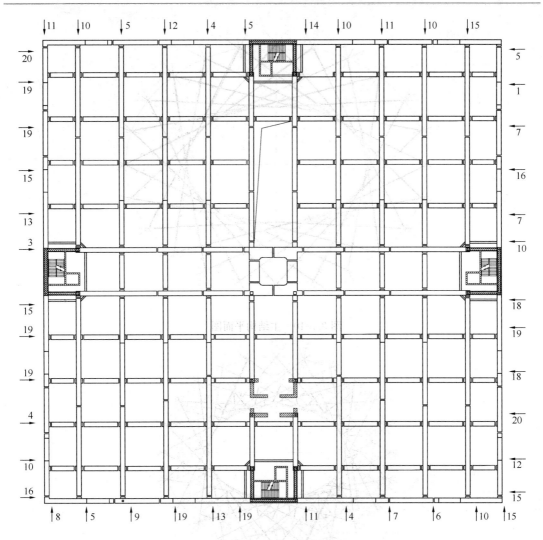

图 3.5-8　焊后测量结果

注：图中箭头表示焊接完成后结构整体平面弯曲方向。数值为钢梁顶部的位移矢量（mm）。

2. 大跨度交叉桁架空间钢结构（国家体育场钢屋盖）[10]

国家体育场钢屋盖结构由巨型交叉空间桁架主结构和以自然形态镶嵌其间的次结构组成，见图 3.5-9～图 3.5-11，桁架梁为空间扭曲薄壁箱形截面构件。安装焊接变形控制要

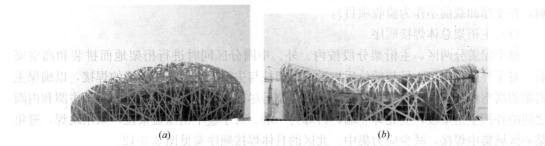

(a)　　　　　　　　　　　　　　　　　(b)

图 3.5-9　国家体育场钢结构外貌

(a) 西向立面；(b) 南向立面

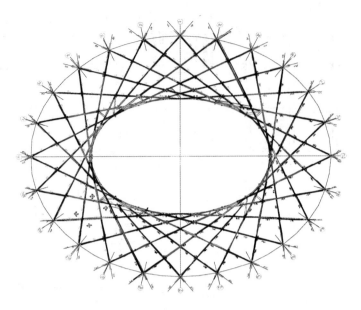

图 3.5-10　主结构平面图

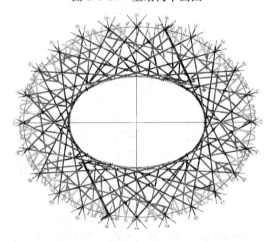

图 3.5-11　顶面次结构布置平面图

点为格构式组合桁架柱的垂直度（以垂直的内柱为检测和验收基准）、外环椭圆轴长度、节点位移以及桁架的直线度和立面垂直度（内环的椭圆轴长度因为受支撑卸载后下挠的影响，在支撑卸载前不作为验收项目）。

（1）主桁架总体焊接顺序

整个屋盖分两区，主桁架分段按内、外、中圈分区同时进行桁架地面拼装和高空安装。对于外圈主桁架，吊装就位后先进行桁架柱与主桁架之间连接焊缝的焊接，以确保主桁架的高空稳定。对于内圈主桁架，吊装就位后尽早与相邻桁架段相焊。对于中圈和内圈之间的补档主桁架段，应先焊一端，再焊另一端。对于整个钢屋盖来说，采用跳焊，避免某一区域集中焊接，减少应力集中。北区的具体焊接顺序参见图 3.5-12。

（2）立面次结构的焊接顺序

应与由下而上吊装构件的顺序一致，以便逐步形成局部稳固的空间结构确保施工安

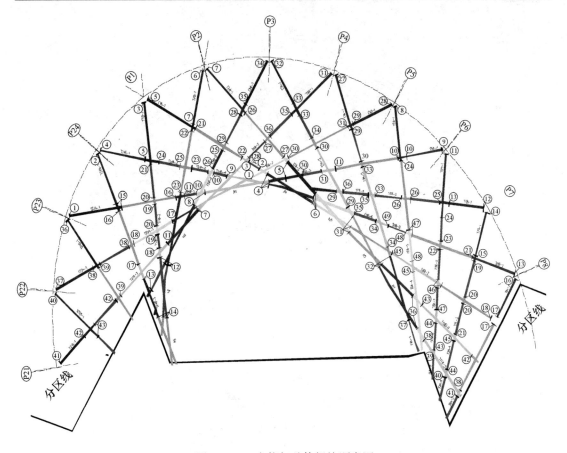

图 3.5-12　主桁架总体焊接顺序图

注：图中数字编号为接口的先后焊接顺序。数字编号相同的接口可同时进行焊接。

全，同时兼顾满足次结构形位的控制，见图 3.5-13。一般后面序号（上部）的杆件安装完成后形成刚性支撑，即可焊接前面序号（下部）的杆件。一个节点两侧的对称接口同时焊接。

（3）顶面次结构焊接顺序

应分区同时从内圈向外和从外圈向内施焊。由于顶面次结构不规则地布置在主桁架交叉所形成的多边形中，根据安装分段形成了多类不同杆件连接形式的次结构板块见图 3.5-14。尽管形式各不相同，但一致的规律是次结构杆件或交于主桁架节点，或与主桁架弦杆相交且呈直线延伸与相邻多边形板块对称，见图 3.5-15。这一规律决定了各次结构板块的焊接顺序原则，即首先考虑相邻多边形板块上与主桁架对称的两个次结构接口同时对称焊接，以利于焊后主桁架保持直线。其次，刚性较大的主结构与次结构端口的焊接应先与次结构杆件之间的焊接，使主结构的焊接变形控制至最小。

（4）桁架节点焊接顺序原则

1）主桁架上下弦接口同时焊接。

桁架分段高空对接应上下弦同时进行焊接，先焊完一端再焊另一端。每个接口由 2～4 名焊工同时对称施焊，并避免同时集中焊接一个区域。采用多层多道焊，先焊箱形截面的腹板对接焊缝，再焊翼板的对接焊缝，并对称施焊，以减少主桁架的焊接变形。

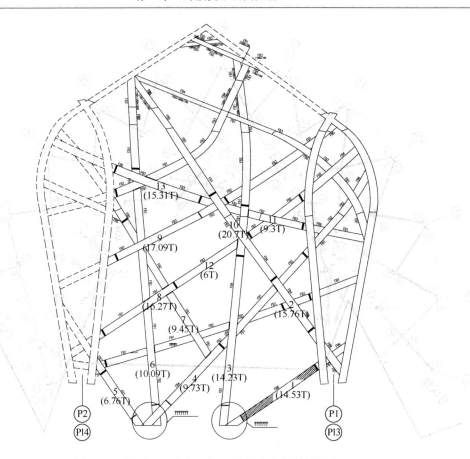

图 3.5-13 P1～P2 之间立面次结构安装与焊接顺序

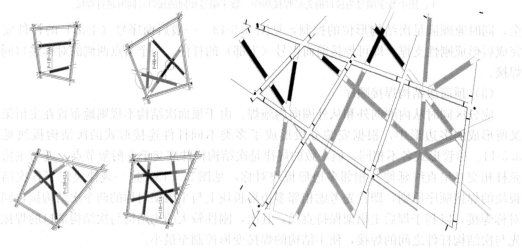

图 3.5-14 顶面次结构类型　　　　　图 3.5-15 顶面次结构相邻板块

2) 交叉角度小的桁架内环杆件同时施焊。

内环桁架分段上交叉角度小的杆件两端接口可以视为在同一方向上，其 2 个或 3 个接口应同时施焊，以使相邻接口保持正常的坡口间隙，见图 3.5-12 中序号④、⑥、⑦、⑫、⑭中圈桁架构件交叉角度较大或几乎成直角，应按常规焊接顺序施焊。

3）组合桁架柱三根单柱同标高的拼接节点同时、对称施焊。

桁架柱分段的安装焊接必须用多名焊工在三根单柱同时、对称施焊，以保持组合柱的垂直度。

4）节点两侧对称的接口同时对称焊接。

5）刚性较大的杆件/节点先焊。

结语：大跨度交叉桁架空间钢结构由于采取了以上多种控制焊接变形的技术措施，结构的形位精度达到了验收规程的要求。

3. 不规则空间网格组成的多面体刚架结构

国家游泳中心钢结构工程为跨度 176.5m×176.5m 的多面体刚架结构，墙体为两层，屋盖为三层不规则网格结构。节点空间位置无规则，杆件与球相贯角度复杂、多变、非标准化（见图 3.5-16、3.5-17）。屋盖与墙体构件刚性连接，结构整体尺寸精度与焊接变形直接相关。采用了分区拼装后合拢焊接的方案。分区方案见图 3.5-18。

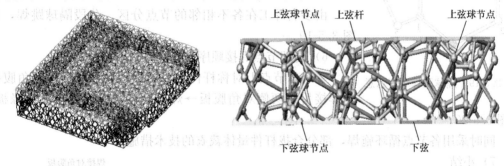

图 3.5-16 国家游泳中心多面体刚架结构   图 3.5-17 国家游泳中心刚架结构屋盖

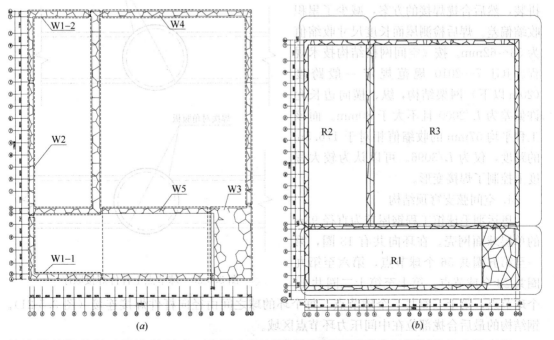

(a)   (b)

图 3.5-18 国家游泳中心钢结构外墙与屋盖安装分区方案

(a) 外墙分区图；(b) 屋盖分区图

1）外墙与屋盖分区焊接顺序

总体焊接顺序为：W1-1→W1-2→W2→W5→W4→W3，R1→R2→R3。

2）屋盖平面内焊接顺序

以屋盖下表面为控制基准向上表面延伸，焊接顺序为：屋盖下表面→屋盖上表面→屋盖中间层。

3）墙体焊接顺序

外墙体以四个角为控制基准向两侧安装延伸，分别至外墙体与内墙体T字形交叉处汇合。内墙体以两内墙T字形交叉处为起点向两侧延伸安装焊接。墙体高度方向安装焊接顺序保持阶梯状使局部稳定安全。

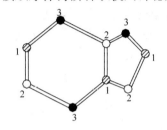

图 3.5-19　隔球跳焊顺序示意

4）墙体厚度方向焊接顺序

墙体外表面→墙体内表面→墙体中间层。

5）小单元体焊接顺序

由多名焊工在各不相邻的节点分区、分段隔球跳焊，见图 3.5-19。

6）局部节点焊接顺序

一个球节点上对称杆件同时施焊。焊接两杆件对角腹板→焊接另外两侧对角腹板→焊接下翼缘板→焊接上翼缘板，见图 3.5-20。

同时采用各节点循环施焊，部分合拢杆件量体裁衣的技术措施。

7）小结

不规则空间网格结构由于采用了分区拼装，然后合拢焊接的方案，减少了累积收缩偏差。焊后检测屋面长度尺寸收缩值为 53～62mm。按《空间网格结构技术规程》JGJ 7—2010 规范规定一般跨度（20m 以下）网架结构，纵、横向边长允许偏差为 $L/2000$ 且不大于 30mm。而该工程平均 57mm 的收缩值相对于 176.5m 的跨度，仅为 $L/3096$。可以认为较大程度上控制了焊接变形。

4. 空间弦支穹顶结构

奥运羽毛球馆工程钢屋盖为直径 93m 的单层球面网壳。在环向共有 13 圈，第一至第五圈共 56 个球节点，第六至第九圈共 28 个球节点，第十至第十二圈共 14

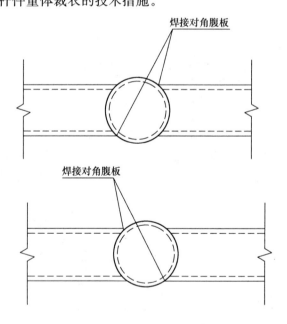

图 3.5-20　球节点上杆件焊接顺序

个球节点，第十三圈共 7 个球节点。每个环的球之间由径向杆件焊接连接（图 3.5-21）。钢结构的最后合拢部位在中间压力环节点区域。

张弦预应力索结构对节点位置精度控制的要求极高，为焊接变形与结构形位控制的重点。

安装是从外向内逐圈进行，如果随即逐圈焊接球-杆节点，必然产生较大的累积变形。以最外（1～5）圈为例，其环向杆件壁厚为 12mm，如节点不加强制拘束，以一个节点两个管口焊接收缩1mm 计算，最外圈 56 个节点环向收缩约 56mm，直径收缩约 18mm，即节点向内的径向位移约为 9mm，大于规范允许的 3mm 偏移量。由于钢屋盖外圈球节点固定于支座，圆周直径无法采用放大预

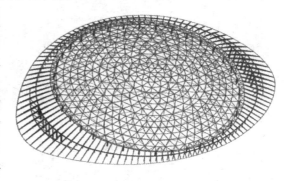

图 3.5-21　钢屋盖网壳结构三维图

留收缩裕量的措施，需采取圆周方向分四段，由八对焊工逐个节点焊接，然后合拢焊接的措施（图 3.5-22、图 3.5-23）。同时采取使球与基座刚性固定，径向杆件则隔圈跳焊以分散焊接变形，对称于球两侧的杆件接口同时焊接以减小节点的径向位移。

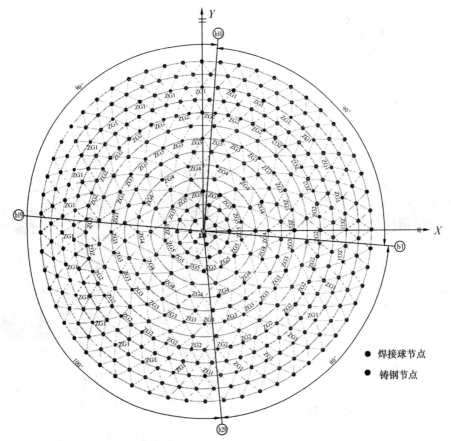

图 3.5-22　北京工业大学羽毛球馆屋盖网格平面图

小结：球-管结构形式的刚性较小，可以采取球与基座刚性固定的方法限制焊缝收缩变形及节点位移，径向杆件则采用隔圈跳焊、对称焊接，以分散焊接变形的方法，取得了较好的效果。

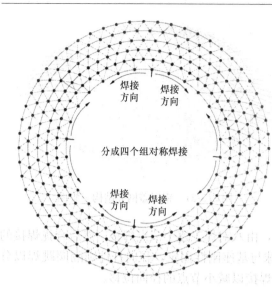

图 3.5-23　北京工业大学羽毛球馆
钢结构屋盖总体焊接顺序

3.5.2　超高层钢结构工程施工焊接变形控制

1. 工程概况（实例一、二、三）

（1）北京国贸三期钢结构工程概况（实例一）[22]

北京国贸三期钢结构用钢量约 5 万吨，地下三层，地上 74 层，结构高度 330m。结构分为核心筒和外框筒，核心筒巨型组合柱与实腹式工字形钢梁及支撑形成框架。核心筒柱—柱之间用钢板墙和斜撑连接，单钢板墙采用高强度螺栓连接，双钢板墙采用焊接连接。核心筒四个角的位置在地下三层有双钢板墙，双钢板墙最高可达 17m，双钢板墙与钢柱焊接连接。核心筒内钢柱截面由多个工字形、箱形、T 形及其他形状组成。外框筒为平面削角正方形，在 6-7 层、28-29 层、54-55 层、69-74 层设四道腰桁架，在 28-29 层以及 54-55 层腰桁架顶和底与核心筒有 8 道和 16 道伸臂桁架相连，伸臂桁架为箱形截面。图 3.5-24 为主楼轴测图。

（2）天津津塔钢结构工程概况（实例二）[23]

天津津塔建筑高度 336.9m，地下 4 层，地上 75 层。主塔楼结构设计采用钢管混凝土柱框架＋纯钢板剪力墙＋外伸刚臂及带状桁架抗侧力体系。核芯筒内部平面共布置了 15 块钢板剪力墙，钢板厚度最厚为 32mm，最高安装高度达 F54 层（＋236.5m）。内外框筒采用钢管混凝土柱框架，平面共布置了 55 根钢管混凝土柱，钢管柱最大直径 1700mm，最小直径 600mm，钢管壁厚最厚 70mm，钢管柱内隔板众多，尤其是与钢板剪力墙和伸臂桁架相接部位节点复杂。津塔塔楼内框立面（左）及纵向剖面（右）见图 3.5-25。

（3）深圳平安金融中心钢结构工程概况（实例三）[24]

地下 5 层，共 118 层，主体结构高度为 558.45m，塔楼为"巨型斜撑框架—核心筒—外伸臂"抗侧力体系，塔楼的中心为"钢

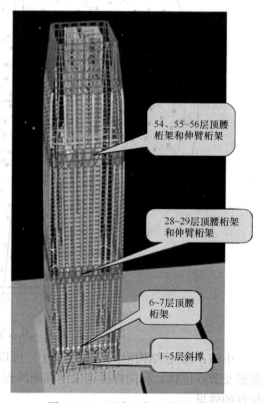

54、55~56层顶腰桁架和伸臂桁架

28~29层顶腰桁架和伸臂桁架

6~7层顶腰桁架

1~5层斜撑

图 3.5-24　国贸三期主楼轴测图

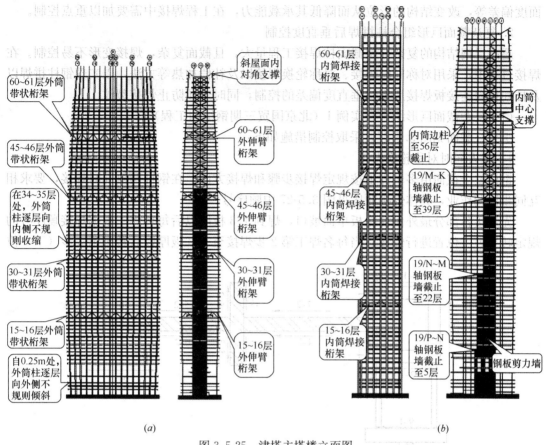

图 3.5-25 津塔主塔楼立面图
(a) 外框立面 (左) 及横向剖面 (右); (b) 内框立面 (左) 及纵向剖面 (右)

骨—劲性混凝土"核心筒，外框采用 8 根巨型钢柱、7 道巨型斜撑和 7 道巨型环带桁架和角部桁架构成，沿建筑物高度上设置 4 道巨型外伸臂桁架将心筒和外框结构共同组成建筑物承载体系 (图 3.5-26)。

地下室核心筒钢结构包括 4 根箱形柱、42 根 H 形暗柱、5 层 H 形钢连梁和钢板剪力墙（钢板墙自底板起至 L12 层）。核心筒外框分布有 8 根巨型组合截面钢柱，巨型钢柱截面尺寸为 5600mm×2300mm，由 16 块厚钢板组焊而成。地上钢结构包括外框巨型钢骨柱、伸臂桁架、带状桁架、角部桁架、巨型支撑和 V 形撑、外框楼面钢梁和核心筒钢骨柱等。

超高层钢结构工程安装焊接变形的产生易于引起结构平面轴线偏移、结构整体垂直度及平面度偏差、楼层标高误差、钢柱垂直度及钢板墙平

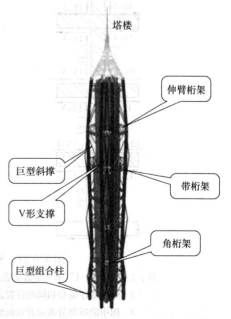

图 3.5-26 平安金融中心塔楼内外筒

175

面度偏差等，改变结构的形位从而降低其承载能力，在工程焊接中需要加以重点控制。

2. 复杂截面巨形组合柱拼焊后垂直度控制

超高层钢结构的复杂异型截面柱焊接工程量大，且截面复杂，焊接变形不易控制。在焊接过程中，采用对称同时焊接、对称轮换焊接以及补偿加热等方法，以实现钢柱拼焊以及柱间横向连接板焊接后钢柱垂直度偏差的控制，同时兼顾防止焊接裂纹。

(1) 复杂截面巨形组合柱实例 1（北京国贸三期钢结构工程）

组合柱截面见图 3.5-27，采取控制措施如下：

1）多人同时对称轮换焊接

钢柱整个截面由多名焊工按规定焊接步骤和焊接方向，在钢柱两侧同时焊接，要求相互同步协调作业，具体焊接顺序见图 3.5-27 中顺序号。

先焊接各部分最外侧翼缘板单面坡口，焊到 1/3 板厚以后每名焊工根据焊接顺序号的规定转至另一位置进行焊接，当每名焊工第 2 步焊接至 1/3 板厚以后转至第 3 步（下一位

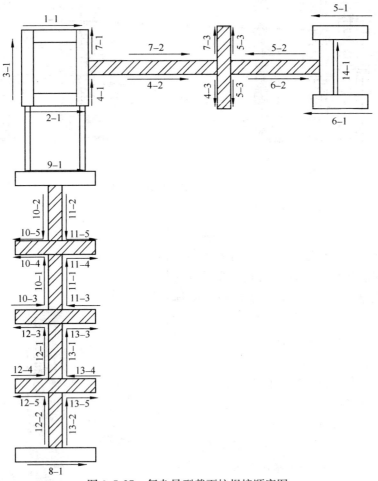

图 3.5-27　复杂异型截面柱焊接顺序图

注：1　图中"1-1"第一个数字表示焊工编号，第二个数字表示焊接顺序编号；
　　2　焊接顺序编号相同的位置表示同时进行焊接；
　　3　图中阴影部分表示开双面坡口的位置；
　　4　图中的箭头表示焊工的焊接方向。

置）焊接，如此反复循环焊接。双面坡口的一侧焊接至 $t/3$（t 为翼缘板厚）之后进行反面清根打磨，再进行双面坡口另一面焊接。为了保证钢柱各个面焊接的同步，焊接量少的焊工应注意适当保持与焊接量多的焊工同步。

2）非对称的安装焊接接口，反向预留收缩偏移量及补偿加热

受到运输条件及塔吊起重量等因素的限制，在核心筒某些组合柱的两根单柱之间采用钢板横向连接，其中连接板一侧在加工厂焊接完成，另一侧在现场安装位置焊接如图 3.5-28 所示。

安装焊接时为了防止因连接板单侧焊收缩变形造成柱子向内侧倾斜，将钢柱在安装校正时向外侧（焊接收缩相反方向）偏移一定距离，或对工厂已焊接侧不小于 300mm 区域进行补偿加热。

结语：根据结构及不同构件特点，采用对称同时焊接、非对称时补偿加热、长焊缝分段退焊，通过焊接过程的监控和焊后测量，钢柱焊后的垂直度可满足规范及设计要求。

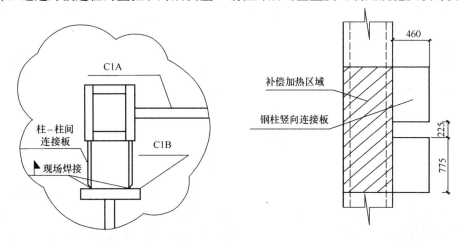

图 3.5-28　柱—柱竖向连接板示意及补偿加热区域图

（2）复杂截面巨型组合柱实例 2（深圳平安金融中心钢结构工程）[24]

图 3.5-29、图 3.5-30 为组合柱布置及外形示意图，图 3.5-31 为巨型柱安装拼焊示意图，其安装拼焊坡口方向见图 3.5-32。

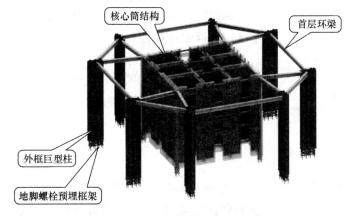

图 3.5-29　核心筒及外框巨型柱布置

图 3.5-30　巨型钢柱示意图

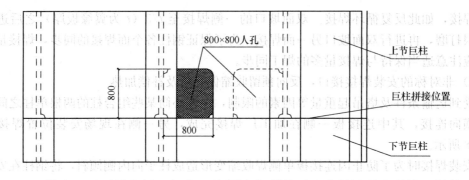

图 3.5-31　巨型柱安装拼焊示意图

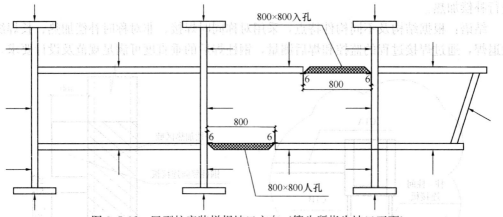

图 3.5-32　巨型柱安装拼焊坡口方向（箭头所指为坡口正面）

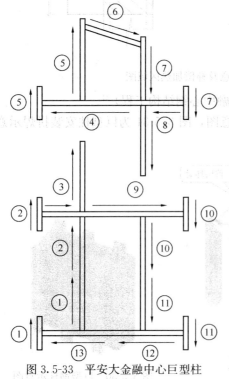

图 3.5-33　平安大金融中心巨型柱
焊接顺序图（箭头方向为俯视）

巨型柱安装拼焊采取变形控制措施如下：

1）多人同时对称轮换焊接

焊接时共安排 13 名焊工同时操作，焊接过程须遵循同步对称原则（图中每个序号位置代表一名焊工，箭头所指方向为焊接方向；其中 3、4、8、9 号焊工作业量较大，需加快速度才能与其他焊工同步）。待巨柱对接横焊缝焊接完成且检测合格后，再焊接巨柱两侧预留人孔封板。见图3.5-33平安金融中心巨型柱焊接顺序。

2）巨柱预留人孔封板的对称分层焊接

要求按图 3.5-34 所示顺序在孔洞每边焊接 1/3 板厚后四边轮流施焊；巨柱两侧的入孔同时施焊。

3. 桁架安装焊接形位控制

（1）桁架焊接顺序实例 1（北京国贸三期钢结构）[22]

柱—梁焊接顺序：首先焊接顶层钢梁，在形成稳定的立体框架体系之后进行钢柱对接焊接，然后依次焊接底层、中间层钢梁，如图 3.5-35

178

信息以供后续施工工艺优化分析。为减少大热输入带来的焊接残余变形，可调整焊接顺序，为了电焊接操作由下榻接焊转为俯榻接焊，下段钢接缝采，在需要时在背设置预留焊接收缩量，间隔收缩变化，[图 3.5-35 所示的焊接顺序进行焊接，前图 1 和 1′焊缝焊接，其中需。

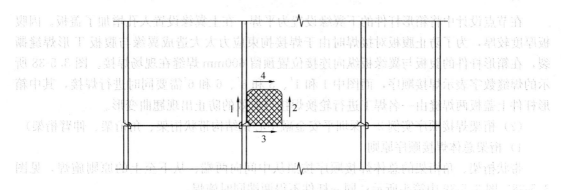

图 3.5-34 巨柱预留人孔封板的焊接顺序

所示。

伸臂桁架焊接顺序：如图 3.5-36 所示，弦杆焊接完成后，上弦与两斜腹杆的对称接口同时焊接，其次焊接斜腹杆与外框柱牛腿，最后焊接斜腹杆与核心筒柱牛腿。

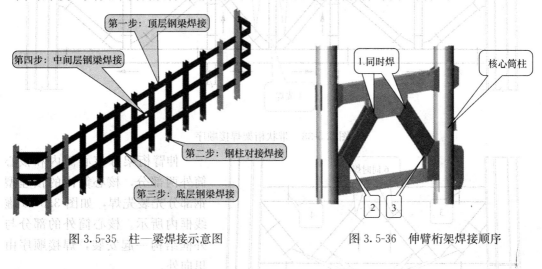

图 3.5-35 柱—梁焊接示意图　　　　图 3.5-36 伸臂桁架焊接顺序

津塔的伸臂桁架为箱形截面，钢板厚且焊缝数量多。为了消减外框筒和核心筒压缩沉降不同对杆件内应力的影响，伸臂桁架斜腹杆安装时采用销轴铰接节点（见图 3.5-37），延迟至结构封顶之后焊接伸臂桁架斜腹杆。

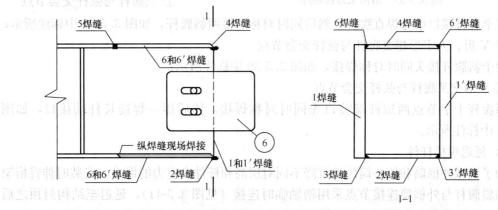

图 3.5-37 津塔钢结构伸臂桁架连接节点焊接顺序图（6 号零件为临时连接板）

在节点设计中将箱形杆件的下翼缘设置为平焊，在上翼缘设置人孔增加了盖板。因腹板厚度较厚，为了防止腹板对接焊时由于焊接拘束应力太大造成翼缘与腹板 T 形焊缝撕裂，在箱形杆件的腹板与翼缘板纵向连接位置预留 600mm 焊缝在现场焊接。图 3.5-38 所示的焊缝数字表示焊接顺序，而图中 1 和 1'、3 和 3'、6 和 6'需要同时进行焊接，其中箱形杆件上盖板两焊缝由一名焊工进行轮换焊接可有效的防止出现翘曲变形。

（2）桁架焊接顺序实例 2（深圳平安金融中心钢结构带状桁架、角桁架、伸臂桁架）

1）桁架总体焊接顺序原则

带状桁架、角桁架的总体焊接顺序按照从中间向两端、从下至上的原则施焊，见图 3.5-38、图 3.5-39 中箭头所示；同一杆件不得两端同时施焊。

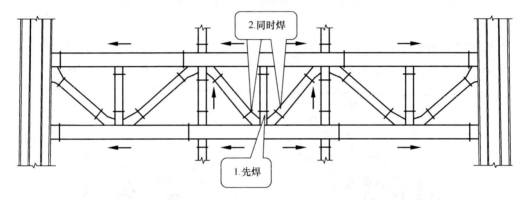

图 3.5-38　带状桁架焊接顺序

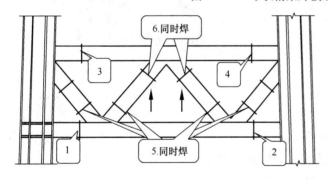

图 3.5-39　角桁架焊接顺序

伸臂桁架分核心筒内和核心筒外两部分，核心筒内的预埋型钢部分先装先焊，如图 3.5-40 虚线框内所示。核心筒外的部分与外框结构一起安装，焊接顺序由里向外。

2）桁架单个节点焊接顺序原则

① 三腹杆与弦杆交会节点

三个腹杆接口中先焊直腹杆，然后同时对称焊接两斜腹杆，如图 3.5-38 中标注所示；

② V 形、人字形相交腹杆与弦杆交会节点

两个斜腹杆接头同时对称焊接，如图 3.5-39 中标注所示；

③ X 形交叉腹杆与弦杆交会节点

斜腹杆十字节点两短杆端接口先同时对称焊接，然后逐一焊接长杆端接口，如图 3.5-40 中标注所示。

3）延迟焊接杆件

为了消减外框筒和核心筒压缩沉降不同对层高和杆件内应力的影响，安装时伸臂桁架弦杆和斜腹杆与外框筒连接节点采用销轴临时连接（见图 3.5-41），延迟至结构封顶之后再焊接。

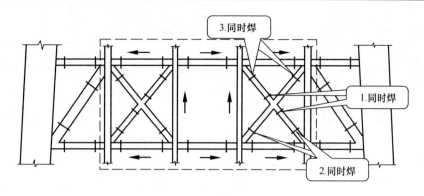

图 3.5-40　伸臂桁架焊接顺序（虚线框内为核心筒）

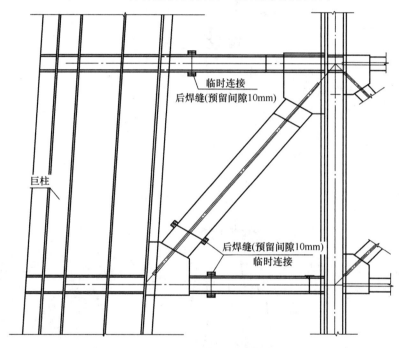

图 3.5-41　伸臂桁架弦杆和斜腹杆的销轴临时连接节点

4. 巨型斜撑安装焊接形位控制

铸钢巨型斜撑的材质、截面形式与分段尺寸见

V 形斜撑中的铸钢件节点分成 2 段吊装，现场焊接时，由 4 名焊工同时对称施焊，其分段和焊接顺序如图 3.5-42、图 3.5-43 所示。

巨型支撑延迟焊接口临时连接措施见图 3.5-44。

5. 钢板剪力墙焊接变形控制

超高层抗震钢结构建筑中，在底层核心筒内柱—柱之间设置钢板墙作为抗侧力体系。由于钢板墙面积大，板厚大时焊缝熔敷量大，板厚薄时刚度小，控制措施不当时均易于产生焊接变形，直接影响结构抗侧力体系的作用，因而钢板墙焊接变形控制是超高层抗震钢结构形位控制的重要项目之一。

（1）钢板剪力墙实例 1（北京国贸三期钢结构工程）

铸钢件编号	铸钢材质	使用部位	最大截面尺寸	焊接材质
ZG1	G20Mn5QT	L11层V型撑	B1400×1400×200×200	G20Mn5QT-G20Mn5QT

焊接接头形式如下：

焊缝部位	焊缝截面示意图	截面尺寸
ZG1分段截面	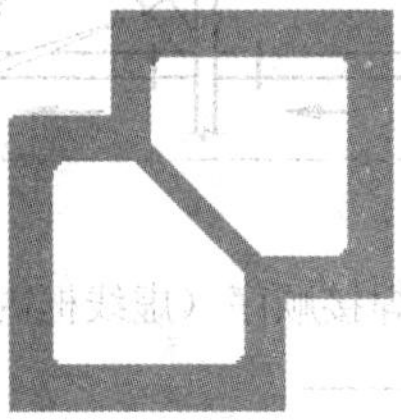	B1400×1400×200×200
ZG1三维轴测图	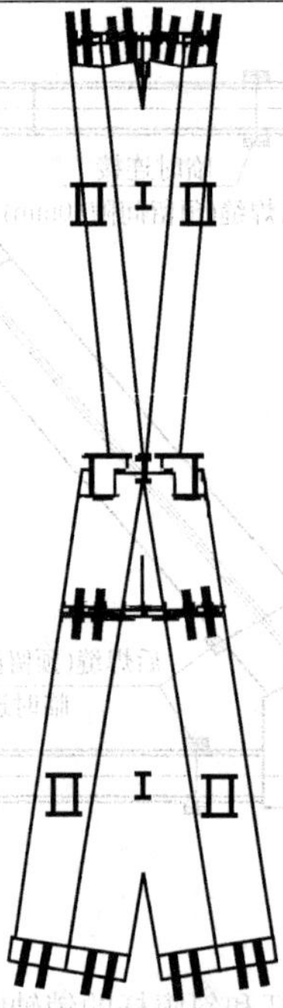	

图 3.5-42　巨型斜撑安装焊接分段形式

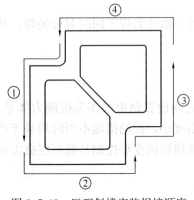

图 3.5-43　巨型斜撑安装焊接顺序

北京国贸三期钢结构钢板墙分为单钢板墙和双钢板墙，单钢板墙连接采用高强度螺栓连接，双钢板墙连接采用焊接连接（见图 3.5-45）。

超长厚钢板墙焊接易产生焊接裂纹或造成钢板墙翘曲，应采用多人同时分段倒退的焊接方法（见图 3.5-46），每段长 1.0～1.5m，不仅可以均化焊接应力，而且可以有效控制焊接变形。双钢板墙同一侧的两条单面焊缝应同时进行焊接。

（2）钢板剪力墙实例 2（天津津塔钢结构工程）[25]

天津津塔办公写字楼 75 层，高度 336.9m，在钢管

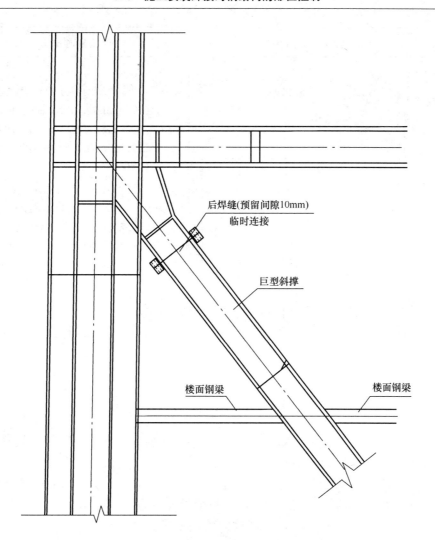

图 3.5-44 巨型支撑延迟焊接口临时连接措施

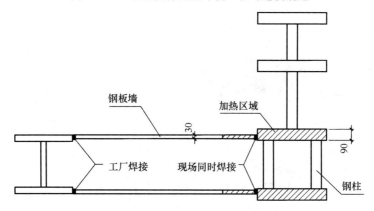

图 3.5-45 钢板墙与钢柱焊接

混凝土柱、钢梁之间采用钢板剪力墙抗侧力结构。钢板墙总高度 256.08m，共 63 层，地上高度 236.38m，直至地上 54 层。钢板墙采用 18～32mm 厚 Q235C 钢板，用钢量 4000t。

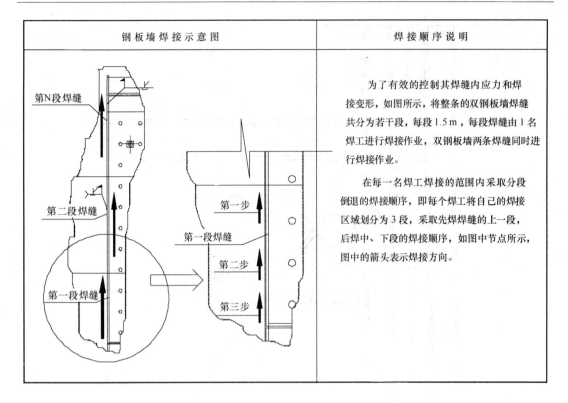

钢板墙焊接示意图	焊接顺序说明
第N段焊缝　第二段焊缝　第一段焊缝　第一步　第二步　第三步　第一段焊缝	为了有效的控制其焊缝内应力和焊接变形,如图所示,将整条的双钢板墙焊缝共分为若干段,每段 1.5m,每段焊缝由 1 名焊工进行焊接作业,双钢板墙两条焊缝同时进行焊接作业。 在每一名焊工焊接的范围内采取分段倒退的焊接顺序,即每个焊工将自己的焊接区域划分为 3 段,采取先焊焊缝的上一段,后焊中、下段的焊接顺序,如图中节点所示,图中的箭头表示焊接方向。

图 3.5-46　钢板墙分段倒退焊接方法

　　钢板墙与上层钢梁设计为一体在工厂焊接以便于安装,钢板墙与钢管柱纵肋伸出段采用双面连接盖板角焊缝连接,钢板墙与下层钢梁采用单面坡口 T 形对接焊(见图 3.5-47)。标准层钢板墙与钢柱连接板竖向立焊缝长度均为 3.4m,水平方向横焊缝长度为 3.3~6.6m。桁架层钢板墙与钢柱连接板竖向立焊缝长度均为 1~2.4m,钢板墙与斜撑杆斜向焊缝长度为 2.3~4.4m,水平方向横角焊横角焊长度为 2~5m。

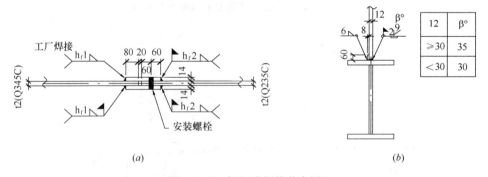

12	$\beta°$
≥30	35
<30	30

图 3.5-47　钢板墙焊接节点图

(*a*) 与柱连接节点俯视图;(*b*) 与梁连接节点侧视图

　　1)伸臂桁架区立面钢板墙焊接顺序

　　伸臂桁架区立面方向钢板墙布置见图 3.5-48,焊接顺序为由下层逐层向上。

　　2)同层内钢板墙焊接顺序

　　根据钢板墙平面布置为鱼骨状的特点,其焊接从结构平面中心向四向扩展,并按

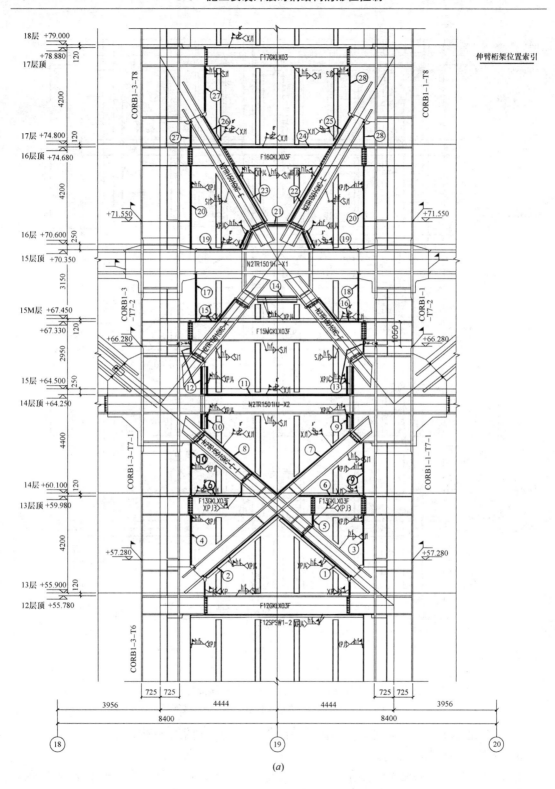

图 3.5-48 伸臂桁架区钢板墙立面方向焊接顺序（一）

（a）TR-1501（1504）桁架区钢板墙立面方向焊接顺序

185

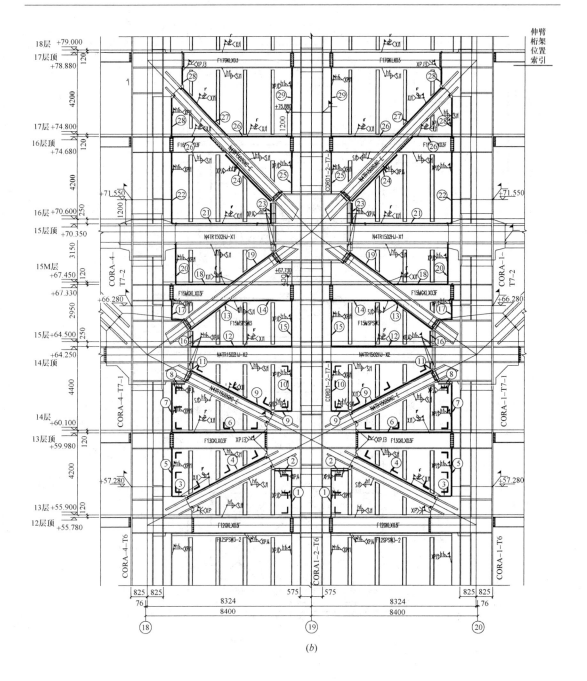

图 3.5-48　伸臂桁架区钢板墙立面方向焊接顺序（二）

(b) TR-1502（1503）桁架区钢板墙立面方向焊接顺序

图 3.5-49 中编号顺序，横向对称、纵向隔跨跳焊，避免单侧集中施焊。

3）单片钢板墙焊接顺序

根据设计要求，钢板墙焊接滞后于上部主体混凝土结构 15 层，滞后于钢结构 30 层，钢板墙焊接部位 H 形钢梁已承受部分荷载。

① 标准层钢板墙焊接顺序

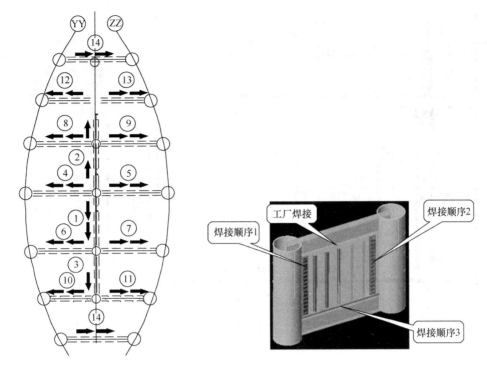

图 3.5-49 同层钢板墙焊接顺序图　　　　图 3.5-50 单片钢板墙焊接顺序

横焊缝为钢板墙与 H 形焊接钢梁的上翼缘之间的 T 形对接单面坡口熔透焊缝，焊缝长而且单面坡口焊接变形较大；立焊缝为钢板墙与钢柱连接板双面盖板搭接角焊缝，长度比横焊缝短而且搭接焊缝的收缩对钢板的影响相对于对接焊缝小。从控制变形考虑，宜先焊立焊缝，后焊横焊缝，如图 3.5-50 所示。

立焊缝长度近 4m，分为 6 段，采用双人分段倒退焊，在每段 500mm 的立焊缝范围内自下向上焊接。整条焊缝范围内采用跳焊，其焊接顺序为：①段焊缝焊接 1/3 后，焊接③段焊缝 1/3，然后是⑤段、②段、④段、⑥段，依次顺序焊完一侧的立焊缝，再以同样的顺序焊接另一侧的立焊缝（图 3.5-51）。

横焊缝长度较长（3.3～7m），采取多人从中心向两边对称分段同时焊接，如图 3.5-50 所示。焊接顺序为 1、3、5 和 7、9、11 同时对称焊接，焊接完 1/3 后，2、4、6 和 8、10、12 同时对称焊接，焊接完 1/3 后，1、3、5、7、9、11 焊接到焊缝高度的 2/3，依次顺序直至将横焊缝焊完。

② 伸臂桁架层钢板墙焊接顺序

伸臂桁架层钢板墙因桁架斜腹杆和节点板而分割成缺角的三角形，受边框约束较大，变形倾向较小，从控制焊接应力预防焊接裂纹考虑，宜先焊单面坡口对接横（斜横）焊缝，后焊立焊缝，如图 3.5-52 所示。

（3）钢板剪力墙实例 3（深圳平安金融中心钢结构工程）

钢板墙分布在主楼 B5 ～ 12 层，板厚为 12 ～55mm，钢板剪力墙内分布有暗柱，暗梁等。钢板墙竖向共分为 8 节，平面内分为 162 片，单片最大长度为 14.9m，宽度为 4.8m。板厚大于 30mm 的钢板，竖缝采用双面坡口对接熔透焊，厚度 30mm 以下的钢板，

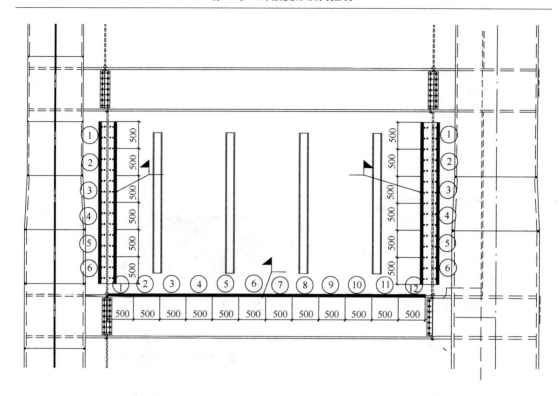

图 3.5-51　钢板墙超长焊缝分段焊接

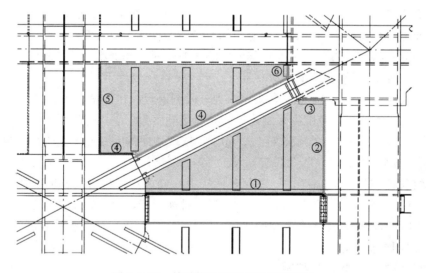

图 3.5-52　伸臂桁架层钢板墙焊接顺序

竖缝采用高强螺栓连接。横缝采用双面坡口和单面坡口形式焊接。

　　1）总体焊接顺序

　　钢板墙分布及总体焊接顺序如图 3.5-53 所示。

　　2）钢板墙竖向焊缝平面焊接顺序

　　根据塔式起重机平面位置及钢板墙框形分布的特点，将钢板墙焊接分 4 个施工区。

图 3.5-54 所示为 1～6 层钢板墙立焊缝平面分布及焊接顺序图（其他拼接处为螺栓连接）。

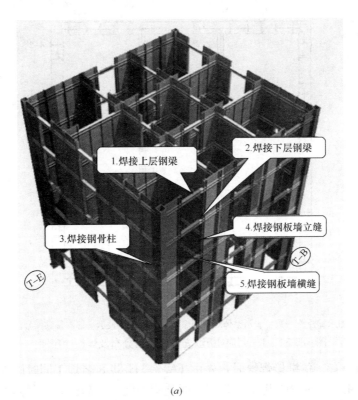

(a)

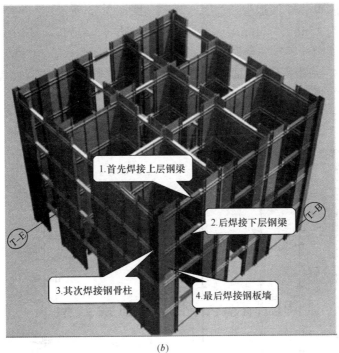

(b)

图 3.5-53 钢板墙分布及结构总体焊接顺序

(a) 钢板墙横向、竖向均为焊接连接时；(b) 钢板墙竖向栓接，横向为焊接连接时

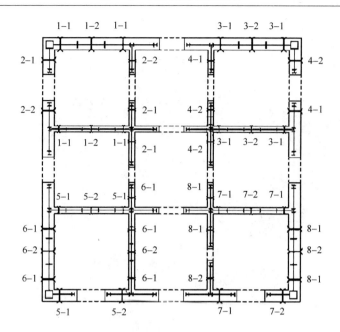

（图示标注前一数字表示整体焊接顺序号，后一数字表示局部焊接顺序号。）

图 3.5-54 1～6 层钢板墙立焊缝平面分布及焊接顺序图

钢板墙立面上有三条拼接焊缝时，先由 1A ～ 1H 共 8 名焊工同时施焊两侧的 2 条立焊缝，焊完后再由 2A ～ 2D 共 4 名焊工同时施焊中间的立焊缝，相邻两焊缝不允许同时施焊。每个人的施焊分 3 段退焊，如图 3.5-55、图 3.5-56 所示[26]。

竖焊缝板厚为 45mm、55mm，采用双面坡口多层、多道焊，并用多人分段退焊，同时采取加密卡具的刚性固定防变形措施。

双面坡口的焊接顺序为先正面焊一半，然后反面清根、焊接，反面焊接完成后，再焊接完成正面余下的焊缝。

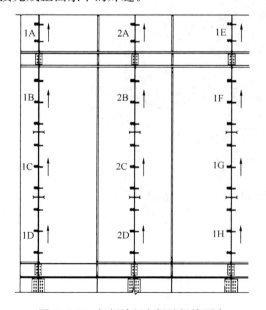
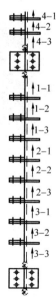

图 3.5-55 钢板墙竖向焊缝焊接顺序　　　图 3.5-56 竖向焊缝 4 人同时分区退焊顺序

3）钢板墙横向焊缝焊接变形控制措施

由于钢板墙焊缝长，焊接量较大，单面坡口在焊接过程中易产生焊接变形，可采取以下措施：

① 分区多人同时对称施焊

核心筒钢板墙划分为 4 个区，每个区横焊缝由 16 名焊工按图 3.5-57 所示位置同时施焊，同一节次 4 个分区分别焊接完成后向上继续焊接。单面坡口分段异向交替开设。

② 单面坡口方向交替开钢板墙横焊缝采用单面坡口，焊缝坡口交替开在钢板墙的两侧，每段长度 1.2m。坡口分 3 段交替时，应按先两边后中间原则施焊。

③ 单面坡口加厚垫板以增强刚性。

单面坡口选用 110mm × 10mm 衬垫板，有增强刚性作用，以预防焊接变形。

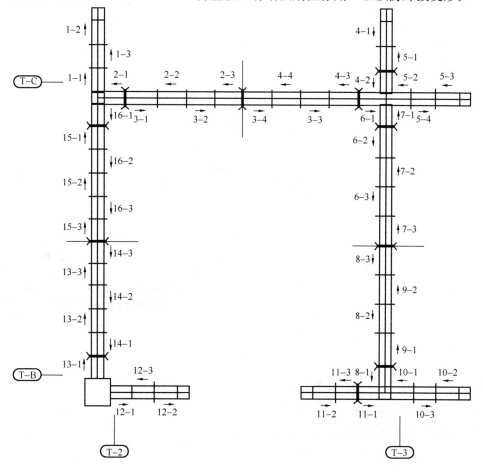

图 3.5-57 A1 分区横焊缝坡口开设方向及焊接顺序

注：图中标注前一数字表示焊工编号，后一数字表示该焊工焊接顺序号；箭头指向施焊方向。

（4）小结

多个超高层钢结构工程实践证明，按照先焊拘束度大变形倾向小的焊缝，后焊拘束度小变形倾向大的焊缝；长焊缝由多人分段退焊；厚板采用双面坡口对接焊或双面盖板搭接焊；中薄板采用单面坡口对接焊时开设分段异向坡口以及多层多道焊接的基本方法，是大

191

面积全封闭强约束钢板墙焊接控制变形的基本保证。以上方法措施可供类似工程施工借鉴和应用。

3.5.3　大跨度钢桥焊接变形控制实例

1. 正交异性钢箱梁 U 形肋桥面板焊接双反变形控制（美国奥克兰新海湾大桥）[27]

新海湾大桥有两组正交异性钢箱梁（OBG）组成，两者之间由横梁联系，钢箱梁内有纵、横向加劲肋。其典型车间制作尺寸为 15m×3m，板厚 14mm。图 3.5-58 为桥身示意图。

桥面板的面积大，板薄，焊后以产生弯曲与翘曲变形，新海湾大桥采用了纵、横双向反变形的控制方法。

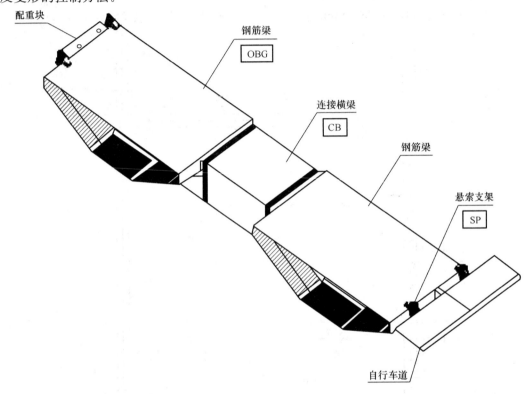

图 3.5-58　正交异性板钢箱梁（OBG）示意图

（1）U 形肋桥面板纵向反变形控制

在 U 形肋和桥面板在胎架上装配时，面板下长度方向两端垫 30mm 厚的垫块，采用模板定位，以 100 吨配重压紧后装配定位焊，见图 3.5-59。每隔一米设一个控制点，装配时竖向反变形控制量如表 3.5-1 所示。

U 形肋板装配时纵向变形控制量　　　　　　　　　　　　　表 3.5-1

测点位置		H1	H2	H3	H4	H5	H6	H7	H8	H9	H10	H11
竖向装配控制值 （mm）	板 1	30	26	21	15	10	11	10	15	21	26	30
	板 2	30	25	19	13	10	10	10	13	19	25	30
	板 3	30	26	20	13.5	10	10	10	13.5	20	26	30

（2）桥面板横向反变形控制

装配好的 U 形肋桥面板放在反变形控制胎架上，板边用 C 形卡具与胎架固定，通过胎架横向模板实现 U 形肋桥面板的横向反变形。通过调节胎架横向模板在纵向的高低差实现纵向反变形。两方向反变形均调整到预定值时，采用多头门式 U 形肋焊机焊接（GMAW 打底，SAW 盖面），见图 3.5-60、图 3.5-61。U 形肋板在反变形胎架上纵向变形控制量见表 3.5-2。

图 3.5-59　U 形肋桥面板装配时的纵向变形控制装置　　图 3.5-60　反变形胎架和多头门式焊机

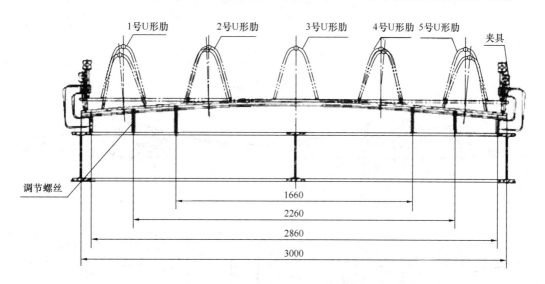

图 3.5-61　反变形胎架横截面示意图

U 形肋板在反变形胎架上纵向变形控制量　　　　　　　　　表 3.5-2

测点位置	H1	H2	H3	H4	H5	H6	H7	H8	H9	H10	H11
装配控制值（mm）	20	16	10	3.5	0	0	0	3.5	10	16	20

（3）U 形肋焊接顺序

采用分散、对称跳焊法，最佳焊接次序为先焊第 1、3、5 号肋，后焊 3、4 号肋。

（4）双向反变形控制效果

沿 10m 长边方向最大变形量为 4.5mm，沿 3m 短边方向最大变形量为 3mm。采用双反变形控制与传统方法焊接的 U 形肋板焊后实际变形量比较如图 3.5-62 所示。

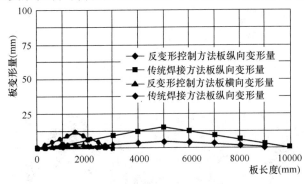

图 3.5-62 双反变形控制与传统方法焊接的 U 形
肋板焊后变形量比较

由图 3.5-62 可见，双反变形控制比传统方法焊接的 U 形肋板焊后变形量降低了约三分之二。

小结：U 形肋板焊接应用双反变形控制的焊后变形量比传统方法大幅减少，不需再火工矫正，可提高功效、节约能源，取得了良好效果，值得借鉴并在同类桥梁制造中应用。

2. 分体式钢箱梁整体组拼焊接变形控制（西堠门大桥）[28]

西堠门大桥为主跨 156 /F 的双塔双索面非对称式两跨连续钢箱梁悬索桥，采用扁平流线型分体式双箱断面，其钢箱梁由两个分离的六边形封闭钢箱和横向连接箱梁构成。钢箱梁吊点部位为箱形横梁，其余部位为工形横梁，边箱梁与连接横梁之间采用全焊接连接。钢箱梁通过焊于其上的锚箱耳板与主索拉杆连接。全桥概貌和钢箱梁断面如图 3.5-63 所示，钢箱梁节段结构如图 3.5-64 所示。其组焊工艺合理与否对箱体的几何尺寸影响很大。

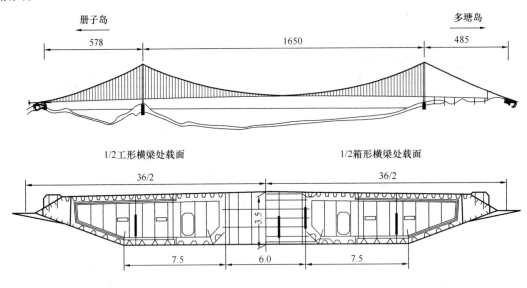

图 3.5-63 全桥钢箱梁断面示意图（m）

分体式钢箱梁组焊变形控制措施如下：

（1）控制制作精度，并对箱梁横断面预设拱度。

由于钢桥箱梁横断面刚性较弱，制造精度控制是关键，因此制作时在分体式箱梁横断面预设拱度，保证钢箱梁节段在吊索作用下不产生过大的横桥向下挠。

（2）设置统一的组装基准

在整体划分制造单元时，先确定整体组焊的统一基准。根据钢箱梁结构形式及整体组装工艺将以下基线定为主基线：4 条测量塔纵基线、梁段整体横基线（即梁长分中线）、梁段断面高度水平基线、单元块纵基线和竖基线、锚箱单元纵横基线，见图 3.5-65。其他板件及单元件组装时，采用依照主基线定位生成的自身基线，由此可以控制分体式钢箱梁的零件、部件、整体三个环节统一的定位、

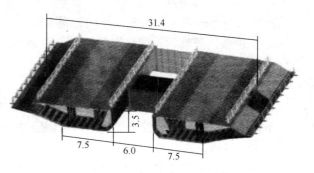

图 3.5-64　钢箱梁节段构造示意（m）

组焊、修整基准，并将此基线沿用至桥位钢箱梁整体刚接对位基准。

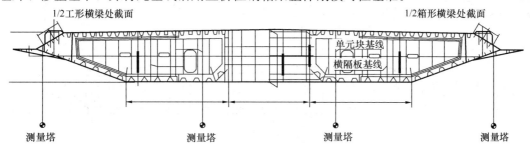

图 3.5-65　分体式钢箱梁整体组焊统一基准位置

（3）安装接口环缝焊接顺序

合理设置接口环缝焊接顺序，控制边箱与横梁的焊接变形，根据经验估计本桥边箱与横梁对接口环缝收缩量为 2mm。为了保证梁段锚箱间距，同时考虑梁顶面横坡等因素，根据桥梁段的结构形式选用先施焊环口底部焊缝，随后施焊环口立位焊缝，再施焊环口顶部焊缝，最后封焊顶板的顺序。

（4）预设焊接工艺补偿量

根据以往实体钢箱梁整体组焊完毕后产生整体变形的经验，结合西堠门大桥钢箱梁的结构特点，在"工艺补偿量起计点"预设一定的补偿量，以抵消组焊过程中产生的变形量。

钢箱梁整体焊接"工艺补偿量起计点"见图 3.5-66。

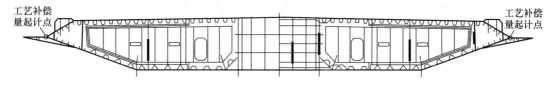

图 3.5-66　钢箱梁整体焊接工艺补偿量起计点示意

通常全焊形式钢箱梁整体变形将带动远端小断面拐点上翘，并造成锚箱部位上翘，使得锚箱间距不足及锚箱高度超差。另外，严重时将影响横桥向远端拐点板件拼接不到位。为此应控制钢箱梁组装时每道焊缝所造成的局部变形，如锚箱区焊接、横隔板对接焊、顶板横桥向对接焊缝、边箱与横梁对接口环缝焊接变形等。综合以上因素预给一定的工艺补偿量，即将"起计点"绕底板旋转一定数值，同时重新调整桥面横坡。

实际施工中根据实测数据，锚箱间距符合设计值 ±6mm 的公差范围，顶板横坡可达约 2.05%，顶板间隙均匀，焊缝焊接质量及外观良好，通过对几个节段的数据统计分析均与预设条件吻合。

（5）小结

从制造单元精度控制、统一的组装基准、合理的整体环焊顺序、工艺措施等几个方面有效控制分体式钢箱梁制造的组焊变形，可保证此类梁段几何精度，为后续此类梁段的设计、制造提供经验。

3. 钢箱梁环缝焊接变形控制（广州珠江黄埔大桥）[29]

广州珠江黄埔大桥主跨 1108m，钢箱梁宽度 41.69m 全桥钢箱梁共分 87 个梁段在异地制造，水上运输至桥位架设，进行节段间接口的焊接。钢箱梁结构断面见图 3.5-67，环缝接口的坡口形式见图 3.5-68。

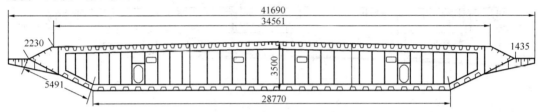

图 3.5-67　钢箱梁结构断面

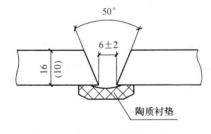

图 3.5-68　环向焊缝坡口形式

（1）环缝焊接顺序

环缝的焊接由跨中接口开始逐步向两岸方向施工，先焊接环缝，再焊接钢箱梁内部的 U 形肋和条形肋嵌补段等部分，由于该桥设计 2% 沿桥向斜坡和从桥轴中心线向两侧的 2% 斜坡，焊接顺序对于成桥线型有决定性的影响，为了保证成桥线型，规定单条环缝的焊接顺序为：底板对接——斜底板和人行道面板对接——斜顶板对接——顶板对接。在焊接之前用钢箱梁端口的对拉螺杆和临时匹配件对钢箱梁端口间距进行调整，并用大型定位板对焊缝间隙及接头错口进行二次调整和固定，错口量较大的使用千斤顶调整，使环缝处在规范要求的对接焊缝间隙（6±2mm）之内。钢箱梁环缝底板对接焊缝及斜底板、人行道面板、斜顶板对接焊缝采用 CO_2 气体保护焊，顶板对接焊缝采用 CO_2 气体保护焊打底，埋弧自动焊盖面工艺。

（2）环缝焊接收缩量监控

钢箱梁环缝焊接前后，分步对 10 道环缝的焊接收缩量进行了测量，每个环缝测量 6个点，表 3.5-3 所示为其中 2 道环缝焊接收缩量的测量数据。

焊接收缩量测量数据　　　　　　　　　　　　　　　　　　　表 3.5-3

序号	测量位置		焊接前间距	焊接后间距 1	焊接后间距 2	Δ_1	Δ_2
1	顶板	上游	600	597.0	596	−3	−4
		中间	600	596.5	596	−3.5	−4
		下游	600	596.5	596	−3.5	−4

续表

序号	测量位置		焊接前间距	焊接后间距1	焊接后间距2	Δ_1	Δ_2
1	底板	上游	600	598.5	597	−1.5	−3
		中间	600	598.5	596	−2	−4
		下游	600	599.0	597	−1	−3
2	顶板	上游	600	597.0	596	−3	−4
		中间	600	598.0	597	−2	−3
		下游	600	597.5	596	−2.5	−4
	底板	上游	600	598.0	597	−2	−3
		中间	600	598.5	597	−1.5	−3
		下游	600	598.0	597	−2	−3

注：表中焊接后间距1为钢箱梁环缝焊接完成后，尚未焊接箱内嵌补段所测量数据；

　　焊接后间距2为箱内嵌补段焊接完成后所测量数据；

　　Δ_1：焊接后间距1与焊接前间距之差；

　　Δ_2：焊接后间距2与焊接前间距之差。

从表中数据表明，环缝焊接完成，嵌补段尚未焊接前，每道环缝收缩量平均为2.3mm。环缝和嵌补段均焊接完成后，每道环缝平均收缩量为3.5mm（焊缝间隙为6±2mm）。

按此收缩规律，对全桥钢箱梁长度进行控制，至全桥87个钢箱梁段86条环缝焊接全部结束，经测量全桥钢箱梁长度比设计值小22mm，达到了很高的精度。

（3）小结：该桥采用的钢板普遍比较薄，顶板板厚16mm，底板及其余部位钢板厚度多为10mm，人行道面板、斜顶板、斜底板等部位易产生严重的焊接变形，通过合理的焊接顺序、分段对称施焊、强制固定等方法，以及对环缝焊接收缩量的监控，使变形减小到最低，保证了广州珠江黄埔大桥钢箱梁成桥线形和钢箱梁长度的精度要求。所测量的环缝变形值对相似工程有具体指导作用。

3.5.4 大型储油罐焊接变形控制实例

1. 15万 m³大型钢制储油罐底板焊接变形控制（西气东输二期工程）[30]

储罐主要技术参数见表3.5-4。

储罐主要技术参数　　　　　　　　　　　　表3.5-4

序号	名称	技术参数	序号	名称	技术参数
1	公称容量（万 m³）	15	6	设计温度（℃）	50
2	油罐内径（m）	100	7	设计压力	常压
3	罐壁高度（m）	21.8	8	油罐类式	双盘式浮顶油罐
4	储液高度（m）	20.2	9	总质量（t）	2868
5	储存介质	原油	—		

罐底板排版方式对于罐底中幅板焊接变形的控制有很大影响，该储罐采用了定尺板横竖相间的排版方式，如图3.5-69所示。这种排版方式在世界认可的5种底板排版方式中

是较好的一种，T 形排版便于焊接过程中均布焊工，实现自动化焊接工艺的实施及焊接应力的释放，并且铺设底板操作简单易行。罐底中幅板的焊接连接为单面坡口垫板对接形式，见图 3.5-70。储油罐底板材料规格见表 3.5-5。

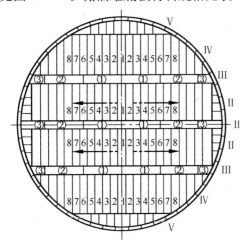

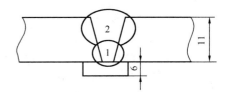

图 3.5-69　罐底板排版方式　　　　　图 3.5-70　中幅板的焊接坡口形式

15 万 m³ 储油罐底板材料规格　　　　　　　　　　　　　表 3.5-5

名称	数量	材料规格（mm）	总质量（t）	材　质
边缘板	50	23×2000×6300	108.65	JIS G3115 SPV490Q
中幅板	241	11×2600×12000	630.01	GB Q 235—B

底板焊接变形防止的焊接顺序措施如下：

（1）罐底中幅板焊接原则

中幅板焊接由中心向四周对称进行，先焊短焊缝，后焊中长焊缝，然后焊接通长焊缝，预留收缩缝（即龟甲缝），待罐底大角焊缝焊接完毕，再进行收缩缝的焊接。焊接时，多名焊工应分布均匀，由中心向四周采用分段退焊，等速、等参数、同步对称施焊。

（2）边缘板焊接原则

边缘板应由多名焊工沿罐四周均匀分布向同一个方向隔行跳焊，并采用多层多道焊。

弓形边缘板的对接接头采用不等间隙。外侧间隙 E_1 为 8mm，内侧间隙 E_2 为 14mm，避免了焊缝横向收缩引起的变形，见图 3.5-71。

边缘板采用反变形措施，见图 3.5-72。在对接接头处采用楔铁将接头处垫起 20mm，反变形角约 6°～8°，可预防边缘板焊接时产生的角变形。

通过以上边缘板防焊接变形控制措施的实施，根据反变形的角度、楔铁的垫高检测数据对比得出以下结论（见表 3.5-6、表 3.5-7）：T_1、T_2 罐边缘板焊接变形与焊接环境温度有直接的关系，环境温度高可以适当调整减小楔铁的厚度，反之应增加楔铁的厚度，提高反变形角度。

（3）罐底龟甲部（收缩缝）焊接防变形控制

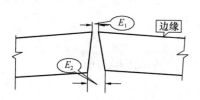

图 3.5-71 不等间隙防变形措施图

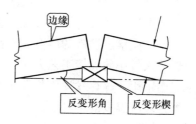

图 3.5-72 反变形措施图

罐底龟甲部的焊接工艺同中幅板的焊接，焊接坡口形式如图 3.5-73 所示。龟甲部焊接变形的大小与环境温度关系很大，由于板厚的不同，边缘板、中幅板的膨胀量相差很大，焊后罐底板产生的变形量有很大差异，如控制不好，底板的凹凸达不到设计要求。

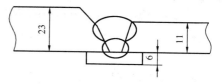

图 3.5-73 罐底龟甲部焊接
坡口形式及尺寸

T_1 罐边缘板焊接变形量记录　　　　　　　　　　　　　表 3.5-6

位　　　置	反变形量		气温（℃）	变形情况	备　注
边缘板 1～10	—	—	34	变形大	−12mm
边缘板 11～25	5°～6°	10mm		无变形	—
边缘板 26～35	7°～8°	20mm	36	过大	+7mm
边缘板 36～45	6°～7°	15mm		无变形	—
边缘板 46～50	—	—	38	微变形	−6mm

T_2 罐边缘板焊接变形量记录　　　　　　　　　　　　　表 3.5-7

位　　　置	反变形量		气温（℃）	变形情况	备　注
边缘板 1～20	7°～8°	20mm	32	无变形	—
边缘板 21～35	5°～6°	10mm		微变	−6mm
边缘板 36～45	7°～8°	20mm	28	微变	−5mm
边缘板 46～50	5°～6°	10mm	34	变形	—

边缘板、中幅板膨胀量测量结果　　　　　　　　　　　　　表 3.5-8

罐号	部　位	环境温度（℃）	罐内温度（℃）	膨胀量（mm）
T_1	边缘板	36	42	20
	中幅板	36	42	20
T_2	边缘板	32	39	16
	中幅板	32	39	35

根据上述原则进行组焊，T_1、T_2 罐龟甲缝焊接完成后，底板经 2m 的直尺检查 400 个点。检测结果：T_1 罐波浪变形凹凸点相对位差最大为 40mm（25 点），其余点均小于 20mm；T_2 罐波浪变形凹凸点相对位差最大为 45mm（50 点），凹凸点相对位差 40mm（27 点），其余点相对位差均小于 20mm，完全符合设计和施工验收规范要求。

根据 T_1、T_2 罐反变形的角度、楔铁的垫高检测数据（见表 3.5-6、表 3.5-7）对比得出以下结论：边缘板焊接变形与焊接环境温度有直接的关系，环境温度高可以适当调整减小楔铁的厚度，反之应增加楔铁的厚度，提高反变形角度。

（4）采用热输入较小的焊接工艺方法

罐底板施工中采用"碎焊丝埋弧焊"工艺对接焊，以减小底板变形。

（5）考虑焊接环境温度的影响

1）储罐的设计温度为 50℃，储罐运行中油温为 40～50℃，所以底板的组对应尽量接近此温度，保证底板的运行寿命最佳。

2）环境温度越高，中幅板的伸长越多，而中幅板处于自由膨胀伸长状态时组对，可大大减小残余应力和底板的变形，同时也避免采用强制组装对底板的伤害。

（6）小结

通过以上罐底板防焊接变形控制措施的实施，西气东输二期工程 15 万 m^3 储罐底板焊接质量完全符合设计、施工规范及相应技术条件等的要求，为今后类似大型储罐的建设提供了良好的经验。

2. 10 万 m^3 成品油储罐焊接变形控制（江苏某港区）[31]

江苏某港区 10 万 m^3 成品油储罐直径大（Φ80800mm），中幅板宽 3m，长 12m，厚 12mm；边缘板板厚为 18mm。底板和壁板分别采用对接和搭接接头形式，底板及其壁板的组对、焊接是整个储罐安装质量控制的关键。

底板焊接防变形措施如下：

（1）组对预留收缩量

采用定尺板横竖相间的条形排列方式，直径放大量按标准为 1‰，边缘板焊缝为 60条，每条收缩约 3mm，因此放大 180mm。

壁板滚圆时将每张钢板曲率增大 2mm，罐壁纵缝组对时向罐体中心凹 3mm。

（2）垫板不固定，保持自由收缩状态

垫板从罐中心分成 4 个 90°扇面，分 4 组从内到外排列，与底板同步铺设，根据每天底板的焊接量将下组垫板连接好，垫板不固定，保持自由收缩状态，以便应力释放（常规的施工方法是将垫板全部铺设好形成蜘蛛网）。

（3）临时刚性固定措施

中幅板每条焊缝沿长度方向，距离焊缝 150mm 位置，用 12m 长的 12 号工字钢加固，并用斜铁、龙门卡紧压接口处。丁字缝处用卡具加固，待焊接完毕拆除。

圈板组对时，在环缝上每隔 1～5m 加一背杠，用龙门卡和斜铁将它与第一、二圈板压紧（一圈共计 160 块），以控制垂直度。

壁板组对间隙必须控制在 6mm，并用圆弧板进行刚性加固，防止焊缝两侧被拉平及棱角变形。第一圈壁板组对达到垂直后用 F 支撑加固，以控制角变形还可作组对第二圈的脚手架。壁板上口水平偏差应不大于 6mm。

（4）预留收缩缝

从圆心向两侧同时对称铺设底板，一组为 10 块，每两张之间留一条收缩缝，用以控制变形，组对间隙一般控制在 8mm。

（5）预留收缩裕量

中幅板中长焊缝两端各用 1 块厚为 20mm 的钢板垫起，补偿焊接产生的收缩变形。

（6）罐底板的焊接原则

1）中幅板垫板的点焊

垫板各节点间隔跳焊，4组人员要相互配合进行焊接，以保证其平整度。垫板间的对接焊缝坡口组对间隙4mm，要求满焊、焊透，焊后表面磨平。

2）底板及壁板的焊接顺序原则

先焊短焊缝，后焊中长焊缝，然后焊接通长焊缝；

预留收缩缝，待罐底大角焊接完毕再进行收缩缝的焊接；

由中心向四周对称焊接，采用分段退焊，由多名焊工均匀分布，同步、同工艺、同分段号同时施焊。

底板长度方向为5名焊工同时焊接，宽度方向为2名焊工焊接。分段长度为400～500mm。

中幅板通长焊缝按隔条焊接的原则进行施焊。每条焊缝均分为4段（每段长度为400mm），按分段退焊、隔段跳焊的方法进行，严格控制4名焊工的焊接速度及工艺参数。

3）对接焊缝的焊接

廊板长度的拼接缝：中幅板及廊板由单片连成大片后，廊板长度为3m的拼缝由2名焊工分段退焊、隔段跳焊。然后由圆心向外进行中幅板与廊板间的焊接（廊板缝焊接）。

中幅板与廊板之间的焊缝：焊前先加固，焊缝均分为16段，每段长约4m，由16名焊工同速、等参数分段退焊、隔段跳焊且沿一个方向施焊，每段长400mm。

中幅板与廊板之间的丁字缝：均分为4段，每段4m，分段用4台埋弧焊机同时退焊。

中幅板与边缘板间的焊缝：中幅板与边缘板间丁字焊缝先不焊接，待收缩缝焊接时一并焊接。

边缘板对接焊缝：在罐壁板组装前先焊接300mm，然后按100％RT进行探伤。施焊前采用龙门架加固，焊前施焊部位应预热至100℃，控制层间温度，焊后保温。

边缘板对接焊缝其余部位的焊接：待第1圈与第2圈壁板环缝焊接完毕及大角缝内外焊接完再焊。

收缩缝焊接：是底板焊接的最后一道工序，中幅板与边缘板之间的收缩缝焊后收缩严重，因此在第1圈与第2圈壁板环缝焊接完毕及大角缝内外焊完前不可点焊，使其处于自由状态，收缩缝焊接时采取加固措施，然后均布焊工等速、同步、隔段跳焊。

（7）底板焊接工艺方法

焊条电弧焊打底，埋弧焊填充盖面，并添加直径1mm×1mm的H08A碎焊丝，减小热输入及焊缝收缩量，并使填充焊与盖面焊一次完成。

（8）小结

施工过程中由于选用了合理的焊接方法、焊接顺序、焊接工艺及行之有效的防变形措施，经焊后实测，底板的局部凹凸度均小于50mm，达到了施工规范要求，满足了工程使用功能和安全性的要求。

参 考 文 献

[1] 《浅析焊接应力与焊接变形产生的原因及控制措施》，今日科苑，2010年18期，马淑芹

[2]　《建筑钢结构施工手册》，中国钢结构协会，中国计划出版社，2002，第五章，周文瑛

[3]　《十字柱及匚形柱制作变形控制》，钢结构，2010.1，田雨华等

[4]　《输变电钢结构焊接变形和控制》，现代焊接，2012 年第 5 期，徐锐

[5]　《大型钢结构件制作中焊接变形控制》，2006 钢结构焊接国际论坛，费新华等

[6]　《吊车梁焊接变形控制措施》，现代焊接，2012.5，赵连桂

[7]　《桥梁钢结构焊接变形及矫正方法》，现代焊接，2010.8，赵云山

[8]　《十字柱制作技术》，包钢科技，2010.12，王志坚等

[9]　《异型截面柱与腰桁架的制作工艺》，建筑技术，2008.4，王忠等

[10]　《奥运场馆特大跨度钢结构工程焊接施工技术综述 》，建筑钢结构焊接综合技术，2011.7，周文瑛

[11]　《国家体育场钢结构焊接技术》2007 全国钢结构学术年会论文集，胡晓辉等

[12]　《H 型钢振动焊接》，焊接技术，2005.5，卢庆华等

[13]　《振动焊接技术在大型焊接构件中的应用》，焊接学报，2007 年 2 月，卢庆华等

[14]　《钢结构制作中槽形件的焊接》，钢构技术，第 15 期，左家兵等

[15]　《珠江新城西塔 X 型钢管节点制作及残余应力消减工艺》，第八届全国现代结构工程学术研讨会论文集，2008，陈国栋等

[16]　《钢结构焊接变形火焰矫正控制技术》，科技风，2010.04 期，杨光

[17]　《轻钢结构焊接变形的火焰矫正施工方法》，钢结构，2002.4，南毅

[18]　《建筑钢结构焊接变形控制措施》，引进与咨询，2005 年第 9 期，巫升儒

[19]　《大型钢柱—实腹钢梁焊接后扭曲变形与校正工艺》，工业建筑，2007，增刊，吴书亮

[20]　《舟山桃夭门大桥钢箱梁板块制造焊接变形控制》，道克巴巴，郭文辉等

[21]　《几何封闭体钢结构整体焊接变形控制》，焊接技术，张斌等

[22]　《超高层钢结构复杂异型构件安装焊接工法》，工法编号：ZJ1GF-＊＊＊-2009

[23]　《天津津塔钢板剪力墙与钢管混凝土柱复杂节点深化设计研究》，施工技术，2011，18，任常保等

[24]　《深圳平安金融中心施工组织设计》，中建一局建设发展有限公司，2011

[25]　《天津津塔超高层钢结构中受荷钢板剪力墙的焊接技术》，钢结构，2011.11，韦疆宇等

[26]　《深圳平安金融中心钢板剪力墙安装技术》，施工技术，2013.01(下)，徐国强等

[27]　《美国奥克兰新海湾大桥 U 肋桥面板焊接变形控制方法》，道克巴巴，丁晓冬等

[28]　《分体式钢箱梁组焊变形控制技术》，钢结构，2009.11，徐亮

[29]　《广州珠江黄埔大桥钢箱梁环缝焊接工艺、焊接管理及焊接质量控制》，钢结构，2009.03，王秀菊

[30]　《15 万 m³ 大型钢制储油罐底板焊接》，焊接技术，2005.05，陈学武等

[31]　《浅析某储油罐工程焊接变形的控制》，工业建筑，2008 增刊，杨光

第4章 钢结构焊接应力及其控制

钢结构焊接过程中受高温热源的局部加热并快速冷却，由于构件形成温度场的不均匀性，焊缝及热影响区的热膨胀和随后的冷却收缩均受到周围冷态金属的约束，焊后焊缝及热影响区受拉应力，周围的母材金属受压应力，拉应力与压应力达到平衡，其应力状态即为焊接残余应力。由于焊接残余应力对结构有多方面的负面影响（尤其是疲劳抗力），因而受到相关钢结构设计、施工行业的普遍重视，多年来许多学者对焊接残余应力的分布规律、影响因素、测试方法早已有系统的研究和论述，但较多限于焊接试件，近年来业界针对实际焊接构件残余应力的分布及其控制方法已有新的研究和工程应用，值得在本章中介绍以供推广应用。

4.1 焊接残余应力对结构的影响[1]

4.1.1 对结构承载力的影响

当载荷拉/压应力与构件中某区域的焊接残余拉/压应力叠加之和达到屈服点时，材料产生局部塑性变形，造成结构的有效截面积减小。局部拉应力区域的应力可能首先达到断裂强度，局部压应力区域可能出现提前失稳，导致结构的早期破坏。在疲劳荷载下还会降低焊接接头的疲劳强度。

4.1.2 对结构脆断的影响

焊接残余应力在焊接结构中呈现双向或三向拉应力场而使钢材变脆，是导致结构发生低温或疲劳脆断的重要因素。

4.1.3 对焊件加工精度和尺寸稳定性的影响

构件在放置一定时间后，由于自然时效使残余应力释放而使构件变形。
此外还对应力腐蚀开裂有不利影响。

4.2 焊接残余应力的分布

一般情况下焊缝及近缝区母材残余应力为拉应力，且数值较高。远离焊缝的母材为压应力，数值较低而分布区域较宽，使拉、压应力达到平衡。焊缝各截面中纵向应力一般分布规律如图 4.2-1 所示，横向应力沿板宽上的分布规律如图 4.2-2 所示，厚板多层焊缝中的应力分布如图 4.2-3 所示。

焊接型钢横截面中应力分布为火焰切割板残余应力与焊接残余应力的叠加，如

图 4.2-4、图 4.2-5 所示。图 4.2-6 所示为全熔透焊接 H 形钢近表面与远表面残余应力数值比较。

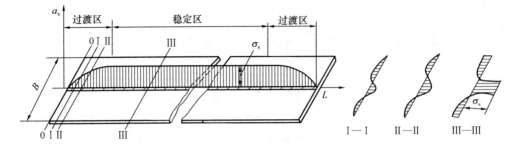

图 4.2-1　焊缝各截面中纵向应力的分布

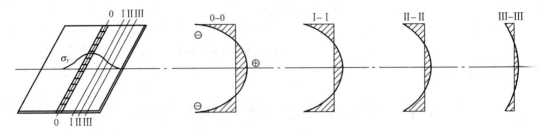

图 4.2-2　横向应力沿板宽上的分布

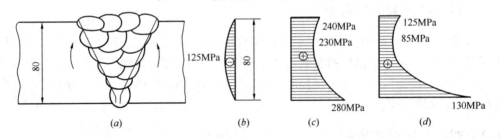

图 4.2-3　厚板多层焊缝中的应力分布

（a）厚板单面坡口多层焊示意图；（b）σ_z 在厚度上的分布；（c）σ_x 在厚度上的分布；（d）σ_y 在厚度上的分布

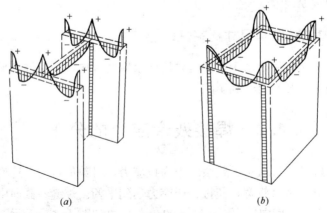

图 4.2-4　焊接型钢横截面中的应力分布（火焰切割板）

（a）230×250H 形钢；（b）250×250 箱形钢

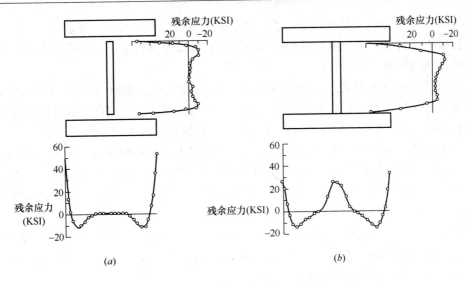

图 4.2-5　焊接 H 形钢翼缘与腹板横截面中的应力

（a）初始残余应力；（b）最终残余应力

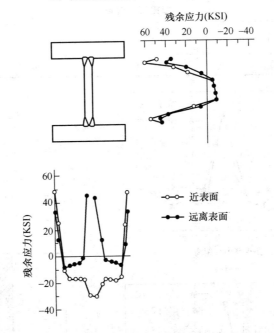

图 4.2-6　焊接 H 形钢近表面与远表面残余应力数值比较

(15H290 型钢、A441 钢、火焰切割板、坡口焊)

4.3　焊接残余应力数值的影响因素及控制

4.3.1　钢材强度等级的影响[2]

对普通强度和高强度钢进行焊接残余应力的测试表明，焊缝附近区域存在接近材料屈服强度的拉应力，因而一般认为高强度钢材的残余应力较大。但也有研究表明，残余应力的数值与钢材的屈服强度没有直接关系，对于高强度钢材受压构件，残余应力与钢材屈服强度的比值要比普通钢材受压构件小很多，因此，高强度钢材受压构件可以采用比普通钢材受压构件较高的整体稳定系数[3]。

1. 何小东等[4]采用钻孔应变释放法[5]对 D406A 低合金高强钢（即 30SiMnCrMoVA）钨极氩弧焊及不同热处理状态下的残余应力进行了测试研究，发现在焊缝及热影响区距焊缝中心约 7mm 处出现了 2 个较大拉伸残余应力，其最大值可达 397MPa。

2. 方立新等[6]对 Q390 钢（屈服强度 $\sigma_{eL}=490$MPa，抗拉强度 $\sigma_m=580$MPa，断后伸长率 27.5%，断面收缩率 80%）进行平板对接焊，采用焊条电弧焊焊接的试板在焊缝处为拉应力，横向应力最大值为 200MPa，纵向应力最大值为 400MPa，但尚未达到母材的屈服强度（$\sigma_{eL}=490$MPa）。

测试条件：单块试板尺寸为 500mm×150mm×40mm，深 U 形坡口，装配间隙 2mm，坡口底端采用焊条电弧焊打底焊 5mm，道间温度 130℃，采用与母材性能匹配的焊条与焊丝进行焊接，焊接工艺参数见表 4.3-1。

焊条电弧焊焊接接头残余应力分布见图 4.3-1，测量路径示意见图 4.3-2。

焊接工艺参数				表 4.3-1
焊接工艺	电弧电压 U（V）	焊接电流 I（A）	焊接速度 v（cm·min⁻¹）	焊接道次
焊条电弧焊	25	170	6.96	40

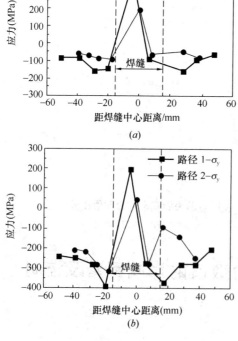

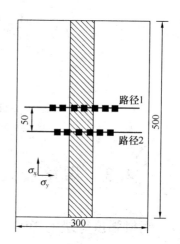

图 4.3-1　焊条电弧焊焊接接头残余应力分布

（a）路径 1，2 纵向应力分布；（b）路径 1，2 横向应力分布

图 4.3-2　测量路径示意

3. 童乐为等[2]采用钻孔应变释放法对 10mm 及 12mm 厚 Q460 钢板焊接 H 形钢进行了残余应力的测试,翼缘为焰切边,残余应力在翼缘与腹板焊接部位为拉应力,在翼缘边缘和腹板中部区域为压应力。同时,结合机械剥层的方式对纵向残余应力沿壁厚方向的分布规律也进行了试验,结果表明,翼缘和腹板的残余应力沿壁厚方向基本呈线性分布,且腹板部位残余应力沿壁厚的变化不大,基本为均匀分布。

测试条件:H 形钢采用双面角焊缝焊接,CO_2 气体保护焊打底,埋弧焊填充、盖面,间隙 0~2mm,接头类型为对接坡口反面清根焊透,使用的焊材牌号为 CHW- S9 / CHF101。试件长度统一为 300mm。

纵向残余应力在截面上各测点的分布见图 4.3-3,纵向残余应力沿截面壁厚方向的分布见图 4.3-4。由图 4.3-3 及图 4.3-4 可见,翼缘腹板焊接部位最大拉应力并未达到 Q460 钢板的屈服强度。

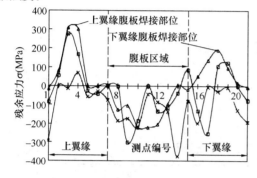

—×— 断面外表层;—□— $\frac{1}{3}t$ 剥层处;—△— $\frac{2}{3}t$ 剥层处

图 4.3-3 纵向残余应力在截面上各测点的分布

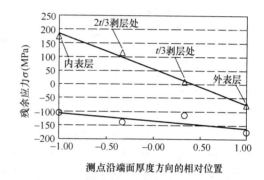

△ 翼缘;○ 腹板

图 4.3-4 纵向残余应力沿截面壁厚方向的分布

从以上各研究试验说明,低强度钢材所测得残余应力达到其屈服强度的规律,在高强度钢材的测试中未能重现,即试验钢材强度等级高并非焊接残余应力随之而高,还有其他影响因素起了重要作用(见以下各条所述)。

4.3.2 焊接工艺参数的影响[7]

1. 贺启良等[8]通过盲孔法测试证明了焊接参数对残余应力数值的影响,试件形式与尺寸见图 4.3-5,测点位置示意见图 4.3-6。在其他参数固定不变的条件下,单独增减电流和焊接速度,测得相邻三个焊接残余拉应力值的变化。采用的焊接参数基准值及变化值见表 4.3-2。测得焊接电流及焊接速度变化时残余拉应力(三测点平均值)增减率见表 4.3-3。

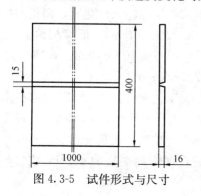

图 4.3-5 试件形式与尺寸

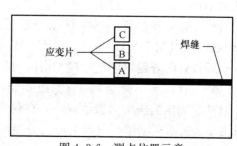

图 4.3-6 测点位置示意

焊 接 参 数　　　　　　　　　　　　　　　表 4.3-2

试件编号	焊接电流 (A)	焊接速度 (mm·min⁻¹)	焊接电压 (V)
1①	600	600	35
2	550	600	35
3	750	600	35
4	600	500	35
5	600	750	35

①标准试件。

焊接参数变化时残余拉应力（三测点平均值）增减率　　　　　表 4.3-3

试件编号	纵向 σ_x 平均值 (MPa)	横向 σ_y 平均值 (MPa)	电流增减率 (%)	焊接速度 增减率 (%)	σ_x 增减率 (%)	σ_y 增减率 (%)
1 基准试样	242.1	110.8	基准值 600	基准值 600	—	—
2	212.97	96.17	−8.33	—	−12.04	−13.20
3	265.33	136.4	+25.0	—	+9.6	+23.1
4	225.6	106.23	—	−16.67	−6.82	−4.12
5	249.93	129.03	—	+25.0	+3.23	+16.45

由表 4.3-3 数据可见，相对于基准试件（1 号试件），焊接电流减少时残余拉应力减小，电流增加时残余拉应力增大。焊接速度减小时，残余拉应力也减少，反之则残余拉应力增加，但其增减率与参数的增减变化率并不呈现线性关系，且总体上横向残余拉应力增减率大于纵向残余拉应力增减率。

焊接热输入造成的工件局部不均匀温度场是产生焊接残余应力的主要原因，温度梯度越大，焊接残余应力越大。通常焊缝横向温度梯度大于纵向，因而横向残余拉应力增减率较大。

热输入量是焊接电流的平方关系，减小焊接电流可明显减小焊接残余拉应力。焊接速度使热输入的增减对焊接残余拉应力的影响并不明显。

实验结果在一定程度上说明，钢材强度对焊接残余应力的影响试验必须以相同的焊接方法及参数为前提，才能获得正确、科学的结论。

2. 闫俊霞等[9]采用焊接温度场与热应力场非耦合的方式，对薄板焊缝区残余应力进行了热——弹塑性有限元分析，模拟了连续及断续焊缝焊接热输入变化时，薄板两端施加张力的大小对残余应力的影响。模型尺寸为 $550 \times 360 \times 2.5$ (mm)，断续焊缝长 30mm，间距 90mm，采用塞焊使横向加筋梁与薄板焊接，塞焊点间距约 105mm，塞焊点直径 10mm。断续焊电流 170A，电压 32.5V，焊接速度 7.5mm·s⁻¹。

薄板断续焊时焊缝纵向残余应力沿横向分布受焊接工艺参数影响如图 4.3-7 所示，电流由 160A（曲线 1）下降至 70A（曲线 2）时，残余应力峰值约增加 50MPa，但拉应力区变窄，且热影响区的压应力数值减小，有利于控制薄板焊接后的失稳变形。

图 4.3-8 为薄板断续焊时残余应力分布，施焊时在薄板两端施加 40MPa 拉力，则焊

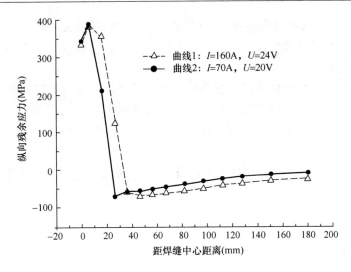

图 4.3-7 断续焊焊缝纵向残余应力分布

后残余应力峰值比不施加拉力时降低（曲线 2、1）。增加施加拉力的数值（80MPa），焊后去除外加拉力后残余应力显著下降（曲线 3）。增大外加拉力还可降低纵向残余应力沿垂直于断续焊缝方向的峰值，但并不影响拉伸区的宽度（曲线略）。由于拉应力降低，与之平衡的压应力也随之减小，显然有利于控制薄板焊接后的失稳变形，对于大型车身的焊接生产有一定的应用价值。

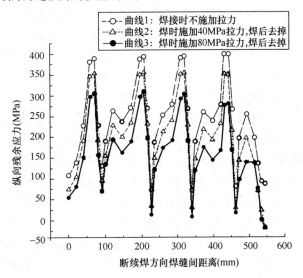

图 4.3-8 断续焊焊接方向上应力分布

4.3.3 焊接顺序的影响

焊接顺序和方向对焊接残余应力有较大影响，图 4.3-9 所示为双面单道焊与双面多道焊时以及直通焊与分段退焊时，横向

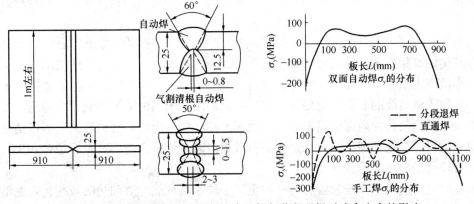

图 4.3-9 双面单道焊与多道焊、直通焊与分段退焊对残余应力的影响

残余应力的对比。多道焊时采用小电流小焊道，从图中曲线可见，双面多道焊比单道焊的残余拉应力峰值低并局部改变了应力方向。分段退焊时，热输入分布均匀，焊接残余应力也比直通分布更均匀。

在实际工程中应尽可能优先采用低热输入的焊接工艺、对称坡口、对称焊接顺序、分散焊接、多层多道焊接、先焊接变形较大和约束较大的焊缝（使其能较自由地收缩）、窄间隙焊或反变形法，在减小变形的同时减小焊接应力或分散减小其峰值。

4.4　焊接残余应力的焊后消减处理方法及工程应用实例

4.4.1　焊接残余应力的焊后消减处理方法

1. 高温退火处理

高温退火是传统应用的消除应力方法，根据钢种及其供货状态不同加热至 $580\sim620℃$，按板厚确定适当保温时间，利用钢材在相变点以下发生重结晶，消除晶格畸变、位错而释放应力。其特点是既能大幅消减残余应力（约 60%），同时也能改善材料塑性及韧性，因而广泛应用于压力容器及机械行业。但整体加热受工件尺寸限制，还有能耗大、费工时的缺点。对构件局部退火的方法则因仍为不均匀加热而消减效果稍低。

2. 锤击处理

利用锤击焊缝区控制焊接残余应力。焊接残余应力产生的根本原因是由于焊缝在冷却过程中的收缩受到限制。因此，在焊后锤击焊缝及附近区域，使金属展开产生塑性变形，能有效减少焊接残余应力。该方法噪声大，在大型构件工业化生产中多层多道焊接时，每层焊道锤击则效率低下，且第一道和最后一道焊趾不允许锤击，因而缺乏广泛实用性。

3. 振动时效（VSR）处理

（1）振动时效基本原理[10]

振动时效的实质是给工件施加一个周期性的附加应力，当附加应力与残余应力叠加后，达到或超过材料的屈服极限时，工件发生微观或宏观塑性变形，从而降低和均化工件内的残余应力。因而使工件在固有频率附近发生共振，是振动时效的必要条件。

许多高刚度工件的固有频率（最低阶）远远高于现行振动时效设备所能提供的激振频率和激振力，无法使工件产生振动时效所需要的共振和动应力，这是振动时效处理方法的局限性所在。

何闻教授[11]等人提出并研究了一种"高频振动时效"，采用"稀土超磁致伸缩高频激振器"产生的高频机械振动信号（频率大于 1kHz，如 6kHz），激励构件很小的局部，使构件在小范围内发生"局部微观共振"，使构件内处于亚稳定状态的高能量金属原子团获得大于其原子激活能的能量，这些原子团将克服周围原子团的束缚回到原来稳定低能的平衡位置上，从而使构件内部位错减小，从微观上减小残余应力，进而达到削弱或消除宏观残余应力的目的。这种理论和方法是否能有效地消减工件残余应力，是否适合在工程中应用，还有待于进一步检验。

振动时效是消除工件残余应力的一种重要手段，与自然时效和热时效相比，振动时效具有无污染，效率高，节约能源、经济等特点，是节能减排的重要措施，而且可以防止或减少由于热时效产生的微观裂纹。近年来振动时效在钢结构制造领域的使用日益增多，但受构件刚度、体积限制，以及振动使材料产生塑性变形致使塑性储备下降的缺点，使其应用受到局限。

（2）时效效果评定依据

按照 JB/T 5926—2005《振动时效效果评定方法》规定，可根据振动时效中打印的时效曲线（a-t 曲线）或振后扫频曲线（a-n 曲线）相对振前扫频曲线的变化来监测。出现下列情况之一时，即可判定为达到振动时效效果。

1）a-t 曲线上升后变平；

2）a-t 曲线上升后下降然后变平；

3）a-n 曲线振后加速度峰值比振前升高；

4）a-n 曲线振后的共振频率比振前变小；

5）a-n 曲线振后的比振前的带宽变窄；

6）a-n 曲线共振峰有裂变现象发生。

还可用振前残余应力平均值（应力水平）、振后残余应力平均值来计算应力消除率，焊接件的应力消除率应大于 30%。

4. 超声冲击处理[12]

超声冲击是一种局部消除焊接应力的新方法，基本原理是将工频信号（50Hz）改变为超声频信号（18、20、27 或 34kHz），用以激励声学系统的换能器。换能器中压电式陶瓷材料具有磁致伸缩效应特点，在超声频信号激励下产生相同频率微小振幅的机械振荡，该振荡振幅一般为 $4\mu m$ 左右。通过变幅杆使振幅放大为 $30\sim50\mu m$，变幅杆一端与带冲击针的冲击头相连（间隙为 $1\sim3mm$），使超声波能量很好地作用在冲击焊缝表面。冲击头与工件的接触时间一般为 $10^{-5}\sim3\times10^{-5}s$，但单位时间内输入的能量高。

（1）超声冲击的作用

1）改善焊缝几何外形尺寸，使焊缝与母材平滑过渡。

2）产生微量压缩塑变以改变焊接残余应力场。

3）受冲击处金属在交变热循环及超声频撞击共同作用下使表层晶粒细化。

以上三种作用均可提高焊接接头的疲劳强度，对直接承受动载的结构能提高其使用寿命。

（2）影响超声冲击消减焊接残余应力效果的因素

1）板厚方向不同深度对冲击效果的影响

冲击后浅表层应力降低幅值最大，甚至产生一定的压应力，层深增加则应力降低幅值减小。塑性变形层距表层深度在 1.5mm 左右。

2）超声频率对冲击效果的影响[13]

超声频率增加，在浅表层塑性变形层深度内冲击效果稍好，但塑性变形层距表层深度并不能大幅增加。

3）在相同冲击工艺条件下只延长冲击时间不能进一步释放应力。

（3）超声冲击对疲劳强度的影响

1）超声冲击处理可增加焊趾区过渡半径 ρ（图 4.4-1~图 4.4-4，表 4.4-1、表 4.4-2），降低焊接接头应力集中程度。

2）超声冲击处理使焊趾区材质硬化（见表 4.4-3）的作用与前二者相比次之（疲劳强度增加小于10%）。

3）对于低中强钢焊接接头，超声冲击处理在焊趾区形成表面压应力，降低了应力循环比，从而提高疲劳强度。Q235B 及 16Mn 钢超声冲击处理后残余应力的检测结果见表 4.4-4。

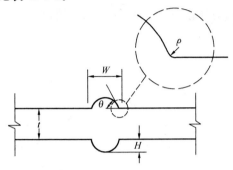

图 4.4-1　对接接头焊态几何形状参数示意　　　图 4.4-2　对接接头冲击处理状态几何形状参数示意

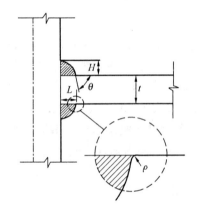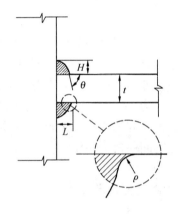

图 4.4-3　十字接头焊态几何形　　　图 4.4-4　十字接头冲击处理状态
状参数示意　　　　　　　　　　几何形状参数示意

Q235B 焊接接头几何形状参数　　　　　　　　　　表 4.4-1

接头形式	处理状态	ρ (mm)	θ (°)	H (mm)	L (mm)
对接	AW	0.43	50	2.9	13.3
对接	PT	1.6	50	2.9	13.3
十字	AW	0.43	57	8.5	8.8
十字	PT	2.0	57	8.5	8.8

16Mn 焊接接头几何形状参数　　　　　　　　　　表 4.4-2

接头形式	处理状态	ρ (mm)	θ (°)	H (mm)	L (mm)
对接	AW	0.45	58	3.0	13.3
对接	PT	1.6	58	3.0	13.5
十字	AW	0.55	63	9.2	7.0
十字	PT	1.4	63	9.2	7.0

焊接接头表层维氏硬度　　　　　　　　表 4.4-3

类　　型	焊缝平均硬度	热影响区平均硬度	疲劳裂纹萌生区平均硬度	母材平均硬度
Q235B（AW）	177	177	187	144
Q235B（PT）	177	224	201	206
16Mn（AW）	206	227	223	186
16Mn（PT）	206	253	242	225

接头焊后与超声冲击处理后相比，Q235B 母材硬度提高了 43%，热影响区硬度提高了 27%。16Mn 的两区各提高了 21% 及 11%。

超声冲击处理后残余应力的盲孔法检测结果　　　表 4.4-4

试件类型	σ_{resx}（MPa）	σ_{resy}（MPa）	σ_{max}（MPa）	σ_{min}（MPa）	主应力方向（°）
Q235B 对接	−219.4	−241.7	−242	−219	7.1
Q235B 十字，$R=-0.5$	−235.1	−256.9	−257	−235	3.2
Q235B 十字，$R=0.25$	−271.1	−282.9	−283	−271	4.6
16Mn	−312.4	−340.6	−341	−312	6.9

注：x 方向为垂直于焊缝方向，y 方向为平行于焊缝方向。

考虑到超声冲击处理残余应力在疲劳试验过程中会有一定的释放，为了获得真正对接头疲劳性能产生影响的稳定残余应力数值，测定是在略高于 2×10^6 周次下失效的超声冲击处理试件上进行的，应变花粘贴在距离焊趾区约 1 mm 的位置。

设备组成：通过超声波发生器将 50 Hz 工频交流电转变成超声频的 20 kHz 交流电，用以激励声学系统的换能器。

操作方法：将超声冲击枪对准试件焊趾部位，且基本垂直于焊缝。冲击头的冲击针阵列沿焊缝方向排列。略施压力，使其基本在冲击枪自重的条件下进行冲击处理。处理 Q235B 时，激励电流为 0.5 A。处理 16Mn 时，激励电流为 0.6 A。冲击处理过程中，击枪在垂直于焊缝的方向做一定角度的摆动，以便使焊趾部位获得更好的光滑过渡外形。

由表 4.4-4 可见，超声冲击处理后，16Mn 钢对接接头焊趾区 x 及 y 方向残余压应力数值均比 Q235B 对接接头中的相应数值大，因而疲劳强度可能得到更大的提高。

超声冲击法提高焊接接头疲劳强度的效果与母材密切相关，随着母材强度的增加，超声冲击法改善焊接接头疲劳强度的效果有增长的趋势。这是因为母材强度增加，接头的疲劳性能对应力集中较为敏感，当改善其应力集中部位的几何外形后，高强度焊接接头所获得的疲劳强度改善量相比之下也就更大一些。

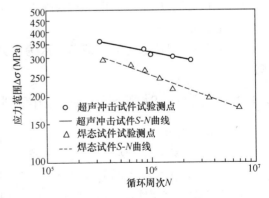

图 4.4-5　试件接头 S-N 曲线

张玉凤等[14]通过试验得到 X65 管线钢对接接头试样经超声冲击和未经处理的焊态试

样疲劳强度，见图 4.4-5 及表 4.4-5。在同样应力范围下两者的疲劳寿命见表 4.4-6。

表 4.4-5

疲劳强度 $\Delta\sigma_{2\times10^6}$ 的试验结果

接头形式	单面焊对接接头 $\Delta\sigma_{2\times10^6}$（MPa）
原始焊态	219
超声冲击态	302

超声冲击处理后疲劳强度比原始焊态提高了 37.9%。

表 4.4-6

相同应力范围下焊态和冲击态接头的疲劳寿命

状　　态	应力范围 $\Delta\sigma_1$（MPa）	寿命 N_1（10^5）	应力范围 $\Delta\sigma_2$（MPa）	寿命 N_2（10^5）
原始焊态	381	1.0	254	9.3
冲击处理态	381	1.85	254	100

由表 4.4-6 可见，经超声冲击处理后，在相同应力范围下 X65 钢对接焊接头的疲劳寿命是原始焊态接头的 1.85～11 倍。超声冲击是一种效果显著且便于操作的焊后改善焊接接头疲劳性能的方法。

超声冲击焊趾可增大焊趾区过渡半径，改善焊趾几何外形，降低应力集中系数，而且使处理部位产生表面压应力降低了接头应力循环比。使低中强钢的疲劳强度提高 30%～50%。但超声冲击会使材料局部硬度增高。

在桥梁钢结构制作中常用的锤击方法有电锤锤击法和超声锤击法，但超声锤击法设备轻巧 可控性好，使用方便，噪声极小，而且超声锤击单位时间内输入能量高，工作效率高，适用于各种接头，是更为理想的锤击方法。苏通长江公路大桥索塔钢锚梁的锚板与侧面拉板之间的熔透角焊缝采用了电锤锤击法。哈尔滨松花江大桥索塔钢锚梁采用超声锤击法作为焊接变形的控制措施之一。

5．爆炸法

在构件焊缝表面布设导火索，引爆后焊缝产生压应力与焊接残余拉应力叠加抵消并使应力重新分布的方法，曾应用于球罐施工（略）。

6．超载试压法（略）

在容器试压时施加超设计载荷，人为使其产生应力的重新分布，曾应用于球罐施工（略）。

4.4.2　焊后振动时效处理工程应用实例

1．振动时效处理实例一[15]

某电厂大型栓焊结构板梁，腹板规格达到 36×3480×29855（mm），材质为 Q345B，板材拼接后其对接焊缝要求进行去应力处理。

采用 VSR-N06 型振动时效装置。工件及振动装置的布置如图 4.4-6 所示，焊缝位置及测点布置如图 4.4-7 所示，其中 1 点距横焊缝 30mm，2 点距横向布点中心线 20mm，3、4、5 和 3 点与纵向焊缝中心线之间为 20mm，6～10 点间为 30mm。振前振后测点对称布置。

（1）工艺参数的确定

根据工件的实际情况确定振动时效的工艺参数，经过系统扫频后确定工件的共振频率。采用的振动时效处理工艺参数见表 4.4-7。

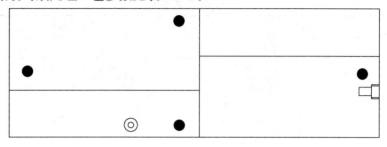

图例：

● ：弹性支撑　　　　□：激振器　　　　◎：加速度传感器

图 4.4-6　工件及振动装置的布置

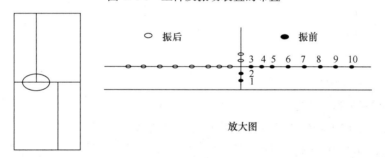

放大图

图 4.4-7　焊缝位置及测点布置

振动时效工艺参数　　　　表 4.4-7

产品名称	10N541-7-3	零件规格	36×3280×12655 (mm)	材质	Q345B	重量 (kg)	12446
自然状态		工件拼焊完成并按一级焊缝探伤合格					
激振设备型号	VSR-N06C	装卡位置及方式		腹板端部，弓形卡柱装卡			
支撑用具	橡胶垫	支撑位置		采用十字形支撑在工件边缘			
拾振位置	远离激振器	拾振器装卡方式		磁座			
扫频情况	偏心号	共振频率（Hz）	振型	谐振频率（Hz）		加速度（g）	振动时间（min）
	0.3	71.6	一阶	71.2		7.6	15

（2）盲孔法测试的残余应力消减效果

振前及振后用盲孔法测试的残余应力结果对比见表 4.4-8。

由表 4.4-8 中可见，振前存在较大残余应力的点（约 300MPa）在振后均明显下降。σ_1 最大值由振前的 599 MPa 下降到 360 MPa，下降幅度约 40%。σ_2 最大值由振前的 494 MPa 下降到 266 MPa，下降幅度约 46%。

小结：经振动时效处理后焊接件的残余主应力均明显下降，且简便易行、高效节能，

215

是一项先进工艺。在大型钢结构工件的制作方面，取代传统的热时效和自然时效消除残余应力是可行的。

测试结果比较

表 4.4-8

测点号	σ_1（MPa）		消除率%	σ_2（MPa）		消除率%
	振前	振后		振前	振后	
1	594	360		494	138	
2	400	应变片损坏		308	应变片损坏	
3	599	−214		323	232	
4	515	354		133	155	
5	302	应变片损坏		457	应变片损坏	
6	136	334		273	266	
7	152	185		307	227	
8	146	43		292	187	
9	188	54		297	215	
10	170	168		376	209	
平均值	313	162	48%	312	204	35%

注：对于振后测量应变片损坏的点未进行处理。

2. 振动时效处理实例二

某超高层钢结构工程由于加强层圆管柱与桁架连接节点密集，造成圆管柱纵向焊缝与牛腿腹板距离仅 35mm，该牛腿腹板厚度为 $t=14mm$，角焊缝焊脚高 12mm，见图 4.4-8。另有圆管柱与牛腿节点存在牛腿翼板与圆管纵向焊缝十字交叉（图 4.4-9）及牛腿腹板与圆管柱环向焊缝交叉（图 4.4-10）的情况。从应力集中的角度考虑，采取振动时效的方法进行处理。

（1）振动时效设备

HK2000K5 型振动时效设备（山东华云机电科技有限公司生产）。

（2）工艺参数

调速范围：1000～8000rpm；

稳速精度：±1 rpm·min^{-1}；

最大激振力：50kn；

加速度范围：0～199.9 m·s^{-2}；

（3）工装设置

1）激振器用 C 型夹固定在钢管振动端的上方，激振器大端面与钢管端面齐平。

根据圆管柱结构形式，为了保证圆管柱构件共振和亚共振的形成，在圆管柱下侧垫上枕木，以枕木垫所产生的弹性悬浮和储能效应增加振动频率。并将激振器水平固定在圆管壁上进行振动。

2）加速度传感器放在激振器下方的箱体内侧；

3）设备供电为 220V-50A。

（4）振动前后扫频曲线

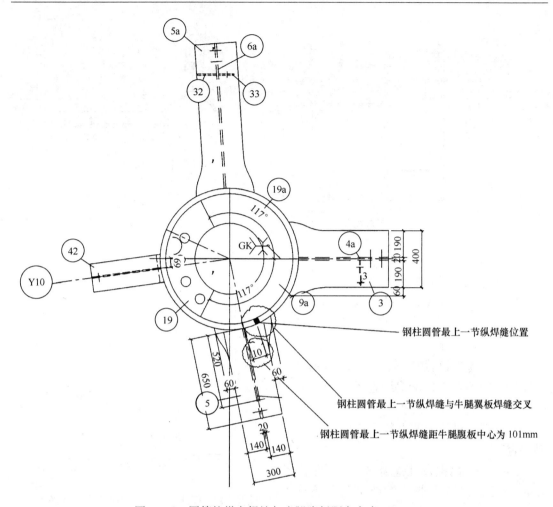

图 4.4-8 圆管柱纵向焊缝与牛腿腹板距离太小（35mm）

CORB1-3-T21 圆管柱振动时效参数见表 4.4-9。振动前后扫频曲线见图 4.4-11。振动时效消减圆管柱焊接残余应力实况见图 4.4-12。

（5）时效效果评定依据、评定结果

按照 JB/T 5926—2005《振动时效效果 评定方法》规定，可根据打印的振后扫频曲线（a-n 曲线）相对振前扫频曲线的变化来评定。

由表 4.4-9 及图 4.4-11 中可见振后的加速度峰值比振前升高，符合 JB/T 5926—2005 规定的判据，a-n 曲线振后加速度峰值比振前升高，说明 CORB1-3-T21 钢管柱的振动时效达到要求效果。

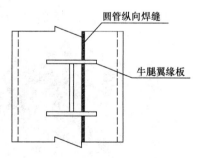

图 4.4-9 牛腿翼板与圆管纵向焊缝十字交叉

CORB1-3-T21 圆管柱振动时效参数　　　　表 4.4-9

构件编号	时效时间（min）	振前峰值 m·s⁻²	振后峰值 m·s⁻²	振前频率 rpm	振后频率 rpm
CORA-3-T21	18	24.6	62.4	5706	5725

217

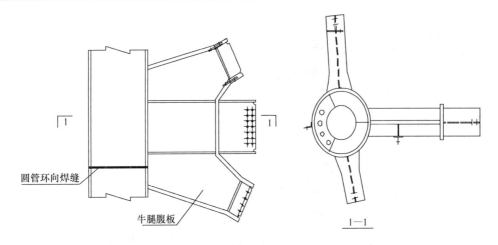

图 4.4-10　圆管柱环向焊缝与牛腿腹板交叉

3. 振动时效处理实例三[16]

珠江新城西塔 X 形钢管节点振动时效残余应力消减，

（1）工装设置

枕木支撑点设置在节点试件距端部 2/9 长度处（即距端部 2.8m 处），激振器置于管端部，如图 4.4-13、图 4.4-14 所示。

（2）振动时效工艺参数、扫描曲线及效果评定

第一、二次振动工艺指标及曲线见图 4.4-15、图 4.4-16。振动时效工艺参数及效果见表 4.4-10。

（3）盲孔法残余应力测试结果

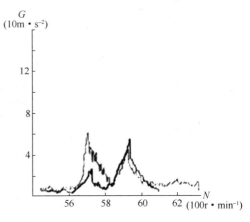

图 4.4-11　CORB1-3-T21 振前振后曲线对比
（浅色为振后曲线）

图 4.4-12　振动时效消减圆管柱焊接残余应力实况

1 号测试截面——钢管纵向对接焊缝附近；

2 号测试截面——中间环板与钢管对接焊缝附近；

3 号测试截面——纵向拉板与钢管对接焊缝附近。见图 4.4-17。

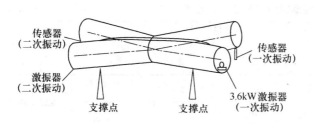

图 4.4-13　X 钢管构件及振动工装设置示意　　图 4.4-14　振动工装设置实景

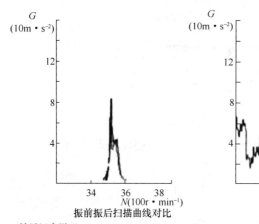

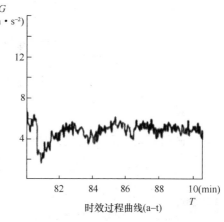

效果评定说明：

总处理时间：ΣT=13min　　　　振前峰值：G=65.9m·s^{-2}；　　　　峰值左移：$N'-N$=4rpm；

振前共振频率：N=3513rpm；　　振后峰值：G'=84.7m·s^{-2}；　　时效时间：T=10min；

振后共振频率：N'=3517rpm；　　峰值升高：$G'-G$=+18.8m·s^{-2}　　时效效果：OK!

图 4.4-15　第一次振动工艺指标及曲线

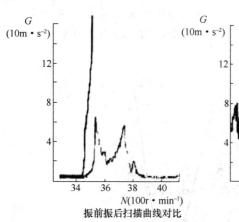

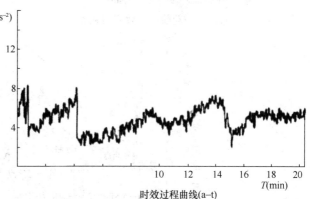

效果评定说明：

总处理时间：ΣT=23min　　　　振前峰值：G=79.0m·s^{-2}；

振前共振频率：N=3332rpm；　　时效时间：T=20min；

时效效果：OK!

图 4.4-16　第二次振动工艺指标及曲线

振动时效工艺参数及效果评定　　　　　　　　　　　　　　表 4.4-10

次数	激振器偏心距（%）	有效振动时间（min）	加速度峰值 G（m·s⁻²）		判据及结论
			振前	振后	
第一次	10	10（自动）	65.99	84.7	符合 JB/T 5926—2005 判据 3），a-n 曲线振后加速度峰值比振前升高，有效
第二次	38	20（自动）	79.0	直线上升	

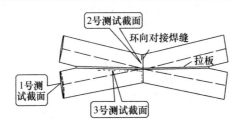

图 4.4-17　测试截面及测点布置

1、2、3 号截面振动前后等效应力强度如图 4.4-18～图 4.4-20 所示。

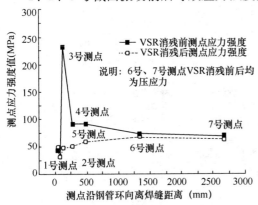

图 4.4-18　1 号截面振动前后等效应力强度

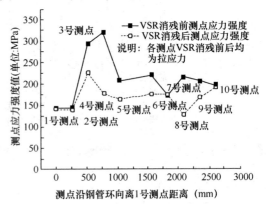

图 4.4-19　2 号截面振动前后等效应力强度

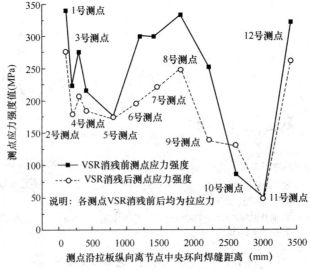

图 4.4-20　3 号截面振动前后等效应力强度

振动时效效果：

1号截面——最大拉应力峰值下降80%（3号测点）；

2号截面——大部分测点应力下降明显并得到均化，最大拉应力峰值下降44.5%（8号测点）；

3号截面——大部分测点应力下降明显，最大拉应力峰值下降20.2%（1号测点）。

小结：振动时效后焊缝附近的残余应力分布得到均化，整体下降幅度达20%～50%。效果良好。

4.4.3 焊后超声冲击处理工程应用实例

1. 超声冲击实例一（阳逻大桥 NB7 梁段主缆上锚箱试验构件）[17]

材质为Q345A，对吊索耳板（板厚52mm）与横隔板（板厚24mm）的角焊缝进行超声冲击。

（1）超声冲击工艺要求

压痕深度0.5±0.2（mm）；

压痕覆盖率大于90%；

冲击频率为1号测点20 kHz，2号测点27.5kHz。

（2）冲击位置

对焊缝、熔合区、焊趾、10mm宽母材热影响区（应力测点10mm×10mm部位除外，以保证测试所需的平整度）进行冲击。

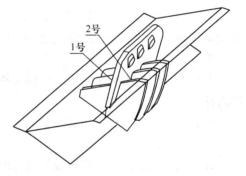

图 4.4-21 进行残余应力测试的焊缝测点
1号、2号测点均布置在焊缝的中部且在焊趾处；
1号测点在横隔板上；2号测点在吊索耳板上

（3）磁应变法测试冲击效果

应力测试方法为磁应变法，探头尺寸为14mm×14mm，焊缝测点分布见图4.4-21。选用20 kHz超声频率进行冲击，测试0.68、1.23、1.96、2.8（mm）四个不同深度的残余应力，以观察冲击对不同层深的时效效果，测试结果见表4.4-11。

使用超声频率 20kHz 时的残余应力测试结果　　　　　　　　表 4.4-11

测点号	频率（kHz）	构件状态	层深（mm）							
			0.68		1.23		1.96		2.8	
			σ_x (MPa)	σ_y (MPa)	σ_x (MPa)	σ_y (MPa)	σ_x (MPa)	σ_y (MPa)	σ_x (MPa)	σ_y (MPa)
1	20	冲击前	192	366	181	361	180	351	179	346
		冲击后	28	−51	76	91	119	202	121	225
2	27.5	冲击前	184	344	186	353	122	330	166	341
		冲击后	−19	−38	68	52	103	174	123	206
1*	20	冲击后1号	34	−42	79	98	122	201	115	219
2*	27.5	冲击后2号	−45	−19	71	62	111	170	119	213

注：σ_x 为测点垂直焊缝向应力，σ_y 为测点平行焊缝向应力；负值为压应力，以下同。

1*、2* 为增加冲击时间20min 的测试结果。

（4）应力测试结果

测试结果表明，冲击前距表层深度3mm内，不同层深的残余应力变化不大。

在 20kHz 超声频率冲击后浅表层应力降低幅值最大，甚至产生一定的压应力。层深 1.63mm 与 2.8mm 处应力降低幅值较小。层深 1.23mm 与 1.96mm 层之间的应力差别较大，说明该冲击工艺条件下，冲击后的塑性变形层在距表层深度 1.23mm 与 1.96mm 之间。

在 27.5 kHz 超声频率冲击下，其应力变化规律与 20 kHz 基本一致。整体降低幅值略大，但层深 1.96mm、2.8mm 处平均应力有相对较大降幅，说明 27.5 kHz 冲击条件下浅表层塑性变形层深度内冲击效果稍好。塑性变形层距表层深度没有大幅增加，仍在 1.23～1.96mm 范围内。

在相同冲击工艺条件下只延长冲击时间不能进一步释放应力，塑性变形层距表层深度仍在 1.23～1.96mm 之间。

48 小时后对两个测点进行相同方法的应力测试，应力没有反弹现象。

结语：

超声冲击可有效降低焊缝区及热影响区残余应力，并可产生一定的表面压应力，是局部消除残余应力的理想工艺方法之一。塑性变形层深度是超声冲击的有效时效层深，该层深一般在 1.5mm 左右。

调整冲击工艺中频率及冲击振幅可相应优化冲击处理效果，而单一延长冲击时间不能提高冲击效果。

2. 超声冲击实例二（高频超声冲击在甬-台-温大桥（2×90）m 叠合拱钢箱梁的应用）[18]

大桥梁拱结合部零件如隔板等受弯曲应力较大，致使结合部外表面产生较大拉应力，与焊接残余拉应力叠加，在动载荷作用下易引起结构疲劳损伤。采用了高频超声冲击以消减应力。

（1）冲击部位

冲击部位：横隔板、拱脚腹板与顶板角焊缝冲击区域如图 4.4-22 所示，冲击焊缝位置及角度如图 4.4-23 所示。冲击区域为横隔板、拱脚腹板角焊缝的焊趾和距顶板 50mm 范围内焊缝焊趾。

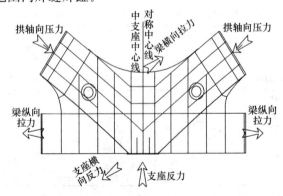

图 4.4-22　梁拱结合部大节点外形及受力示意

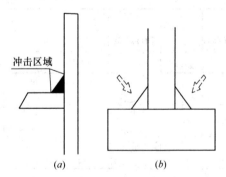

图 4.4-23　超声冲击焊缝位置及角度
（a）焊缝位置；（b）冲击角度

（2）冲击方法

冲击枪垂直于焊趾，只用自重力，做小范围往复运动，锤头移动最佳速度为 0.5～1m

·min^{-1}，每段往复处理 4 遍；

冲击角度：锤头对准焊趾线。锤头与板面夹角为 $60°\sim70°$。

冲击深度：冲击深度为 $0.1\sim0.2$mm，如图 4.4-24 所示。

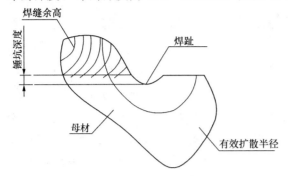

图 4.4-24　超声冲击深度示意　　　　图 4.4-25　超声冲击法操作现场实况

结语：大桥 2009 年 10 月 1 日正式运营，相关部位经超声冲击处理后未发生延迟裂纹，超声冲击法操作现场实况见图 4.4-25。

参 考 文 献

[1]　《邹区大桥钢箱梁制作中残余应力的消除》，四川建筑，2007.8，赵永军

[2]　《Q460 高强度焊接 H 型钢残余应力试验研究》，工业建筑，2012.1，童乐为等

[3]　《高强度钢材轴心受压构件的受力性能》，建筑结构学报，2009.2，施刚等

[4]　《D406A 高强钢焊接残余应力测试》，焊接技术，2005.2，何小东等

[5]　《残余应力测试方法 钻孔应变释放法[S]》GB 3395—1992

[6]　《Q390 钢多层多道焊接接头残余应力试验分析》，焊接技术，2012.9，方立新等

[7]　《箱型梁装配、焊接工艺与焊接应力分析》，全国钢结构学术年会论文集，2011.10，孔垂敏等

[8]　《焊接工艺参数对焊接残余应力的影响》。材料研究与应用。2010.3，贺启良等

[9]　《焊接工艺对薄板结构焊缝区残余应力的影响》，焊接技术，2007.3，闫俊霞等

[10]　《振动时效技术的现状与对策探讨》，机械动力学理论及其应用学术会议论集，2011.7，蔡敢为等

[11]　《高频激振时效技术的研究》，机床与液压，2005.9，何闻等

[12]　《阳逻大桥钢锚箱焊缝超声冲击降低焊接残余应力工艺试验研究》，钢结构，2008.3，阮家顺等

[13]　《超声冲击法提高焊接接头疲劳强度的机理分析》，天津大学学报，2007.5，王东坡等

[14]　《超声冲击方法提高焊接接头疲劳强度》，天津大学学报，2005.8，张玉凤等

[15]　《振动时效消除焊接件残余应力效果的验证》，2009 全国钢结构学术年会论文集，王伟

[16]　《珠江新城西塔 X 形钢管节点制作及残余应力消减工艺》，钢构技术，陈国栋等

[17]　《阳逻大桥钢锚箱焊缝超声冲击降低焊接残余应力工艺试验研究》，钢结构，2008.3，阮家顺等

[18]　《提高高速铁路钢桥主要焊缝疲劳寿命的工艺措施——高频超声冲击技术》，钢结构，2010.11，金健等

第5章 钢结构焊接裂纹及其防止

焊接裂纹能导致结构断裂的恶性事故，因而历来是重型钢结构工程中质量控制的重点。焊接裂纹可按生成时段分为热裂纹和冷裂纹（延迟裂纹或氢致裂纹），还可按其位置、走向、生成原因分类。热裂纹产生与焊缝金属的冶金过程有关，直接影响因素为母材及焊材的化学成分、熔池及焊缝形状。冷裂纹产生与焊接热输入、焊缝及热影响区的热循环特点、焊接应力和材料组织、性能特征有关，直接影响因素多而且相互关系复杂。20世纪中期发达国家许多学者对焊接裂纹发生机理、影响因素及防止措施已有全面深入的研究，不论在钢材裂纹敏感性、热输入及冷却速度、焊接应力及拘束度以及焊接工艺的影响等方面均有系统的论述并形成了规范性的计算公式、系列图表、标准试验评定方法以供工程技术人员使用。由于钢铁、机电工业的发展，钢材的焊接性，焊材的成分、性能日趋优良，焊接工艺方法、设备更为完善，并已在长达半个世纪内积累了丰富的工程实践经验。相关成果也已被国内的学者和专业技术人员广泛借鉴应用，至今有关焊接裂纹的问题在工程中虽有出现，也仅属于偶发事件，只要质量管理体系运行正常，一般均能避免裂纹的发生，因此对于相关的原理、技术本章仅以简短篇幅涉及。唯有与板厚相关的焊接裂纹问题，由于国内重型钢结构的发展起步较晚，在20世纪末、21世纪初工程中钢结构的层状撕裂时有出现，直至近年来在钢材选材（成分、厚度方向性能）、钢结构节点设计的优化及先进焊接工艺技术的采用后，才得到有效的控制，因而有必要在本章中着重阐述以达到相互交流、推广应用的目的。

5.1 钢结构焊接常见裂纹种类、起因及防止

5.1.1 焊接裂纹主要种类

按裂纹走向区分有纵向裂纹、横向裂纹。

按裂纹出现位置区分有焊缝内晶间裂纹、弧坑裂纹、焊缝根部裂纹、焊趾裂纹、热影响区裂纹、焊道下趾部裂纹、层状撕裂。见图5.1-1、图5.1-2。

按裂纹生成原因区分有氢致裂纹。

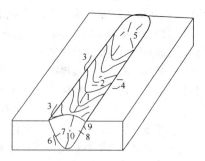

图5.1-1 对接接头各种裂纹的分布

1—焊缝纵向裂纹；2—焊缝横向裂纹；3—热影响区纵向裂纹；4—热影响区横向裂纹；5—弧坑裂纹；6—焊道下裂纹；7—焊缝内晶间裂纹；8—热影响区向焊缝贯穿裂纹；9—焊趾裂纹；10—焊缝根部裂纹

5.1.2 焊接热裂纹起因及其防止

焊接热裂纹生成于液态凝固至固态的高温区，其产生受形成低熔点共晶的硫、磷等杂质的影响最大。热裂纹与熔池结晶的方向有关，一般出现在焊缝中结

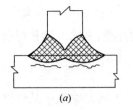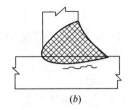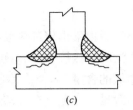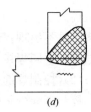

(a)   (b)   (c)   (d)

图 5.1-2 T 形接头层状撕裂的形态和分布

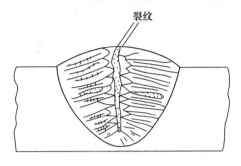

图 5.1-3 焊接热裂纹在焊缝中的出现区域

晶交界面，如图 5.1-3 所示。在现代材料中硫、磷等杂质成分已严格控制的条件下，焊接工艺上只要控制坡口的角度和熔深，使图 5.1-4（<i>a</i>）所示的焊缝宽深比 B/H 大于 1.1，即可避免热裂纹的产生，如图 5.1-4 中（<i>c</i>）所示。

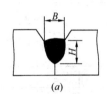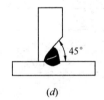

(a)   (b)   (c)   (d)   (e)

图 5.1-4 焊接热裂纹与焊缝宽深比的关系示意

5.1.3 焊接冷裂纹起因及其防止

在高强钢及重型厚板结构的施工中，冷裂纹的控制需着重关注。

1. 焊接冷裂纹形成因素

（1）接头中存在硬脆显微组织；

（2）焊缝扩散氢含量较高；

（3）接头的拘束应力较大。

2. 主要控制因素

包括焊缝成分、热输入、冷却速度等。

钢材的碳当量是产生接头硬脆组织的内因，用碳当量 CE（%）可表示钢材淬硬倾向和焊接性的好坏；低碳微合金高强钢可用冷裂纹敏感组分 P_{cm}（%）表示。限制 CE（%）及 P_{cm}（%）可以减小冷裂纹敏感性。

3. 焊接冷裂纹防止措施

（1）控制 800～500℃ 之间冷却速度

控制 800～500℃之间冷却速度（$t_{8/5}$）在 10s 以上，80s 以下（对低合金高强钢），使接头区既不出现淬硬组织也不出现过热粗晶组织，其工艺措施即为控制热输入量和焊前预热温度。不同焊接方法时对接接头的 $t_{8/5}$ 可参考表 5.1-1。

（2）控制焊缝中氢的含量

控制焊缝中氢的含量，避免氢在冷却过程析出后向母材近缝区扩散，聚集于晶格缺陷中形成高压，而使焊趾或焊缝根部产生裂纹。

控制母材表面、焊条、焊剂及保护气体中的水分，是控制焊缝中氢的含量，降低冷裂倾向的主要措施。

焊后消氢热处理有助于氢的加速扩散远离焊缝、应力集中区和脆化区，可以防止延迟裂纹。消氢加热温度和保温时间根据板厚确定。

不同焊接方法对接接头冷却时间 $t_{8/5}$ 数值（s）　　　　　表 5.1-1

焊法	焊接线能量 (kJ·cm⁻¹) 预热温度(℃) 板厚（mm）	12			20			32		
		室温	75	100	室温	75	150	室温	75	150
焊条电弧焊	15	12	14	19	6	7.5	10	5	6.5	8.5
	35	35	42	56	18	22	29	15	18	24
	50	59	71	96	31	37	51	25	30	41
自动埋弧焊	35	54	65	89	27	32	44	18	22	30
	50	107	129	175	46	55	74	25	31	45
	75				84	100	137	37	44	60
熔化极气体保护焊	20	26	31	42	12	15	22	11	14	18
	35	67	81	110	32	39	53	30	35	48
	50	—	—	—	60	71	97	54	65	88

（3）焊前预热

焊前预热有利于防止冷裂纹，各国学者对预热温度的计算方法和规定如下：

1）日本学者提出的预热温度（T_0）计算公式

坡口形式 X、U、V 形时：$T_0 = 1330 P_w - 380$（℃）

坡口形式 K、T 形时：$T_0 = 2030 P_w - 550$（℃）

$$P_w = P_{cm} + 〔H〕/60 + R_F/4 \times 10^5$$

$$（或取 R_F/4 \times 10^5 = t/600）$$

式中　P_w——裂纹敏感性系数；

　　　R_F——拉力拘束度（N·mm⁻²）；

　　　t——钢材厚度（mm）；

　　　〔H〕——甘油法测定的扩散氢含量（ml/100g）。

该公式未含热输入、冷却速度因素的影响，而且对拘束度不论节点形式只按 $t/600$ 取值也与实际构件不完全相符。

日本焊接协会建立了抗裂试验裂纹率与预热温度、裂纹敏感指数（$P_c = P_{cm} + t/600 + H/60$，%）的关系如图 5.1-5 所示。

（日本焊接协会规格 WES3002）

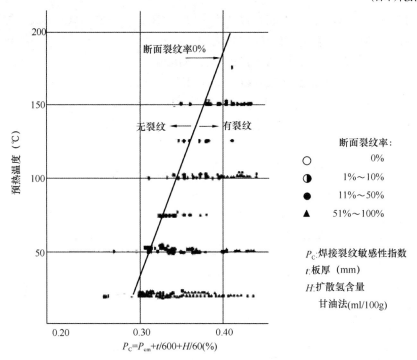

图 5.1-5　日本焊接协会确立的预热温度—裂纹敏感指数关系曲线

2）美国《钢结构焊接规范》AWS D1.1 提出了热影响区硬度控制法和含氢量控制法，已为国内相关业者所熟知。

热影响区硬度控制法只考虑热输入量和最高硬度，不考虑含氢量和拘束度，局限性较大；含氢量控制法把含氢量、裂纹敏感指数、拘束度、板厚各因素分级并综合考虑规定了预热温度表，该表虽未考虑热输入量的影响，但还是比较全面的估算方法，该规范表格已为国内相关业者广泛应用（规定的上限区段预热温度最高值为 160℃）。

3）德国钢铁学会提出从组合板厚、热输入、冷却时间（$t_{8/5}$）查曲线图（略）得出预热温度的方法，是以该国既定钢材的碳当量及其焊接性为基础的，应用于他国钢种则须做相当的试验才能绘出所需图表。

4）BS EN 1011-2：2001 采用的预热温度计算公式考虑综合了以下各因素的影响。

钢材碳当量因素：　　　　$T_{pCET} = 750 \times CET - 150$（℃）

碳当量 CET 每增加 0.01%，预热温度需提高约 7℃（曲线图略）。

板厚因素：　　　　$T_{pd} = 160 \times \tanh(d/35) - 110$（℃）

板厚增加预热温度提高，板厚增至 60mm 以上预热温度不再提高（曲线图略）。

扩散氢含量因素：$T_{pHD} = 62 \times HD^{0.35} - 100$（℃）（曲线图略）

热输入量因素：$T_{pQ} = (53 \times CET - 32) \times Q - 53 \times CET + 32$（℃）（曲线图略）

内应力因素：直至目前有关内应力与预热温度的关系仅限于定性的了解。在以下预热温度的计算时，已假设焊缝区内应力分别等于其焊材的屈服应力。

综合以上各因素，预热温度计算公式为：

$$T_p = T_{pCET} + T_{pd} + T_{pHD} + T_{pQ} \quad (℃)$$

或

$$T_p = 697 \times CET + 160 \times \tanh(d/35) + 62 \times HD^{0.35} + (53 \times CET - 32) \times Q - 328 \quad (℃)$$

适用范围：结构钢的屈服强度不高于 1000MPa；

$$CET = 0.2 \sim 0.5\%；\quad d = 10 \sim 90mm；$$

$$HD = 1 \sim 20ml/100g；\quad Q = 0.5 \sim 4.0kJ/mm。$$

该规范的规定在碳当量中对碳、锰、硅的含量范围比较宽，其他因素涉及较全面，尤其适合应用于现代发展的低碳微合金体系高强结构钢。绘制的三因素曲线图（略）为工程施工提供了简便的预热温度确定方法。

5）我国《钢结构焊接规范》GB 50661—2011 对预热温度的规定见表 5.1-2。

常用钢材最低预热温度要求（℃）（GB 50661—2011）　　　　　表 5.1-2

钢材类别	接头最厚部件的板厚 t（mm）				
	$t \leqslant 20$	$20 < t \leqslant 40$	$40 < t \leqslant 60$	$60 < t \leqslant 80$	$t > 80$
Ⅰ [a]	—	—	40	50	80
Ⅱ	—	20	60	80	100
Ⅲ	20	60	80	100	120
Ⅳ [b]	20	80	100	120	150

注：1. 焊接热输入约为 15~25kJ·cm⁻¹，热输入每增大 5kJ·cm⁻¹，预热温度可比表中温度降低 20℃；
  2. 当采用非低氢焊接材料或焊接方法焊接时，预热温度应比表中规定的温度提高 20℃；
  3. 当母材施焊处温度低于 0℃时，应根据焊接作业环境、钢材牌号及板厚的具体情况将表中预热温度适当增加，且应在焊接过程中保持这一最低道间温度；
  4. 焊接接头板厚不同时，应按接头中较厚板的板厚选择最低预热温度和道间温度；
  5. 焊接接头材质不同时，应按接头中较高强度、较高碳当量的钢材选择最低预热温度；
  6. 本表不适用于供货状态为调质处理的钢材；控轧控冷（TMCP）钢最低预热温度可由试验确定；
  7. "—"表示焊接环境不低于 0℃时，可不采取预热措施。
  a. 铸钢除外，Ⅰ 类钢材中的铸钢预热温度可参照 Ⅱ 类钢材的要求确定；
  b. 仅限于 Q460、Q460GJ 钢。

6）国内各行业规范及 AWS D1.1 规定的焊接最低预热温度见表 5.1-3。

国内各行业及 AWS D1.1 焊接最低预热温度规定　　　　　表 5.1-3

规范、规程名称（焊接方法）	板厚（mm）	预热温度（℃）		板厚（mm）	预热温度（℃）	加热范围	测温位置
AWS D1.1-02 \06（焊条电弧焊、实心及药芯焊丝气保焊、埋弧焊）		ASTM A572Gr42 \50 \55 ASTM A36			ASTM A572 Gr60 \65	焊缝两侧，宽度各为施焊处板厚的 1.5 倍以上，且不小于 100mm	距离待焊起弧处各方向不小于 75mm，宜在焊件反面测量
		低氢焊条、埋弧、气保焊	非低氢焊条		低氢焊条、埋弧焊、气保焊		
	3~20	0	0	3~20	10		
	>20~38	10	65	>20~38	65		
	>38~65	65	110	>38~65	110		
	>65	110	150	>65	150		

续表

规范、规程名称 （焊接方法）	板厚 （mm）	预热温度 （℃）	板厚 （mm）	预热温度 （℃）	加热 范围	测温位置
《钢制压力容器焊接规程》JB/T 4709—2007	Fe-1 类 1～4 组钢号 1 组：20g、20R、Q235、16Mn、20MnG------； 2 组：16MnR、15MnNiDR、09MnNiDR------； 3 组：15MnVR、15MnNbR； 4 组：08MnNiCrMoVD------。				/	板厚小于50mm时，于焊缝两侧宽度为各板厚 4 倍以上，且不小于 50mm。 板厚大于 50mm时为 75mm
	≤25	10				
	>25	≥80				
《北京市城市桥梁工程施工技术规程》DBJ 01-46-2001（定位焊、焊条电弧焊、埋弧焊）	16Mn				焊缝两侧宽度50～80mm	/
	15～32	80～120				
《公路桥涵施工技术规程》JTJ 041—2000（定位焊、焊条电弧焊、埋弧焊）	高强度低合金钢		碳素结构钢		焊缝两侧宽度50～80mm	/
	25 以上	80～120	50以上	未规定		
《铁路钢桥制造规范》TB 10212—98	由焊接性试验及工艺评定确定				/	/

5.1.4　层状撕裂起因及其防止[1]

1. 层状撕裂起因

（1）钢材由铸锭轧成板材后，晶间存在的硫化锰、氧化物、硅酸盐夹杂物也被轧成薄片状与金属带状组织共存。如金属冶炼纯度不高，夹杂物较多轧制后形成连续的片状分布，使钢材厚度方向的延性降低。或由于冷却过程中组织偏析使板厚中心韧性较低。

（2）在 T 形、十字形及角接接头焊接时，易由于焊接收缩应力作用于板厚方向而使板材沿轧制带状组织晶间产生台阶状层状撕裂，其位置一般在焊缝近缝区的脆性区以外，如图 5.1-6、图 5.1-7 所示典型形态。

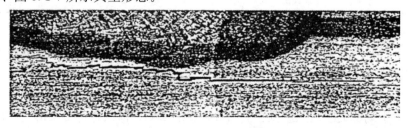

图 5.1-6　层状撕裂的典型形态

2. 层状撕裂产生的影响因素

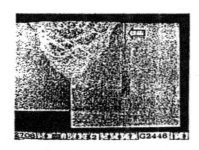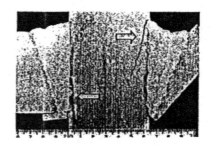

图 5.1-7　箱形柱角接接头的层裂形态

（1）钢材成分（尤其是含硫量偏高）与厚度方向延性（以断面收缩率为评定的指标偏低）；

（2）焊接节点形式（T 形、十字形或角接接头）；

（3）接头坡口形式与尺寸（单面坡口、上述接头形式翼缘板厚度方向的焊脚尺寸大）；

（4）焊接工艺参数（热输入大）；

（5）焊接顺序（非对称施焊）；

（6）由焊材或母材表面带入的焊缝扩散氢含量（偏高）；

（7）焊接预热及后热等各种因素的综合影响。

3. 层状撕裂的防止

（1）选用 Z 向钢

焊接 T 形、十字形、角接接头，当其翼缘板厚度等于或大于 40mm 时，设计宜采用抗层状撕裂的钢板。

钢材的厚度方向性能级别（Z15、Z25、Z35）应根据工程的结构类型、节点形式、板厚、焊接工艺条件和受力状态的不同情况选择。

钢板厚度方向性能级别 Z15、Z25、Z35 相应的含硫量、断面收缩率应符合国家现行标准《厚度方向性能钢板》GB/T5313 的规定，见表 5.1-4。

钢板厚度方向性能级别及其含硫量、断面收缩率值（GB/T5313）　　　表 5.1-4

级别	含硫量≤（%）	断面收缩率（ψ_z%）	
		三个试样平均值不小于	单个试样值不小于
Z15	0.01	15	10
Z25	0.007	25	15
Z35	0.005	35	25

钢材厚度方向性能级别的选择方法：

现有各种资料推荐了选择钢板厚度方向性能级别的定量或计算方法，但所考虑的因素尚不够全面，结果不易准确，如：

1）层状撕裂敏感指数：$P_L = P_{cm} + [H]/60 + 6S$

该式考虑了钢材裂纹敏感组分、氢和含硫量的影响，但未考虑接头形式、尺寸和焊接顺序等，因而未被广泛应用。

2）德国钢结构委员会（DASt）和德国焊接学会（DVS）共同制定了"焊接钢结构中避免层状撕裂的建议（DASt）"——国际焊接学会文件 DOC. IIW810-85。

该文件定义了层状撕裂危险性指数（LTR）＝影响因素（$A+B+C+D+E$）

影响因素可为正值或负值，正值越大代表越易撕裂，负值的绝对值越大代表抗层裂性能越好，见表 5.1-5。最终根据层裂危险性指数（LTR）按照表 5.1-6 选择钢材厚度方向性能级别。

该方法适用对象为 60mm 以下的中厚板，对于近代钢结构广泛使用的厚板或特厚板，公式中与板厚直接相关的影响因素 A 和 C，其影响系数未必仍然随板厚保持直线线性关系。此外该计算方法未考虑钢材强度等级及扩散氢的影响，未考虑后热消氢的有利作用。

层状撕裂危险性指数 LTR 与各影响因素的计算关系　　　　表 5.1-5

INF（X）	参 变 因 数	LTR
INF（A）	焊脚尺寸 S（mm）　　INF（A）＝0.3S，S＝10	3
	S＝20	6
	S＝30	9
	S＝40	12
	S＝50	15
INF（B）		25
		−10
		−5
		0
		3
		5
		8

续表

INF（X）	参 变 因 数		LTR
INF（C）	INF（C）＝0.2δ 接头横向拘束	δ＝20mm δ＝40mm δ＝60mm	4 8 12
INF（D）	拘束度 R_F：　低—可自由收缩，如 T 形接头 中—可部分自由收缩，如箱形梁隔板 高—难以自由收缩，如环焊缝		0 3 5
INF（E）	预热条件：不预热 预热温度 T_0＞100℃		0 －8

按照层裂危险性指数选择钢材厚度方向性能　　　　　表 5.1-6

LTR	ψ_z（%）	
	平均值	最小值
≤10	—	—
10～20	15	10
20～30	25	15
＞30	35	25

3）《钢结构焊接规范》GB 50661—2011 规定选用 Z15 的板厚界限为 40mm，是根据国内钢材生产厂的设备、工艺实际情况及产品质量和实践经验所作的一般规定，如对于板厚40mm 以下的角接接头，由于规范未规定采用 Z15，因而实际工程中频繁出现层状撕裂事件，必须在坡口设计上特殊优化处理。

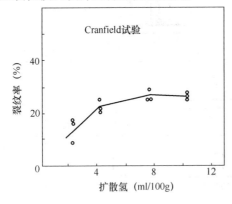

图 5.1-8　氢对层状撕裂的影响

（2）提高轧制压缩比

目前国内中大型钢厂由于使用 200～250mm 厚度的连铸坯生产 50～60mm 厚板，轧制压缩比较低（压缩比应大于 4），因而使钢材厚度方向的延性较低，其 ψ_z 值虽然符合标准合格要求，但产品的实际值较低，在钢板定购时应谨慎选择。

（3）预热和焊后消氢处理

采用焊前预热和焊后消氢处理可降低冷却速度并减少扩散氢含量，从而提高抗层状撕裂的能力。氢对层状撕裂的影响见图 5.1-8。

（4）优化节点构造设计

防止层状撕裂的节点构造如图 5.1-9 右侧所示。

图中：（a）采用小坡口及小间隙，减小焊缝横截面，尤其是垂直于翼缘方向的焊缝厚度，以减小焊缝收缩时翼缘板厚方向受到的拉应力；

（b）采用对称坡口或偏向于腹板的坡口，改变焊缝收缩应力的方向使其与翼缘成角度，以减小翼缘板厚方向受到的拉应力；

（c）采用对称坡口可减小单侧的焊缝厚度；

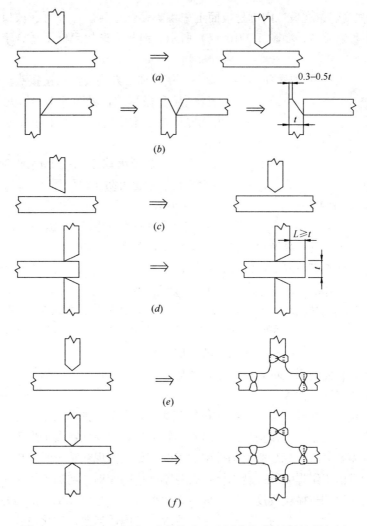

图 5.1-9 T形、十字形、角接接头防止层状撕裂的设计原则示意

（*d*）加长角接接头的翼缘使之伸出接头区，避免板端处于无约束状态而易于开裂；

（*e*）在 T 形接头中采用过渡段，以对接接头取代 T 形接头；

（*f*）在十字形接头中采用过渡段，以对接接头取代十字形接头。

（5）焊接工艺上采用防止层状撕裂的措施

1）采用双面坡口对称焊代替单面坡口非对称焊，如图 5.1-10（*a*）所示。在制造厂较易实现，在工地安装位置施焊时受到限制。

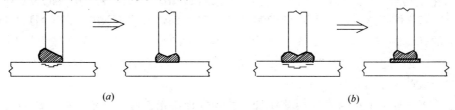

图 5.1-10 防止层状撕裂的焊接工艺措施

2）采用低强度焊条在坡口内母材板面上先堆焊塑性过渡层，也可在坡口内翼缘表面先堆焊一层以减小收缩应力，如图 5.1-10（b）所示。但其生产效率低不适合于大规模生产和施工。

焊前宜用机械方法加工

图 5.1-11　用冷加工方法去除厚板热切割表面的硬化层

3）用冷加工方法去除角接接头翼板火焰切割面的淬硬层和微裂纹，见图 5.1-11。此工序对于高强度钢厚板是很重要的，增加工序和生产成本也是必要的。

在多头数控火焰切割机上用加热焰预热切割边后再进行切割也可防止淬硬层产生。

4. 小结

层状撕裂的影响因素及预防措施较多，主要应从钢材质量优化着手，其次是坡口形式、焊接顺序和焊接工艺的优化。钢材 Z 向性能的提高目前在国内大型知名钢厂技术上已成熟，Z 向钢的选用等级主要涉及建设投资成本。鉴于设计规范仅规定板厚≥40mm 时应选用 Z 向钢，《建筑钢结构焊接技术规程》JGJ 81—2002 中 4.5 及 6.3（新编《钢结构焊接规范》GB 50661—2011 中 5.5.2 及 5.5.3）已规定：当翼缘板厚度≥20mm 时，为防止翼缘板产生层状撕裂，应采取节点构造设计和焊接工艺优化措施，以应对厚度 40mm 以下钢板较常出现的夹层及组织偏析问题。

坡口形式的优化是有限度的，取决于焊接施工可操作性，对于箱形构件角焊缝和一些特殊场合实际上无法采用双面坡口。

焊接顺序的优化如构件上多条焊缝对称轮流施焊，需要构件频繁翻身并需持续或反复加热保持道间温度；工地施工时接头双面坡口对称轮流施焊需要配置多个焊工、多台焊机；异型组合截面构件需要分解为标准截面构件然后组焊，无法实现在整个组合构件上对每个接头的对称焊接，而且由于组焊时往往利用构件自身刚性控制变形，增加了焊接拘束度。另外还涉及加工过程可采用的机械化程度、加工成本、效率等。有些特殊工艺措施并不适合于规模生产，如表面堆焊塑性层、长时间后热等，需要综合考虑适当选择优化措施。

5.2　工程焊接裂纹实例分析

5.2.1　冷裂纹实例

1. 冷裂纹实例一（支座梁与框架梁连接节点腹板裂纹）[2]

某石化工程钢结构支座梁与框架梁连接节点腹板处出现裂纹，裂纹产生的位置在主梁腹板与次梁腹板连接焊缝位置（主梁 HN700×300×13×24，次梁 HN700×400×14×30）。裂纹在接头的热影响区围绕接头呈半弧形。裂纹形态见图 5.2-1 梁立面图。所用钢材为 Q345B，成分及性能符合标准要求。裂纹分布于焊接接头的热影响区，为延迟裂纹。

（1）裂纹产生原因分析

施工人员在安装前擅自在腹板侧增加一块补强板，先进行了补强焊接，然后将次梁插入，随后安装主梁，将梁腹板紧贴补强在主梁腹板处进行二次焊接，造成局部区域焊缝密集，使这些部位的焊接残余拉应力叠加，是产生延迟裂纹的重要原因之一。

焊接过程中遭遇严寒（－7～－19℃），补强板焊前未预热和焊后未保温缓冷。

露天低温施焊环境湿度大，施焊前对焊条未采取严格的烘干、保温和领用措施，焊条药皮中的水分较高；造成焊缝金属中氢的聚集，也是延迟裂纹产生的一个潜在因素。

（2）返修工艺措施

返修前先卸除缺陷处荷载，尽量增加焊缝收缩的自由度。

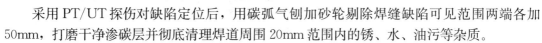

图 5.2-1　梁立面图

选用 E5015 或 E5016 低氢型焊条，ϕ3.2mm。严格烘干（350℃烘焙 1h）和保温措施。

采用 PT/UT 探伤对缺陷定位后，用碳弧气刨加砂轮剔除焊缝缺陷可见范围两端各加50mm，打磨干净渗碳层并彻底清理焊道周围 20mm 范围内的锈、水、油污等杂质。

焊接前，对焊缝两侧 75～100mm 宽周围区域用氧-乙炔火焰加热到 120℃（考虑 T 形接头实际热传导情况和环境温度低于 0℃），用测温仪在距焊缝 100mm 处测量，并搭设临时防风棚。

用双面多层多道焊或分段间隔跳焊，以减少焊接残余应力。

在焊缝两侧 100mm 宽度内后热至 200℃，消氢处理 1h 后用石棉被等保温缓冷。

2. 冷裂纹实例二（过滤分离器延迟裂纹）[3]

某过滤分离器内径为 900mm，壳体材质为 15MnNbR，板厚为 36mm，进口快开盲板材质为 SA350，相当于 16Mn 锻件，两者间用双面不对称坡口环焊，形状及尺寸见图 5.2-2。焊接材料采用 H08MnMoA 焊丝和 SJ101 烧结焊剂，经焊接工艺评定合格。在施焊 2 天后，外环焊缝表面整圈出现间隔较均匀的数十条横向裂纹，其长度基本贯穿整个焊缝宽度，见图5.2-3，是典型的延迟裂纹。

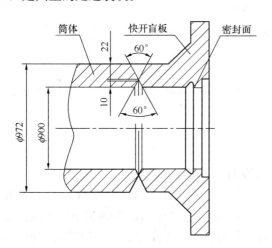

图 5.2-2　工件及坡口形状和尺寸

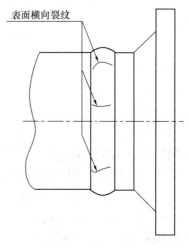

图 5.2-3　横向裂纹位置

（1）裂纹原因分析

预热温度未达到规范要求，且为冬季施工，冷却速度更快。一般情况下环形焊缝的拘束度较大，焊缝的环向收缩受阻，更易发生横向冷裂纹。

焊剂空置时间为 6h，吸潮后增加了焊缝扩散氢含量，较易产生延迟裂纹。

（2）返修工艺要求

按照 JB/T 4709—2007 要求，15MnNbR，板厚 36mm，最低预热温度应不低于 80℃，加热后测温位置为焊缝两侧各 50mm 处，以保证充分预热。

3. 冷裂纹实例三（高层钢结构框架梁栓焊连接节点裂纹）

某高层钢结构框架梁栓焊连接节点，H 形梁上翼板厚 60mm，节点形状及尺寸如图 5.2-4 所示。按规范先栓后焊，焊后腹板全宽度出现裂纹。

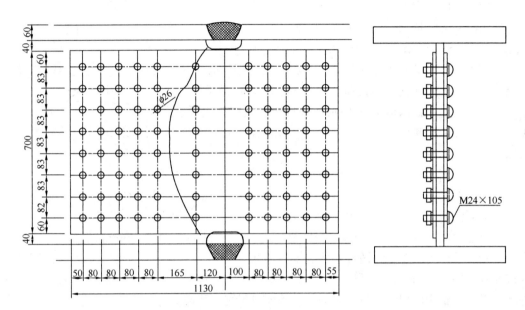

注：贴板材质为 SM490B，二块 −18×700×1130(mm)；
　　Sa2.5 级喷砂，孔径 d=26mm；高强度螺栓 10.9 级，M24×105。

图 5.2-4　翼缘焊缝超宽，拘束应力太大引发裂纹

（1）裂纹原因分析

翼缘对接焊缝间隙太宽，属严重超标，导致焊接收缩应力太大，以致由腹板过手孔应力集中处引发断裂。

（2）返修方法

切割后换板从新组焊。

4. 冷裂纹实例四（裙房钢结构屋顶钢结构 H 形钢梁腹板裂缝）

某工程东楼裙房钢结构屋顶为 36m×36m 的正方形平面屋顶，采用 H 形截面梁组成的井字梁结构，梁间距 9m，结构高度 1.5m。H 形梁材质为 Q235B。屋顶钢结构与主楼及裙房混凝土结构采用滑动铰支座连接（图 5.2-5）。在进行滑动支座顶板与箱形连梁底板焊接时，H 形钢梁腹板处产生了竖向裂缝，裂缝沿熔合线附近的走向及形态见图 5.2-6，在结构中的位置见图 5.2-7。

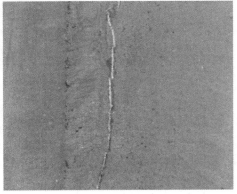

图 5.2-5　滑动铰支座连接　　　　　　　　图 5.2-6　裂缝的形态

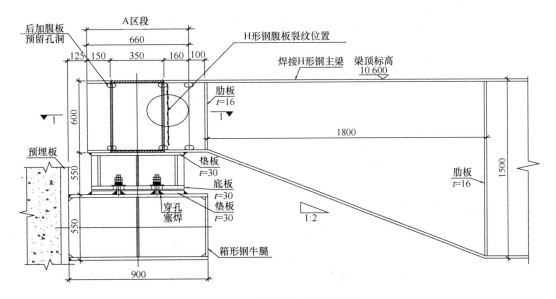

图 5.2-7　裂缝在结构中的位置

（1）裂缝起因分析

H 形钢梁与箱型连梁正交全焊连接，施焊时未制定合理顺序和预热措施，焊后结构中焊接残余应力较大，导致随后在滑动支座顶板与箱形连梁底板焊接时，产生复杂应力状态及应力叠加效应，使 H 形钢梁腹板处产生了竖向裂缝。

（2）修复方案

采用局部更换腹板的方法修复焊接残余应力所造成的腹板撕裂。处理步骤如下：

1）用气刨清除支座顶板与箱梁及 H 形钢梁的连接焊缝，要求完全脱离连接。

2）箱梁两侧侧板开洞，然后将箱梁与 H 形钢梁腹板连接处的焊缝用碳弧气刨、气割去除，取下与 H 形钢梁连接的箱梁侧板（先气刨侧板远离 H 形钢腹板一端的焊缝）。

3）切去 H 形钢梁中有裂缝部分的腹板，将 H 形钢腹板自端部用气割切除图 5.2-7 中 A 区段腹板（660mm 长）。

4）用打磨机对箱梁与 H 形钢梁各切口处进行若干次打磨，直至平直光滑、具有金属光泽，且无肉眼可见缺陷。

　　5) 加工一块 H 形钢梁腹板补焊板件及四块箱梁侧板补焊板件,形状及坡口尺寸见图 5.2-8～图 5.2-11。

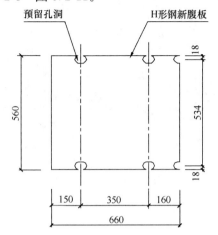

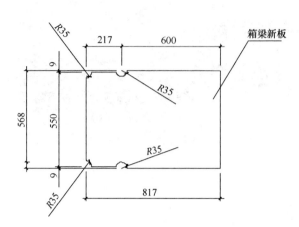

图 5.2-8　H 形钢梁腹板补焊板件形状及尺寸　　　图 5.2-9　箱梁侧板补焊板件形状及尺寸

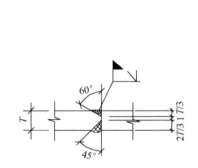
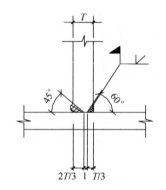

图 5.2-10　补焊板件对接坡口尺寸　　图 5.2-11　补焊板件 T 形接头坡口尺寸

　　6) H 形钢梁新板补焊

　　采用低氢焊条,E4316 型,按规范要求烘干、保存、取用。

　　焊接预热温度 100℃,在焊接过程中焊接区的温度不得低于 60℃（测温区域距焊口两侧 50mm 处并直到底部）。层间温度应不低于预热温度但不高于 200℃,并应经常测温以确保要求。

　　焊接顺序如图 5.2-12 所示。

　　先在 H 形钢上下翼缘间加两对支撑以限制其角变形,③及①、②各段焊缝 45°坡口内定位焊长 40mm,间隔 200～300mm。

　　焊接采用轮换焊:首先,焊接 45°坡口处焊缝,焊接顺序为③→①→②分别焊 2～3 道;其次,对 60°坡口处的焊缝进行清根打磨处理,仍旧按照③→①→②的焊接顺序分别焊 2～3 道;再次回到 45°坡口一侧按③→①→②的焊接顺序将余下焊缝焊完;最后轮换至 60°坡口一侧,将余下的焊缝焊完。

　　焊接后对节点区采用保温棉围裹保温,24h 后拆除保温棉,超声波探伤合格后进行下一步工序。

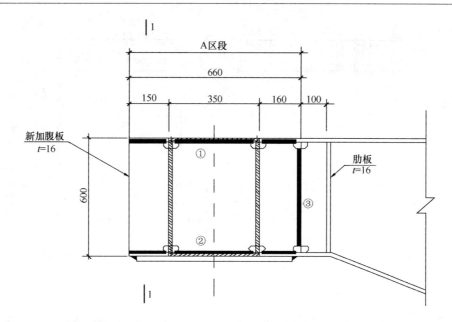

图 5.2-12 H 形钢梁新板补焊顺序示意（焊接顺序为③→①→②）

7）箱形梁与 H 形钢梁的焊接

焊接预热温度及要求同 H 形钢梁补板，焊接顺序见图 5.2-13。

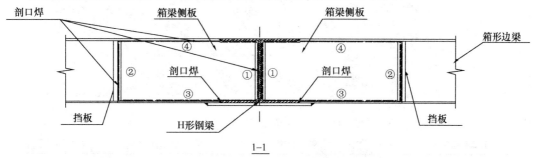

图 5.2-13 箱形梁与 H 形钢梁的焊接（焊接顺序为①→②→③→④）

先焊接箱形梁端部侧板，该侧板上的四条焊缝的焊接顺序为①→②→③→④，①→②轮换、对称焊；③→④轮换、对称焊。两箱梁由两焊工同时同步焊接。

焊接接口为带垫板的单面单侧坡口，坡口角 45°，间隙 6mm，钝边 1mm。

焊接后需对节点区进行保温处理，采用保温棉围裹保温，24h 后拆除保温棉，进行超声波探伤合格后再择时焊接固定支座顶板。

5. 冷裂纹实例五（高层钢结构钢板墙焊接裂纹）

某高层钢结构伸臂桁架层钢板墙焊接后，在 F43 层发现存在裂纹的焊缝 4 条。裂纹均出现在搭接接头双盖板角焊缝处，焊接位置为斜爬坡仰角焊，裂纹长度分别为构件号 F43GKLX03B-12（南侧）600mm、构件号 F43GKLX03B-12（北侧）320mm、构件号 F43GKLX03B-1（南侧 2 条）长度分别为 100mm 和 1000mm。

构件号 F43GKLX03B-1（南侧 2 条）典型缺陷焊缝及裂纹照片见图 5.2-14～图 5.2-16。

（1）焊缝类型与裂纹位置

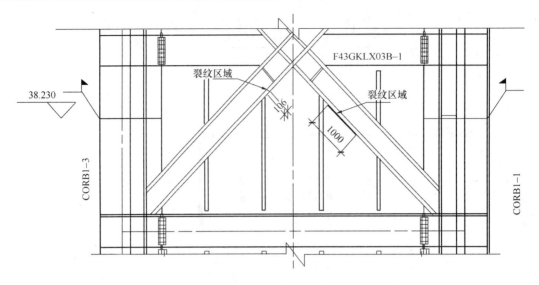

图 5.2-14　构件号 F43GKLX03B-1（南侧 2 条）裂纹位置

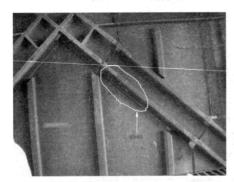

图 5.2-15　焊缝及裂纹位置照片

图 5.2-16　焊缝及裂纹位置照片

1）1 条裂纹发现在横向全熔透 T 形角对接焊缝的翼缘侧近缝区，接头及焊缝形式见图 5.2-17，使用焊材为实芯焊丝。在刨除打磨时观察到，裂纹由发生在 H 形钢梁上翼缘母材热影响区的层状撕裂扩展延伸而至 T 形角对接焊缝的近缝区。该 H 形钢梁上翼缘板厚 32mm，无 Z 向性能要求；

2）4条裂纹出现在搭接角焊缝中心位置（纵向裂纹），位于钢板墙有加劲肋刚性较大的部位及钢板墙锐角处拘束度大、应力复杂且集中的部位。接头及焊缝形式见图5.2-18，使用焊材为TWE-711药芯焊丝（钛型非碱性渣系，抗裂性稍差）。

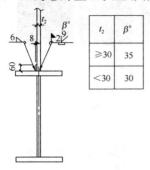

图 5.2-17　全熔透 T 形角对接
接头及焊缝形式

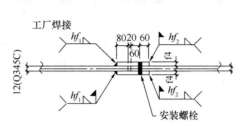

图 5.2-18　搭接角接接头
及焊缝形式

（2）裂纹起因分析

1）1条横向全熔透T形角对接焊缝层状撕裂裂纹的产生，与钢板墙竖向加劲肋部位刚性较大，以及钢梁翼板被撕裂部位材质偶存局部夹层缺陷有关；

2）2条搭接角焊焊缝中心纵向裂纹与TWE-711药芯焊丝本身抗裂性能较差有关，其中1条裂纹还和搭接盖板上与贴角焊缝垂直交叉的接长焊缝坡口间隙过大，因而产生复杂应力的综合因素有关；

3）其余两条搭接角焊缝与钢板墙锐角处拘束度大、应力集中而焊缝本身厚度不足有关。

（3）修复工艺优化措施

1）搭接角焊缝采用低氢型焊条取代TWE-711药芯焊丝，并加强预、后热工艺控制；

2）为降低焊接残余应力引发焊接层状撕裂的可能，对T形角对接坡口横焊相关的H形钢梁上翼缘母材，以及处于钢板墙安装焊接拉应力方向上的工厂焊缝，进行焊前超声波探伤。以防如图5.2-19所示。

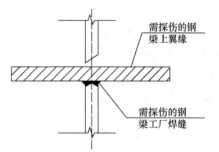

图 5.2-19　H 形钢梁上翼缘母材及
工厂焊缝超声波探伤要求

说明：钢梁上翼缘钢板使用直探头扫查；

钢梁上翼缘与钢板墙对应位置无法使用直探头扫查区域使用60°或70°斜探头扫查。

返修焊接一次合格。

5.2.2　热裂纹实例

1. 热裂纹实例一（焊接 H 形钢焊缝裂纹）[4]

构件规格为 H300×300×8×14 焊接型钢，埋弧自动焊接 8mm 的双面贴脚焊缝，焊材为 H08MnA 焊丝和 SJ301 焊剂，车间内生产，环境温度在 30℃ 左右。没有采取预热措施，焊缝裂出现在型钢两侧任意焊缝的中心，并沿着焊缝中线纵向通长开裂见图 5.2-20，且出现裂纹的构件数量较多。

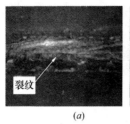 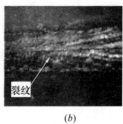 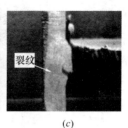

(a) (b) (c)

图 5.2-20　焊缝裂纹示意

(a) 焊缝裂纹；(b) 焊缝中心裂纹；(c) 渗透检测裂纹

（1）裂纹原因分析

通过现场察看焊缝裂纹图出现的部位并对多个构件进行断面着色渗透探伤，显像剂喷涂后裂纹走向清晰可见，从焊缝中心表面延伸至焊缝根部，甚至延伸进入母材。初步分析判定为焊缝中心结晶裂纹，属热裂纹的一种。

通过母材及焊材化学成分分析可见符合标准规定，焊缝成分分析结果见表 5.2-1，也属于正常范围。

焊缝成分　　　　　　　　　　　　　　　　　　　　　　　表 5.2-1

化学成分（%）					焊缝接头硬度 HV		
C	Si	Mn	P	S	母材	热影响区	焊缝区
0.17	0.16	0.45	0.023	0.024	143，175，175，148，126，138	203，226，221，237，241，229	268，286，289

对开裂焊缝断面进行检测计算得出焊缝成形系数为 1.1，焊缝成形系数偏小。

由于生产工序过程中未清理焊接区域致使很多杂质熔入到焊缝中，其次操作工人忽视工艺的严密性，随意更改焊接参数致使焊缝成形系数减小不利于焊缝结晶，因此以上两点致使焊缝中心出现裂纹。

（2）裂纹防止措施

1）焊前清理母材表面

2）减慢焊速，使焊缝成形系数大于 1.2。

2. 热裂纹实例二（三丝埋弧焊焊缝热裂纹）[5]

三丝埋弧焊线能量大，焊缝易出现热裂纹，见图 5.2-21。

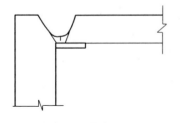

图 5.2-21　焊缝热裂纹

（1）热裂纹原因分析

1）焊接线能量大，熔池长而深，易产生结晶裂纹。

2）焊缝冷却时间长，熔池凝固慢，合金元素烧损相对较严重。

（2）裂纹防止措施

1）降低焊丝的硫、磷含量，以减少最易使热裂纹产生的低熔点硫化物、磷化物共晶。提高焊丝的含锰量，以补偿其高温烧损。添加适量的钼，保证焊缝强度要求。

大线能量焊接用焊丝的化学成分见表 5.2-2。

2）厚板用双/三丝焊接坡口底部，采用较小电流（650～700A）、略低的电压和焊接速（50～60cm·mm^{-1}）以改善焊道形状。填充层可提高电流（650～850A），提高焊接速度（55～75cm·mm^{-1}）。表面焊道采用较小电流或单/双丝焊接，以得到良好的焊缝性能和外形。

大线能量焊接用焊丝及常规焊丝的化学成分　　表 5.2-2

焊丝牌号	C	Si	Mn	Gr	Ni	Cu	S	P
H10Mn2	≤0.12	≤0.07	1.5～1.9	≤0.20	≤0.30	≤0.20	≤0.035	≤0.035
大线能量焊接用焊丝	0.08～0.14	≤0.10	1.9～2.2	≤0.20	≤0.30	≤0.20	≤0.010	≤0.010

5.2.3　层状撕裂工程实例及分析[1]

1. 层状撕裂实例一（超高层钢结构箱形柱翼板板厚中心延迟裂纹）

某超高层钢结构（TJGM）箱形柱翼板板厚中心材质疏松处发生延迟裂纹。

节点裂纹位置及形态见图 5.2-22。

（1）节点概况

钢材：ASTM A572Gr50（P0.016，S0.002；Ceq0.4），250mm 厚连铸坯轧至 100mm，压缩比仅为 2.5：1，未经 UT 检验；

0℃冲击功，$t/4$ 板厚处：L 向 128J，Z 向 79J；

　　　　　　　　$t/2$ 板厚处：L 向 31J，Z 向 16J；

Ψ_Z（%）：65，65，73；

节点形式：箱形截面构件的角接接头，翼板及腹板厚 100mm；

坡口形式：V 形 30°，间隙 10mm，钝边 0－1mm；

热输入：预热 100～150℃，多层多道，多次翻身对称焊；

打底焊条电弧焊 12kJ·cm^{-1}；气保焊 10kJ·cm^{-1}；

埋弧焊单丝：26～105kJ·cm^{-1}；

埋弧焊双丝：前丝＋后丝 21kJ·cm^{-1}＋20kJ·cm^{-1}；

层裂危险性指数 LTR：$A=20$，$B=6$，$C=20$，$D=0$，$E=-8$

$$A+B+C+D+E=38$$

按 $LTR>30$ 要求用 Z35，订货虽未要求但实物的 S 和 Ψ_Z 已达到 Z35 水平。

（2）裂纹原因分析

钢材订货未要求 Z 向拉伸性能，因此未经 UT 检验。由于 250mm 厚连铸坯轧至 100mm，压缩比仅为 2.5：1，在未采取其他优化的轧制工艺措施条件下，尽管实物的 S 和 ψ_Z 已达到 Z35 水平，焊接工艺条件甚优，也不能满足抗层裂的要求。

（3）改进工艺措施

柱翼板焊前刨边去除热切割后表面硬化层（板厚中心部位 HV10＝194～310）；焊完后整柱置于地炉中电加热至 150℃，保温 3h，或按 Z35 要求从新订货。

工艺改进结果：经 UT 无层裂。

2. 层状撕裂实例二（焊接十字形钢柱板厚中间分层裂纹）

某工程（cwh）焊接十字形钢柱，构件制作时目测发现板厚中间有线形条纹，疑为分层裂纹，经超探 164＋152 个区域，面积 803600cm^2＋744800cm^2，缺陷面积率 30.3%

图 5.2-22　延迟裂纹位置

+27.5%。

钢板弯曲试样板厚中心开裂，裂纹两侧夹杂物级别为 A2.5，B1，C1，D1，多为氧化锰，有些为硫化锰、氧化铝；板厚中部 Mn、C 正偏析，组织大部或全部为珠光体，个别部位可见马氏体（HV10 为 560，542，554）。

（1）节点概况

钢材：Q345B（热轧），翼缘及腹板厚 30mm，

化学成分（%）：C0.20，Si0.44，Mn1.41，P0.011，S0.022，Ceq0.435；

20℃冲击功（J）：52、54、58；

节点形式：十字节点，翼板/腹板厚 30mm/30mm；

坡口形式：V 形 45°，间隙 6mm，钝边 0—1mm；

层裂危险性指数 LTR：$A=8$，$B=5$，$C=6$，$D=0$，$E=0$

$A+B+C+D+E=19$，按 $LTR=19$ 应要求用 Z15。

（2）裂纹原因分析

该钢材的碳当量及 S 较高，板厚中部 Mn，C 正偏析，个别部位出现高硬度马氏体，属于钢材质量不良。翼缘及腹板厚 30mm，设计规范不要求用 Z 向钢，但按 $LTR=19$ 应要求用 Z15，显然钢板厚度方向性能不能适应节点形式的要求。

（3）解决方案

采用预热、后热措施或改用 Z15 钢材。

3. 层状撕裂实例三（Ⅱ形双箱叠置亚字形截面梁翼板厚度中心微裂纹）

某工程（HX）Ⅱ形双箱叠置成亚字形截面梁（图 5.2-23），构件制作后检测出邻近焊缝的翼板厚度中心处用 UT 斜探头可测到微小疑似缺陷，但不易判定。切取试样断面上肉眼可见类似分层的线状缝隙，用 MT 能够测出。断面显微组织呈现珠光体偏析，个别部位有马氏体。

（1）节点概况

钢材：Q345GJD（热轧），翼板厚 60mm；

化学成分（%）：C0.14，Si0.33，Mn1.44，P0.02，S0.005，Ceq0.38；

−20℃冲击功（J）：150～200；Ψ_z（%）：60（平均值）；

节点形式：Ⅱ式箱形截面角接，翼板/腹板厚 60mm/50mm；

坡口形式：V 形 45°，间隙 6mm，钝边 0～1mm；

层裂危险性指数 LTR：

$A=18$，$B=5$，$C=10$，$D=0$，$E=-6$

$A+B+C+D+E=27$，按 $LTR>20$ 应要求用 Z25，

订货未要求 Z 向拉伸性能，但实物含硫量已达到 Z25 水平。

（2）裂纹原因分析

虽然钢材 Ψ_z 较高、S 较低，符合 Z25 水平，但钢材组织偏析严重，总体性能较差。由于检测取样为局部位置，说明仅从含硫量和 Z 向拉伸性能考虑不能充分满足抗层状撕裂的要求。

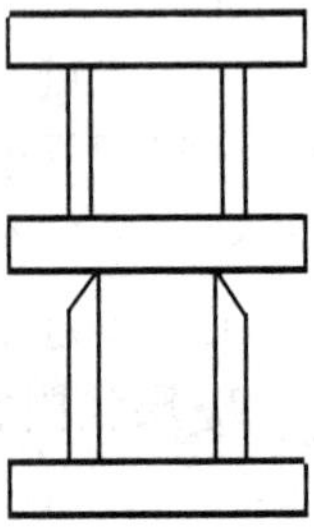

图 5.2-23　截面形式

（3）改进措施

宜按 Z25 订购钢材；加强焊接预热、后热措施。

4. 层状撕裂实例四（刚性井架柱翼缘板厚中心延迟裂纹）

某工程（WHCZ）刚性井架，柱间距 3.6m，构件制作后发现翼缘板厚中心偏外侧发生多处延迟裂纹（图 5.2-24），返修合格后别处又出现新的裂纹（图 5.2-25、图 5.2-26）。

图 5.2-24　返修前裂纹

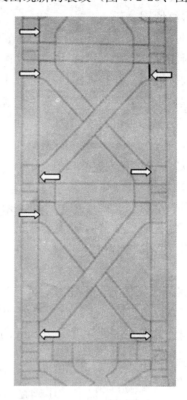

图 5.2-25　返修后裂纹

图 5.2-26　节点形式与裂纹位置（位于翼板厚度中心）

（1）节点概况

钢材：Q345B 热轧，板厚 30mm；

化学成分（%）：C0.14，Si0.30，Mn1.44，P0.012，S0.005/0.009，Ceq0.38（%）；

20℃冲击功（J）：195～219；Z 向 Ψ：未检测；

节点形式：箱形截面角接，翼板/腹板厚 30mm/25mm；

坡口形式：V 形 20°，间隙 6mm，钝边 0-1mm；

层裂危险性指数 LTR：$A=9$，$B=8$，$C=6$，$D=5$，$E=-6$

$\qquad A+B+C+D+E=22$　　按 $LTR=22$ 要求用 Z15 或 25，

订货未要求 Z 向拉伸性能，实物含硫量已达到 Z15/25 水平。

（2）裂纹原因分析

翼板/腹板厚 30mm/25mm 设计规范不要求用 Z 向钢，但该结构为柱间距仅为 3.6m 的高约束封闭框架。接头形式为层裂敏感性最大的角接，且由于柱梁截面尺寸相同而不能优化为开双侧坡口。并且斜撑焊缝受立柱与横梁的双重约束，因此可认为该结构及节点设计极不合理。工艺上，两焊缝未采用轮流施焊。因此仅靠现用钢材已不能满足抗层裂的要求。

（3）解决方案

1）增加焊接预热、后热措施。

2）优化焊接顺序

两斜撑一端与柱、梁连接节点的 4 条焊缝采用轮流施焊措施。各节点焊接顺序应从井架中间向两端扩展。横梁两端节点不能同时焊接。

3）最好改用 Z25 钢材，以简化焊接工艺，并为井架两片桁架间的现场安装焊接创造良好条件。

5. 层状撕裂实例五（钢柱盖面板与外伸加劲板的十字连接节点间断性延迟裂纹）

某工程（BGM3）钢柱盖面板与外伸加劲板的十字连接节点（图 5.2-27），在加劲板厚中心或偏外侧发生多处深度 5~8mm 的间断性延迟裂纹（图 5.2-28）。

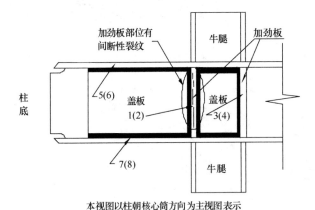

图 5.2-27　节点简图

图 5.2-28　裂纹位置示意

（1）节点概况

钢材：Q345C（热轧），隔板厚 36mm；

节点形式：双侧角接；

层裂危险性指数 LTR：$A=12$，$B=12$，$C=8$，$D=4$，$E=0$

$A+B+C+D+E=36$　　按 $LTR=36$ 要求应用 Z35。

（2）裂纹原因分析

加劲板板厚 36mm，设计规范不要求用 Z 向钢。该接头形式为层裂敏感性最大的角接，且是焊接节点双侧都有焊缝收缩的高约束条件，节点构造设计不合理；工艺上该两焊缝并未采用轮流施焊。现用钢材不能满足抗层裂的要求。

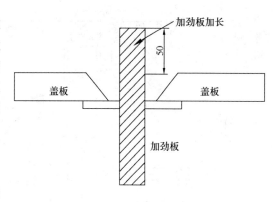

（3）解决方案

1）加劲板加长（图 5.2-29）。

2）加劲板开坡口并先堆焊低强高塑性焊条（图 5.2-30）。

图 5.2-29 加劲板伸长措施

3）优化焊接顺序

先焊拘束度最大的焊缝①，并从中间向两端施焊（图 5.2-31）。

4）增加焊接预热、后热措施。

工艺改进结果：经 UT 无层裂。

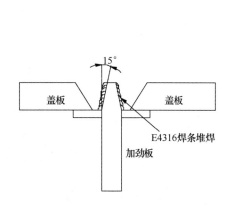

图 5.2-30 开双 V 坡口并在
加劲板上堆焊塑性层

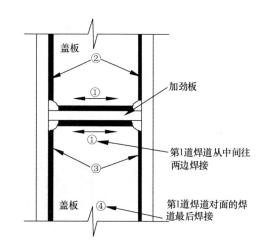

图 5.2-31 焊接顺序
优化示意图

6. 层状撕裂实例六（圆管柱－牛腿构件节点多发性裂纹）

某工程（NZB）圆管柱－牛腿构件节点（图 5.2-32），焊接后在角焊缝环板侧熔合线处出现多发性裂纹（图 5.2-33）。

（1）节点概况

1）钢材

圆管柱钢材 Q390GJC Z15 由三家钢厂供货，其中一家钢厂厚度 60mm 钢板含硫量很低，Ψ_z 较高，但 0℃冲击韧性很低。另一钢厂厚度 40mm 的钢板则含硫量仅合格，Ψ_z 较低，但 0℃冲击韧性较高。此种现象并非个别，其典型成分及性能见材质单（表 5.2-3、表 5.2-4）。

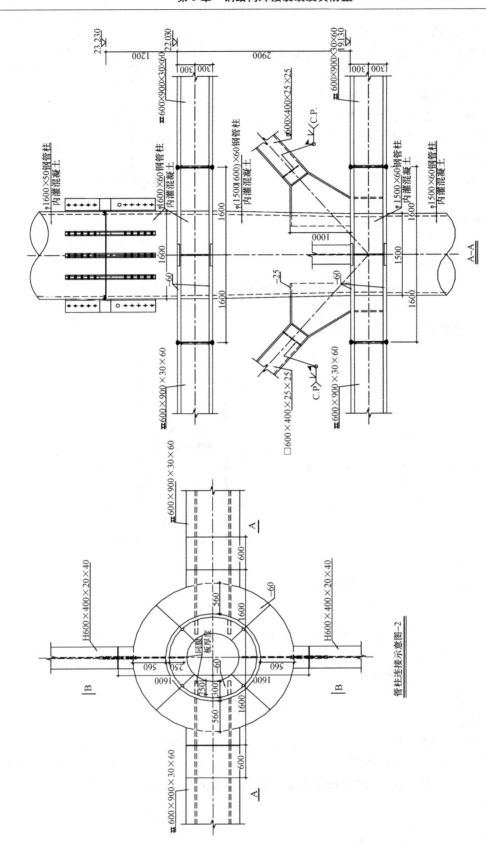

图 5.2-32　圆管柱-牛腿构件节点

甲钢厂典型材质单　　　　　　　　　　　　　　表 5.2-3

化学成分（%）											
C	Si	Mn	P	S	Al$_t$	Nb	V	Ti	Cu	Cr	Ni
0.16	0.26	1.45	0.014	0.003	0.035	0.034	0.046	0.017	0.04	0.08	0.04
0.16	0.24	1.46	0.011	0.001	0.029	0.036	0.045	0.013	0.04	0.06	0.03

力　学　性　能										
Y.S.	T.S.	E.L.	Ψ_z				Ψ_z Ave	弯曲	冲击功	
MPa	MPa	%	%	%	%		%	$d=3a$	℃	J	J
460	600	25.5	44	46	42		44	合格	0	24	50
450	600	21.0	50	47	52		50	合格	0	41	46

乙钢厂典型材质单　　　　　　　　　　　　　　表 5.2-4

化学成分（%）												
C	Si	Mn	P	S	Al$_s$	Nb	V	Ti	Cu	Cr	Ni	Mo
0.14	0.32	1.41	0.014	0.004	0.056	0.035	0.023	0.019	0.013	0.06	0.03	0.004
0.13	0.30	1.50	0.014	0.006	0.039	0.033	0.026	0.017	0.014	0.042	0.014	0.004

力　学　性　能									
Y.S.	T.S.	E.L.	Ψ_z			Ψ_z Ave	弯曲	0℃ 冲击功（J）	
MPa	MPa	%	%	%	%	%	$d=3a$	单　值	平均值
450	565	24.5	20	17	14	17	合格	207　181　195	194
400	550	31	20	22	22	21	合格	124　40　124	96

微量 B：0.00059% 及 0.00049%。

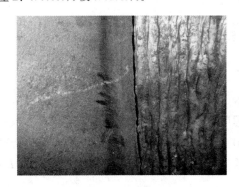 

图 5.2-33　裂纹位置图

2）节点杆件截面形式及尺寸（mm）：

圆管柱：Φ1500×60（50）；外环板：Φ3200×60；

箱内纵隔板厚度：40×4、20×2

箱形牛腿：Ⅱ 600×900×30×60；箱形斜撑：□ 600×400×25×25。

H 形牛腿：H600×400×20×40。

3）装配焊接顺序

组焊上下两个环段——主环缝探伤合格后组装焊接下环段与中间短管(图 5.2-34)——

组装上环段与最上方短管——组装下方 7321mm 长管（图 5.2-35）——组装上环段（图 5.2-36）——上转胎焊接环缝

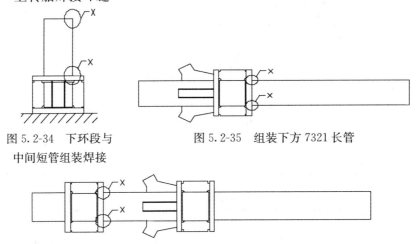

图 5.2-34　下环段与
中间短管组装焊接

图 5.2-35　组装下方 7321 长管

图 5.2-36　组装上环板

4）环缝焊接工艺及参数

图 5.2-35、图 5.2-36 中所示 X 处的坡口里大外小。焊接时从点焊开始就对称施焊，采用多层多道焊和退段焊，用实芯焊丝打底，避免用药芯焊丝打底。

主要节点形式：十字节点，翼板/腹板厚 60mm/60mm；

圆管柱坡口形式：×形，内侧 40°，外侧 50°，钝边 2mm，间隙 0-1mm（图 5.2-37）。

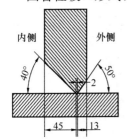

图 5.2-37　圆管柱坡口

热输入：预热温度 120～150℃；后热温度 250℃，保温 2.5h；

多层多道焊，圆管柱主环缝时，打底和填充都应采取对称焊和分段退焊；

5）层裂危险性指数 LTR：$A=14$，$B=-20$，$C=12$，$D=5$，$E=-8$

$A+B+C+D+E=19$，按 $LTR=19$ 应要求用 Z15；

（2）裂纹原因分析

相对于节点复杂程度，用 Z15 钢已属勉强符合要求，虽然两厂钢板实物 S 很低，但甲钢厂的 Ψ_z 较高，而 0℃冲击韧性很低。乙钢厂的 0℃冲击韧性虽很高，但 Ψ_z 仅高于合格值。由于两厂钢材的质量均不良，尽管层裂危险性指数 LTR 符合要求，却发生了裂纹。

初步分析为：由于采用分部组装后整体组焊的顺序，使十字接头未能两侧全对称轮流施焊，导致后焊管段时拘束应力太大而发生裂纹。由于构件不允许做破坏性检验，未能判别裂纹的起源，因而不能确定是环板焊缝下的层状撕裂引发熔合线开裂，还是单纯的熔合线冷裂纹。

（3）解决方案

减小拘束应力，使十字接头能全对称轮流施焊，为此必须采用整柱全部组装成一体上转胎施焊的方案，但该方案组件间临时固定连接较多，转胎上焊接量太大，车间生产时实现较困难。

实际生产采用将环形组件焊后消除应力热处理，然后与圆管段整体组焊的方案，改善了整体组焊时的应力状况，减小了焊接裂纹敏感性。由于环形组件高度尺寸不大，可一炉多装，操作性和经济性均可接受。

工艺改进结果：经 UT 无层裂。

7. 结语

以上列举的层状撕裂工程实例说明，仅依据计算的层状撕裂危险性指数 LTR，控制选择实物钢板的低 S 和高 Ψ_z 水平，即使焊接工艺条件优化，也不一定能满足抗层裂的要求，还应优选钢厂、严格控制供货钢板实际的全面质量，如韧性和板材厚度中心的组织偏析。

对于板厚≥60mm/70mm 时 Z25 或 Z35 的等级选择，宜充分评估结构节点构造、坡口和焊接工艺是否有优化的可能性，如无法通过优化降低层裂危险性指数 LTR，则 Z 向性能等级宜就高选择。

当翼缘板厚度≥20mm 时，在订货时宜补充要求钢板需经 UT 检验合格。对于板厚≥40mm 时宜要求 100％ UT 逐张检验合格。

参 考 文 献

[1]　《焊接层状撕裂工程实例、主因及对策评述》，建筑钢结构焊接综合技术，2011.7，周文瑛等
[2]　《钢结构裂纹成因分析及防范措施》，现代焊接，2011.7，王联忠
[3]　《过滤分离器焊缝横向裂纹原因分析与修复》，焊接技术，2008.2，黄钧等
[4]　《焊接型钢焊缝裂纹的原因分析》，钢结构，2013.2，李德学等
[5]　《大线能量埋弧焊凝固裂纹的产生及预防》，施工技术，2009.3，王国辉等

第6章　焊接钢结构疲劳失效、脆性断裂及其控制

6.1　概　　述[1]

6.1.1　钢结构疲劳

疲劳失效是指材料、构件在循环加载下产生局部损伤，并在一定循环次数后形成裂纹或使裂纹进一步扩展直到完全断裂的现象。

钢结构疲劳可按破坏循环次数高低、应力状态不同、荷载作用幅度和频率、载荷工况和工作环境区分加以分类。本章仅从破坏循环次数高低区分的疲劳类别予以论述。

1. 高循环疲劳（高周疲劳）

作用于零件、构件的交变应力水平较低，甚至只有屈服极限的三分之一左右，在材料弹性范围内，其应力与应变成正比。断裂前的循环次数一般高于 $10^5 \sim 10^7$。

2. 低循环疲劳（低周疲劳）

作用于构件的交变应力水平较高，通常接近或超过屈服极限，应力与应变不成正比。断裂前的循环次数较少，一般低于 $10^4 \sim 10^5$。

3. 超低循环疲劳（超低周疲劳）

交变应力下裂纹经历屈服过程，材料有一定的塑性变形，并且断裂之前只有极短的循环周期（一般少于 20 周）。

设备钢结构在正常使用时的疲劳破坏大多是高周疲劳破坏，即当断裂时没有明显的塑性变形，破坏突然，危害大。如重级或特重级（即工作级别为 A7、A8）吊车梁，运行若干年后发现在集中部位出现裂缝[2]。

压力容器、桥梁、海洋钢结构等服役期间的疲劳破坏大多属于低周疲劳，特别是海洋工程结构在服役海区不可避免地受到海洋风、浪、流、冰及地震等随机交变载荷作用，致使焊接缺陷很容易形成裂纹且不断扩展，严重地影响使用寿命，甚至发生灾难性的疲劳断裂事故。如 1965 年，英国北海发生的由石油钻井平台支柱拉杆脆断而引发的平台沉没事故。再如 1980 年，英国北海发生的因石油钻井平台桩腿疲劳断裂而引发的整个平台倾覆事故。[4]

铁路及公铁两用桥梁在车载反复作用下，构件关键焊接接头如斜拉桥桥面与索之间的锚箱焊接接头，正交异性桥钢箱梁 U 形肋与桥面板及横肋之间的焊接接头，其构造设计及焊接工艺、质量，对疲劳强度有较大的影响。

建筑钢结构框架柱-梁焊接节点在地震作用下的破坏属于超低周疲劳，构件首先产生高应变率和大塑性应变，随之延性裂纹扩展，在低循环次数下出现脆性断裂，并造成灾难性的破坏，此特征已在几次重大震害中得到证实。

因此，如何保证这些重要结构物在服役期间安全运行，准确评估和预测其服役寿命，避免疲劳断裂事故发生是钢结构工程中的重大课题之一。

高周疲劳与低周疲劳失效可分为 3 个阶段：[3]

第一阶段，在循环加载下，由于零、构件存在的夹杂成为严重的应力集中点并首先形成微观裂纹。此后，裂纹（长度大致在 0.05mm 以内）沿着与主应力约成 45°角的最大剪应力方向扩展成为宏观裂纹。

第二阶段，随着应力重复作用的次数增加，裂纹逐渐扩展，构件有效截面积减小。

第三阶段，当裂纹扩大到残存截面不足以抵抗外载荷时，便在某一次加载下突然断裂。

超低周疲劳破坏的阶段特点是：首先产生高应变率和大塑性应变，随之延性裂纹扩展，在超低周交变循环应力作用下出现脆性断裂。

焊接构件的疲劳破坏起源于焊趾处的几何尖角和焊渣以及焊缝内部缺陷，如气孔、夹渣、未熔合等。焊接接头疲劳强度大幅度地低于基本金属的疲劳强度，所以焊接结构的疲劳强度取决于接头的疲劳性能，而且疲劳寿命主要由接头的断裂韧性决定。

6.1.2 焊接接头疲劳性能的影响因素

1. 应力幅对焊接接头疲劳性能的影响

对于轧制钢材和非焊接结构，应力循环特征值 $\rho = \sigma_{min}/\sigma_{max}$ 越小，疲劳强度越低，反之则越高。

但对于焊接结构，由于焊缝附近存在很大的焊接残余应力峰值，ρ 值并不代表疲劳裂缝出现处的应力状态，实际的应力循环是从残余应力开始，变动一个应力幅 $\Delta\sigma = \sigma_{max} - \sigma_{min}$（$\sigma_{max}$ 为最大拉应力，σ_{min} 为最小压应力。拉应力取正值，压应力取负值）。因此焊接结构的疲劳性能直接与应力幅 $\Delta\sigma$ 有关，而与应力循环特征值 ρ 的关系不是非常密切。应力幅越大，疲劳寿命越小。

2. 应力集中对焊接接头疲劳性能的影响

焊接接头的应力集中程度随接头类型、焊缝形状、焊接缺陷、应力的循环次数而不同。

接头类型的影响：

焊接接头部位由于传力线受到干扰，因而发生应力集中现象。对接接头的力线干扰较小，因而应力集中系数较小，其疲劳强度也将高于其他接头形式。十字接头或 T 形接头由于在焊缝向基本金属过渡处具有明显的截面变化，其应力集中系数较高，疲劳强度要低于对接接头。搭接接头由于力线受到了严重的扭曲，其疲劳强度很低。

焊缝形状的影响：

因受焊接工艺及操作技术的影响，焊缝形状不同，特别是熔合线处过渡平缓程度不同（圆弧半径），其应力集中系数也不相同，接头疲劳强度具有较大的分散性。

3. 焊接缺陷对焊接接头疲劳性能的影响

焊接缺陷对接头疲劳强度的影响不但与缺陷尺寸有关，而且与缺陷的种类、方向和位置有关，如：

表面缺陷比内部缺陷影响大；

与作用力方向垂直的面状缺陷（如裂纹、未熔合等）的影响比其他方向的大；

位于残余拉应力区内的缺陷的影响比在残余压应力区的大；

位于应力集中区的缺陷比在均匀应力场中同样缺陷影响大（如焊缝趾部的缺陷导致疲劳裂纹并早期开裂）。

4. 应力的循环次数对焊接接头疲劳性能的影响

在循环加载下，产生疲劳破坏所需应力或应变的循环次数，称为疲劳寿命 N。在一定的平均应力 σ_m（或一定的应力比），不同应力幅 $\Delta\sigma$（或不同的最大应力 σ_{max}）的常幅应力下进行疲劳试验，测出试件断裂时对应的疲劳寿命 N，绘制 S-N 曲线如图 6.1-1 所示。此 S-N 曲线是表示中值疲劳寿命与外加常幅应力之间的关系，称为中值 S-N 曲线，S 为应力（或应变）水平，N 为疲劳寿命。当试验循环应力比改变时，平均应力也发生变化，所得到的 S-N 曲线也发生改变。

取对数后的 S-N 曲线如图 6.1-2 所示。对于钢结构左支为直线，右支为水平段。其中 N_L 的取值见表 6.1-1。

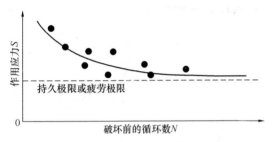

图 6.1-1　疲劳强度寿命 S-N 曲线　　　图 6.1-2　对数后的 S-N 曲线

部分国家规范中的 N_L 值　　　　　　　　　　　　　　表 6.1-1

国家规范	美国、日本	中国、欧洲	英　国
N_L	2×10^6	5×10^6	10^7

图中曲线水平段为疲劳极限，疲劳极限可定义为材料或构件在对称等幅应力作用下，疲劳寿命无穷时的中值疲劳强度，记为 σ_{-1}。结构钢的疲劳曲线转折点一般都在 10^7 之前。

疲劳试验的数据往往有很大的离散性，因此，试件的疲劳寿命与应力水平之间的关系与存活率 P 有关。存活率定义为：$P_i = 1 - i/(n+1)$

式中：i 为各试件按疲劳寿命由大到小排列的顺序号；

n 为第 j 级应力水平下的试件数。

因此 S-N 曲线只能代表中值疲劳寿命与应力水平之间的关系。以应力为纵坐标，以存活率的疲劳寿命为横坐标，所绘出的一组存活率-应力-寿命曲线，称为 P-S-N 曲线（见图 6.1-3）。疲劳设计时可根据所需的存活率 P，利用其对应的 S-N 曲线进行设计。

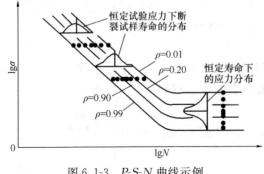

图 6.1-3　P-S-N 曲线示例

6.1.3　钢结构疲劳性能改善措施

（1）提高钢材的韧性。

（2）控制焊接工艺、接头质量：

减少焊接缺陷特别是开口缺陷，改善焊趾部位的几何形状（如打磨法、TIG 重熔法），保证焊根的完全熔透（清根）以降低应力集中系数；

调节焊接残余应力场，并产生残余压缩应力场。采用的主要方法有、锤击法、爆炸法、超声冲击法和焊接热影响区局部加热法，在第 4 章中已有论述。

（3）改进结构构造：

应注意选用刚度均匀应力集中不严重的方案，使构造合理，能均匀、连续、平顺地传力，避免构件截面剧烈变化；

当必须采用应力集中比较严重的构造时，应尽量把应力集中部位放在低应力区。

本章将对三种不同周期疲劳类型的焊接钢结构疲劳失效以及疲劳强度的改善予以重点阐述。

6.2　吊车梁变截面支座处疲劳裂缝实例及构造细节改善方案[2]

6.2.1　概况

吊车梁是工业厂房的重要组成部分，它不仅承受吊车的运行荷载，还是整个厂房的纵向传力构件，吊车梁的破坏造成的后果是非常严重的，焊接吊车梁最常出现疲劳破坏情况的是吊车梁腹板的开裂，包括变截面支座处腹板开裂和吊车梁横向加劲与上翼缘焊缝及其附近腹板的纵向裂缝。

6.2.2　吊车梁疲劳破坏实例

【实例 1】

图 6.2-1 所示为某钢厂炼钢车间加料跨 125t 吊车，该吊车在运行 18 年后发现，在吊车梁直角式突变支座处，自变截面支座下翼缘起斜向延伸至腹板与上翼缘焊缝附近位置出现裂缝，且裂缝深度已贯穿腹板。

【实例 2】

图 6.2-2 所示为某钢厂炼钢车间原料跨 430t 吊车。该吊车运行 14 年后发现，在吊车梁圆弧形突变支座附近，沿圆弧翼缘板与腹板连接处和垂直于圆弧翼缘板 45°方向出现裂缝。

【实例 3】

图 6.2-3 所示为某厂高速线材车间 20t 吊车，在运行 10 年后发现，吊车梁距支座第一

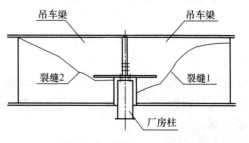

图 6.2-1　直角突变式支座腹板开裂

个加劲板开始往跨中方向，靠近上翼缘处的腹板出现水平裂缝，跨中部分也有裂缝，且裂

缝深度已贯穿腹板。

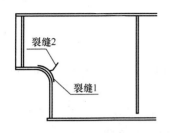

图 6.2-2　圆弧突变式支座腹板开裂

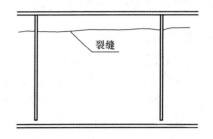

图 6.2-3　靠近上翼缘处腹板开裂

1. 破坏的吊车梁荷载特点

(1) 吊车工作级别大部分为重级或特重级，即工作级别为 A7、A8。

(2) 吊车在使用中都出现荷载增加或工作频率加大现象，如实例 1 中，原设计为 3 个转炉，后扩建为 4 个转炉，吊车工作频率加大，且在生产过程中将铁水罐加高，使吊重增加；实例 2 中，原设计年产量 671 万 t，后来年增产已达 849 万 t，使吊车工作频率加大。

(3) 吊车在使用过程中发现有轨道偏离吊车梁中心现象，如实例 3。

2. 疲劳裂缝原因分析

除材料因素以外，设计中一些不利的节点或未考虑的不利因素是造成吊车梁疲劳破坏的主要原因。焊缝形式的选择、施焊工艺、质量和焊后处理等都将直接影响焊接吊车梁的疲劳寿命。

生产过程中随意加大吊车吊重，增加吊车的使用频率，或者随意在吊车梁上加焊杆件特别是在吊车梁下翼缘施焊，都将严重影响吊车梁的使用寿命。

空气中有氧且往往有一定的湿度，对钢材有腐蚀作用，钢材中的小裂纹在腐蚀介质作用下会随时间而扩展，这种疲劳被称为腐蚀疲劳。

3. 防止疲劳破坏的构造改善措施

应采取措施尽量避免应力集中，当不可避免时应选择应力较小位置，且采取措施减小应力集中程度。

对于焊接吊车梁在焊接及连接时的构造措施，设计规范作了比较详细的规定，下面主要就变截面支座的构造加以说明。

变截面支座截面的变化会造成严重的应力集中，在实际工程中，当吊车梁高度较大或由于相邻柱距不同而吊车梁高度不等时，为了简化柱肩梁的构造，常常采用突变式支座形式。

图 6.2-4 为吊车梁常见的突变支座形式。梯形突变支座由于截面变化较平缓，应力集中也有缓解，但在图 6.2-4 (a) 中，a 点及附近腹板位置会由于焊缝的收缩产生很高的焊接残余应力而出现开裂。圆弧突变支座是采取圆弧形过渡来缓解应力集中，但由于截面变化大且圆弧处焊接的残余应力，在圆弧翼缘板焊缝处及附近腹板处会出现应力集中而造成开裂。

直角式突变支座为广泛使用的一种形式，通过对直角式突变支座疲劳试验结果可知，只要满足一定的构造措施，直角式突变支座的应力集中问题能较好地解决，其抗疲劳性能优于其他两种突变支座形式。

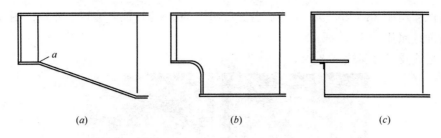

图 6.2-4 吊车梁突变支座形式

通过对直角式突变支座疲劳试验结果发现，在直角突变点的阴角处加焊短角钢（图 6.2-5），除可降低突变点的高峰应力外，还可增加插入板与端封板处的刚度，改善插入板与端封板连接焊缝的受力状态，可提高吊车梁直角突变支座的疲劳强度。

图 6.2-5 为直角突变支座的构造改善要求：

$h \geqslant 0.5H$；$h \geqslant 2a$；$t_1 \geqslant t_w$；$t_2 \geqslant 1.5t_w$；$t_a \geqslant 1.5t_w$。

结语：吊车梁系统是保证工业厂房正常使用的重要部分，疲劳破坏又

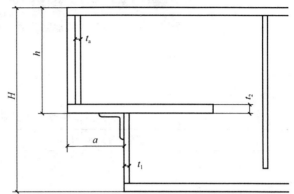

图 6.2-5 可提高疲劳强度的直角突变支座构造

是吊车梁常见的破坏形式，实践证明，吊车梁构造抗疲劳设计可大大提高吊车梁疲劳寿命。

6.3 桥梁钢结构关键焊接连接件的疲劳强度测评实例

6.3.1 某双索面斜拉桥正交异性桥面板与 U 形肋及其槽型闭口肋嵌补段对接焊缝的疲劳抗力测评[4]

1. 概况

该大桥为双向六车道双索面斜拉桥，全长 1600m，其中钢结构部分长 11175m，主跨 1018m。整体结构为双箱分离式，即边箱中间用横梁连接，宽度 53274m。主桥公路桥面采用正交异性板结构。

正交异性板由面板、纵肋和横肋互为垂直组成，由于其刚度在互相垂直的方向上各不相同，因此造成受力行为上的各向异性。在横向局部轮荷载作用下，桥面板易产生横向挠曲变形，这种变形会受到闭口肋的约束，使得 U 形肋与桥面板之间发生转角变形，加上一些连接角焊缝存在焊接缺陷，导致疲劳裂纹发生。

为验证桥面板与 U 形肋及其槽型闭口肋嵌补段对接焊缝的疲劳抗力，对该部位进行受拉疲劳试验。

2. 试验条件

疲劳试验均在 3800kN 多头结构疲劳试验机上的 200kN 加载装置上完成。图 6.3-1 为疲劳试验加载照片。

试件形式及尺寸见表 6.3-1。

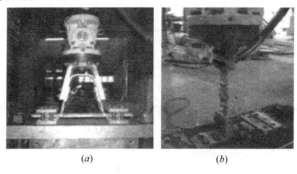

(a)　　　　　　　　　　　　　(b)

图 6.3-1　疲劳试验加载照片

(a) 1 号试件；(b) 2 号试件

两类试件疲劳试验破坏情况　　　　　　　　　　　　表 6.3-1

试件号	试件形式、尺寸	破坏情况	起裂位置图
1 号 20 根：U 形闭口肋与桥面板对接焊缝试件； 1-A 号 6 根：焊漏的试件	298　18　18　339　9　150	有 1 根到 500 万次未起裂，1-1 号试件因为中途应力水平发生变化，数据无效。除了 500 万次的试件，其中有效数据 18 组。15 根起裂部位在桥面板内侧，3 根起裂部位在 U 形肋焊趾处	U 形肋焊趾处
2 号 19 根：槽形闭口肋嵌补段对接焊缝试件	50　54　100　100　300　100　500 模拟位置： 试件　100　500　应变片	有 1 根到 500 万次未起裂，18 根破坏，其中 16 根从嵌补段背板焊缝处起裂，2 根在嵌补段对接焊缝的表面焊趾上起裂	断口图

3. 疲劳试验结果

(1) U 形闭口肋与桥面板对接焊缝（1 号、1A 号试件）疲劳试验结果两类试件疲劳试验破坏情况见表 6.3-1。表 6.3-2 为槽形闭口肋与桥面板对接焊缝试件的疲劳试验结果，其中应力幅值的选取采用结构力学的简化计算方法找出施加荷载与构件应力的对应关系，进而得出名义应力值。

槽型闭口肋与桥面板对接焊缝（1 号试件）疲劳试验结果　　　表 6.3-2

试件号	试验加载荷载 (kN)	加载频率 (Hz)	应力幅值 σ (MPa)	循环次数 N（次）
1-1	±29	3.0	137.5	—
1-2	±35	2.0	299.5	359500
1-3	±33	2.5	282.3	687400
1-4	±38.6	2.3	330.3	358700
1-5	±32	2.7	273.8	394300
1-6	±45	2.0	385.0	288200
1-7	±26	2.8	222.5	902700
1-10	±23	3.8	196.8	2839100
1-8	±17	4.5	145.5	4152200
1-11	±24	3.7	205.3	1387100
1-12	±25	3.7	213.9	4180300
1-13	±32.5	3.7	278.1	531400
1-14	±48	2.5	410.7	177900
1-15	±23.5	5.0	201.1	2048800
1-16	±16.8	5.0	143.7	5000000
1-17	±30	3.8	256.7	873400
1-18	±46.5	2.8	397.9	184600
1-20	±45.7	2.8	391.0	110400
1-21	±34	3.2	290.9	433000
1-22	±25.5	3.8	218.2	1168500

对表 6.3-2 中 18 根试件的应力幅和循环次数进行统计分析，得到疲劳试验回归曲线：

$$\lg N = 13.4822 - 3.4822 \lg \sigma \quad (6.3-1)$$

该回归曲线的相关系数为 -0.9389，均方差（标准差）为 0.1658。取 97.7% 保证率，减去两个标准差，得到槽形闭口肋与桥面板对接焊缝的疲劳抗力 S-N 曲线（图 6.3-2）：

$$\lg N = 13.1506 - 3.4822 \lg \sigma \quad (6.3-2)$$

将 $N = 2 \times 10^6$ 代入式（6.3-2），可得槽形闭口肋与桥面板对接焊缝的疲劳容许应力幅 $\sigma_0 = 92.69\text{MPa}$。

从 S-N 分布曲线来看，试验得到的曲线在设计曲线之上，故表明该细部构造的疲劳性能能够

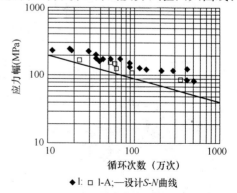

◆1：□1-A；—设计 S-N 曲线

图 6.3-2　1 号试件和 1-A 号试件疲劳试验结果

满足使用要求。

对 1-A 号试件中的 6 根试件的应力幅和循环次数进行统计分析（表 6.3-3），得到疲劳试验回归曲线：

$$\lg N = 13.0215 - 3.3977 \lg \sigma \qquad (6.3-3)$$

该回归曲线的相关系数为 -0.9418，均方差（标准差）为 0.1425。取 97.7% 保证率，减去两个标准差，得到槽形闭口肋与桥面板对接焊缝的疲劳抗力 S-N 曲线（图 6.3-2）：

$$\lg N = 12.7365 - 3.3977 \lg \sigma \qquad (6.3-4)$$

将 $N = 2 \times 10^6$ 代入式（6.3-4），可得槽形闭口肋与桥面板对接焊缝的疲劳容许应力幅 $\sigma_0 = 78.35 \mathrm{MPa}$。

1-A 号试件疲劳试验结果　　　　　　　　　　　　　表 6.3-3

试件	试验加载荷载 （kN）	加载频率 （Hz）	应力幅值 σ （MPa）	循环次数 N（次）
1-A-1	±33	2.5	282.3	234400
1-A-2	±31	3.2	265.2	518900
1-A-3	±29	3.4	248.1	585500
1-A-4	±25	3.8	213.9	612800
1-A-5	±21.5	4.2	184.0	943600
1-A-6	±17.5	4.7	149.7	3282300

从 S-N 分布曲线来看，1-A 号试件试验得到曲线低于 1 号试件，但也在设计曲线之上，表明该细部构造当焊漏时虽然疲劳性能较差，但能够满足设计要求。

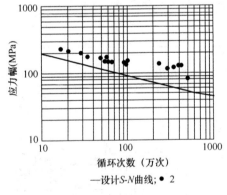

图 6.3-3　2 号试件疲劳试验结果

（2）桥面板槽形闭口肋嵌补段对接焊缝 2 号试件疲劳试验结果

表 6.3-3 为槽形闭口肋与桥面板对接焊缝 2 号试件试验结果

对表 6.3-4 中 19 根试件的应力幅和循环次数进行统计分析，得到疲劳试验回归曲线：

$$\lg N = 16.0441 - 4.6232 \lg \sigma \qquad (6.3-5)$$

该回归曲线的相关系数为 -0.8924，均方差（标准差）为 0.2026。取 97.7% 保证率，减去两个标准差，得到槽形闭口肋嵌补段对接焊缝的疲劳抗力 S-N 曲线（图 6.3-3）：

$$\lg N = 15.6389 - 4.6232 \lg \sigma \qquad (6.3-6)$$

将 $N = 2 \times 10^6$ 代入式（6.3-6），可得槽形闭口肋嵌补段对接焊缝的疲劳容许应力幅 $\sigma_0 = 104.66 \mathrm{MPa}$。

槽形闭口肋与桥面板对接焊缝 2 号试件试验结果　　　　　表 6.3-4

试件	试验加载荷载 （kN）	加载频率 （Hz）	应力幅值 σ （MPa）	循环次数 N（次）
2-1	（10～122）	5.0	230	164500
2-3	（10～107）	5.2	200	283400
2-6	（10～97）	5.2	179	342500
2-7	（10～88）	5.3	160	990900
2-8	（10～73）	5.8	130	3931400
2-9	（10～93）	5.3	171	568000
2-10	（10～81）	5.6	146	540700
2-14	（10～78）	5.9	140	2284600
2-15	（10～83）	5.6	150	593800
2-16	（10～114）	5.2	214	202200
2-17	（10～83）	5.6	150	666000
2-18	（10～83）	5.6	150	983400
2-20	（10～91）	5.6	167	486100
2-21	（10～78）	5.9	140	913900
2-22	（10～72）	6.3	128	934100
2-23	（10～66）	6.3	115	2874400
2-24	（10～69）	6.1	121	3448900
2-25	（10～73）	5.9	130	4280600
2-26	（10～50）	6.4	82	5000000

4. 结论

（1）U 形闭口肋嵌补段对接接头构造细节循环次数 200 万次时的疲劳强度为 104.66MPa，满足设计要求。

（2）U 形闭口肋与公路桥面板焊缝有焊漏时，循环次数 200 万次时疲劳强度从 92.69MPa 降到 78.35MPa，但能够满足设计要求。

6.3.2　苏通大桥钢箱梁横隔板与顶板及 U 形肋焊接连接件疲劳强度测评[5]

1. 概况

苏通大桥主桥采用封闭式流线型扁平钢箱梁，梁宽 41m，中心线处高度 4.0m。钢箱梁沿全长设置 2 道实腹式纵腹板，标准梁段设置 2 道桁架式纵隔板，索塔及辅助墩附近梁内则设置 2 道实腹式纵隔板，箱梁每隔 4.0 m 设 1 道实腹式横隔板。箱梁标准横断面见图 6.3-4。钢箱梁除梁段间工地连接的顶板 U 形加劲肋采用高强螺栓连接外，其余全为焊接。钢箱梁采用整体横隔板装配方案，顶板与横隔板的焊缝采用仰焊工艺。由于钢桥面板直接承受车辆荷载的反复作用，车辆引起的应力循环次数比一般部位要多。国内外研究表明，除设计选用合理的构造形式外，制造方案和焊接工艺以及焊接质量直接关系到实际疲劳性能。为合理确定桥面板疲劳性能，评估整体横隔板装配方案和仰焊工艺的可靠性，针对钢箱梁横隔板与顶板及 U 形肋连接的局部受力特征和构造特点，通过单轴疲劳试验得出 S-N 曲线以确定关键构造细节。

对于横隔板与桥面板之间的焊缝，从大桥整体受力和桥面承受局部荷载的角度看，虽

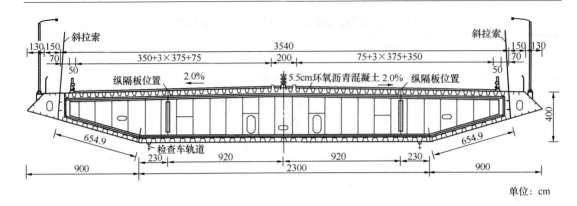

图 6.3-4　钢箱梁标准断面

是非传力焊缝，但其质量好坏会影响所焊受力钢板的疲劳性能，即为焊接附连件构造。但它在桥面受力产生局部变形后，会承担因变形引起的应力，这时该焊缝本身成为传力焊缝，需要有足够的抗拉疲劳强度。根据经验，纵向附连件构造（汽车并排，桥面受横向荷载）疲劳强度要比横向附连件构造（汽车队列作用，桥面受纵向荷载）的高，所以只需考察横向附连件情况，即桥面板受力方向与焊缝方向垂直，对传力焊缝模拟实际构造进行最不利的受拉疲劳试验。

2. 桥面板及附连件试件构造细节

模拟汽车作用下，桥面板因整体和局部变形在横隔板和桥面板焊缝上产生的循环应力作用，对比进行不同工艺情况的轴向拉伸疲劳试验。试验分 3 组，第 1 组为仰焊工艺，第 2 组为仰焊工艺结合焊后超声波锤击，也是实桥采用的工艺，第 3 组模拟该焊缝常规的厂内平位焊接工艺，试件构造见图 6.3-5。对非传力焊缝构造（即附连件），取不利情况进行 1 组桥面板上含有横向附连件构造的疲劳试验，模拟汽车作用下桥面板的疲劳受力，试件构造见图 6.3-6。

试件设计均考虑 U 形肋与横隔板正常装配公差和极端负公差的情况，除厂内平位焊接工艺外，其余试件制作均与实桥工艺相同。

3. 疲劳试验

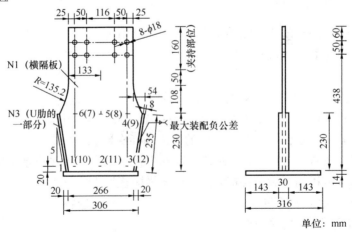

图 6.3-5　横隔板和桥面板焊缝传力构造细节及静载试验测点布置

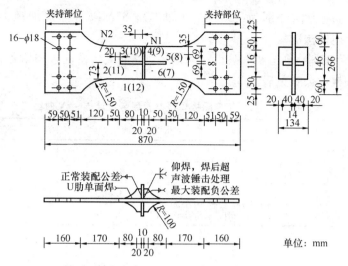

图 6.3-6　桥面板上含有附连件构造细节及静载试验测点布置

　　疲劳试验由 ±3800kN 多头结构疲劳试验机上的 2 个 ±1000kN 加载装置分别进行。各试件疲劳试验最小控制吨位均取 10kN，进行拉拉循环加载。疲劳试验机设置位移限位，发现裂纹后，记录循环次数，继续加载至出现面板通裂或达到统计裂纹长度。传力构造试件试验以肉眼可辨裂纹时（裂纹长度 30～70mm）的循环次数作为统计数据。附连件构造试件以裂纹裂透板厚时的循环次数作为统计数据。从传力焊缝构造的试验情况看，桥面板与横隔板焊缝正拉破坏不在焊缝上断开，而是在 U 形肋焊缝与横隔板焊缝交叉处的桥面板侧焊趾起裂，之后沿横隔板焊缝的焊趾逐渐扩展直至裂通，接下来裂纹向桥面板延伸，最终破坏是桥面板沿横隔板焊趾断裂，见图 6.3-7（a）。裂纹基本是在 U 形肋装配负公差端的交叉焊缝处首先起裂。

　　从附连件焊缝构造试验情况看裂纹起裂主要发生在桥面板在横隔板焊缝的焊趾处，由于经过了超声波锤击，裂纹起裂后将不沿焊趾扩展，而是穿过桥面板母材伸向 U 形肋单面焊与横隔板焊缝交点的落弧点，见图 6.3-7（b）。U 形肋与横隔板处的装配公差对该构造细节没有影响。

　　4 组疲劳试验结果汇总见图 6.3-8。根据试验结果分析，在 200 万次循环、97.7％保证

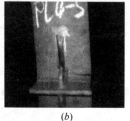

(a)　　　　　　　　(b)

图 6.3-7　疲劳试验结果
(a) 传力构造焊缝开裂；(b) 附连件构造考察部件开裂

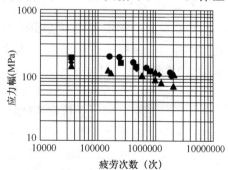

图 6.3-8　4 组试件疲劳试验结果汇总

率的条件下，疲劳应力幅分别为：88MPa（仰焊），85MPa（仰焊加锤击），65MPa（平焊），89MPa（附连件构造）。

综合上述疲劳破坏特征分析和疲劳试验结果，苏通大桥桥面板与横隔板焊缝构造细节疲劳 $S\sim N$ 曲线推荐公式见表 6.3-5。

苏通大桥桥面板与横隔板焊缝推荐疲劳设计 $S\sim N$ 曲线　　　　表 6.3-5

构造细节	推荐设计曲线	疲劳容许应力幅 $[\sigma_0]$（MPa）
桥面板与横隔板仰位焊接焊缝正拉构造	$\lg N = 13.71 - 4.0\lg\sigma$	71
桥面板与横隔板仰位焊接并锤击	$\lg N = 13.71 - 4.0\lg\sigma$	71
桥面板与横隔板平位焊接	$\lg N = 13.38 - 4.0\lg\sigma$	59
桥面板焊接横向附连件构造	$\lg N = 12.96 - 3.5\lg\sigma$	80

4. 结语

在苏通大桥现行装焊工艺下，检算桥面板面外变形焊缝受拉时的疲劳设计容许应力幅为 71 MPa，检算桥面板面内受力的疲劳容许应力幅为 80 MPa。疲劳裂纹起裂的关键部位为桥面板与横隔板焊缝靠近 U 形肋焊缝的交点，以及 U 形肋在桥面板上的单面焊缝到达横隔板处的结束端。在装配工艺方面，应严格控制横隔板 U 形肋的装配公差。

6.3.3　天兴洲长江大桥钢箱梁 U 形肋—桥面板及横肋焊接接头试样疲劳强度测评[6]

1. 概况

武汉天兴洲长江大桥是四线铁路六线公路的公铁两用斜拉桥，为首次在公路桥面中跨756m 范围内采用了正交异性钢桥面板与上弦杆盖板焊成整体的结构形式，其余部分通过剪力钉与混凝土桥面板结合，形成钢—混结合桥面。正交异性钢桥面板板厚 14mm，下设槽形闭口肋。闭口肋高 280mm，板厚 8mm。每半幅（15m 宽）桥面设 4 道纵梁，纵梁高1330～1558mm，腹板厚 12mm，腹板上端与桥面板焊连。沿桥纵向每 2 个节间设 5 道横肋，间距约 2800mm，高 800～1060mm，腹板厚 12mm。仅在上弦节点处设一道工形横梁，横梁下翼缘与桁架式横梁相连，横梁高 1300～1560mm，腹板厚 14mm。

2. 疲劳试件及试验

对正交异性钢桥面板的槽形闭口肋嵌补段对接焊缝和槽形肋与公路桥面横梁或横隔板连接焊缝进行了疲劳试验。以检算槽形闭口肋嵌补段仰焊对接焊缝试件的疲劳性能，图6.3-9 为试件的设计图。

由于横梁或横隔板存在面外变形，从而使槽形肋与横梁或横隔板的焊缝成为疲劳裂纹易发生部位之一。采用受拉疲劳试验确定疲劳抗力。肋板与横隔板焊接处选取不利的开口形状，疲劳试件设计如图 6.3-10 所示。

根据《铁路桥梁钢结构设计规范》TB 1002.2—2005，在对 2 种焊接构造的疲劳试验中，各选用 9 根试件，疲劳试验均在 3800kN 多头结构疲劳试验机的 200kN 加载装置上完成。

3. 疲劳试验结果

表 6.3-6 所示为槽形闭口肋嵌补段对接焊缝试件的疲劳试验结果，图 6.3-11 为槽形闭

口肋嵌补段对接焊缝试件的应力幅与循环次数的关系图。

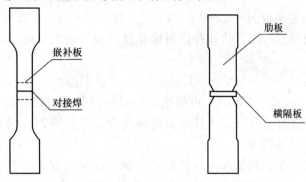

图 6.3-9　槽形闭口肋嵌补段　　　　图 6.3-10　槽形肋与公路桥面横梁或
对接焊缝试件　　　　　　　　横隔板连接焊缝试件

槽型闭口肋嵌补段对接焊缝试件试验结果　　　　　　　表 6.3-6

序号	试验荷载 （kN）	加载频率 （Hz）	应力幅值 σ （MPa）	循环次数 N（次）	说　明
1	10～79	5.0	179.6	983500	在上侧嵌补段焊口处断裂
2	10～59	5.0	127.6	2000000	静拉 199kN 未断
3	10～106	4.5	250.0	170000	在上侧嵌补段焊口处断裂
4	10～97	5.0	226.5	440200	在下侧嵌补段焊口处发现裂纹
5	10～91	5.0	210.9	462800	试件在嵌补段上侧焊接处断裂
6	10～68	5.0	151.0	850600	在下侧与嵌补板底板平行的母材上断裂
7	10～68	5.0	151.0	581700	在嵌补段上侧焊接处断裂
8	10～68	5.0	151.0	725300	在嵌补段下侧焊接处断裂
9	10～58	5.5	125.0	2000000	静拉 110kN 未断

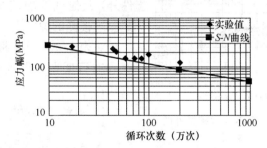

图 6.3-11　槽型闭口肋嵌补段对接焊缝试件
的应力幅和循环次数关系曲线

　　9 根试件中有 7 根在循环不到 200 万次就已破坏，其中 6 根破坏断口发生在嵌补段焊缝上，1 根发生在嵌补段钢衬板端部位置的母材上。从断口位置看，嵌补段对接焊缝的焊趾是薄弱环节。

　　对表 6.3-6 中 9 根试件的应力幅和循环次数进行统计分析，得到疲劳试验的回归曲线表达式：

$$\lg N = 12.008\ 9 - 2.759\ 7\lg\sigma \qquad (6.3-7)$$

该回归曲线的相关系数为 -0.8923，均方差（标准差）为 0.1620。取 97.7% 保证率，减去 2 个标准差，得到槽形闭口肋嵌补段对接焊缝的疲劳抗力与循环次数的 S-N 曲线表达式：

$$\lg N = 11.684\ 9 - 2.759\ 7\lg\sigma \qquad (6.3-8)$$

将 $N = 2 \times 10^6$ 代入式（6.3-8），可得槽形闭口肋嵌补段对接焊缝的疲劳容许应力幅 $\sigma_0 = 89.31 \text{MPa}$。该值大于有限元计算分析得到的最大应力幅 28.60MPa，表明该细部构造的疲劳性能能够满足使用要求。

槽形闭口肋与公路桥面横梁焊接试件的疲劳试验结果见表 6.3-7，槽形闭口肋与公路桥面横梁焊接试件的应力幅与循环次数的关系如图 6.3-12 所示。

表 6.3-7

槽型闭口肋与公路横梁焊接试件疲劳试验结果

序号	试验荷载（kN）	加载频率（Hz）	应力幅值 σ（MPa）	循环次数 N（次）	说　明
1	10~262	2.0	300.0	14140	断口在下竖板与横板焊接处
2	10~111	4.5	120.2	386000	东南侧上焊口处可见裂纹
3	10~94	5.0	100.0	590700	东侧上焊口发现裂纹
4	10~77	5.5	79.7	1434000	东侧下焊口发现裂纹
5	10~85.6	5.5	90.0	435400	东侧下焊口发现裂纹
6	10~85.6	5.5	90.0	674200	东侧下焊口发现裂纹
7	10~81	5.5	84.5	1138600	东侧下焊口发现裂纹
8	10~69	5.7	70.2	1250000	东侧下焊口发现裂纹
9	10~55	5.7	53.5	2000000	静拉 110kN 未拉断

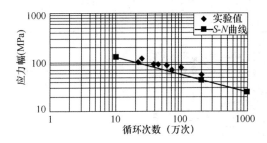

图 6.3-12　槽型闭口肋与横梁焊接试件的
应力幅和循环次数曲线

本组试件普遍疲劳强度较低，除 9 号试件外，其他试件均破坏，而且大部分发生在试验主板侧的焊趾上。

对表 6.3-7 中 9 根试件的应力幅和循环次数进行回归，得到疲劳试验回归曲线表达式：

$$\lg N = 11.667\ 1 - 2.989\ 5\lg\sigma \qquad (6.3-9)$$

该回归曲线的相关系数为 -0.9741，均方差（标准差）为 0.1547。取 97.7% 保证率，减去 2 个标准差，得到槽形肋与公路桥面横梁或横隔板连焊缝疲劳抗力和循环次数的 S-N 曲线表达式：

$$\lg N = 11.357\ 7 - 2.989\ 5\lg\sigma \qquad (6.3-10)$$

将 $N = 2 \times 10^6$ 代入式（6.3-10），可得槽形肋与公路桥面横梁或横隔板连接焊缝疲劳容许应力幅 $\sigma_0 = 49.14 \text{MPa}$。该值大于有限元计算分析得到的最大应力幅 39.66MPa，表明该细部构造的疲劳性能能够满足使用要求。

4. 结论

通过对天兴州桥正交异性板模型的计算分析，找到荷载的最不利位置，得到焊接处的最大应力幅，将计算结果与对应的疲劳试验得到的结果（槽形闭口肋嵌补段对接焊接接头的疲劳强度可达 89.31MPa，槽形闭口肋与公路桥面横梁焊接接头的疲劳强度可达 49.14MPa）。模型计算结果小于疲劳试验得到的疲劳强度，说明该构造局部焊接部位的疲劳抗力能够满足要求。

6.3.4 上海长江大桥索梁锚固区足尺模型疲劳强度测评[7]

1. 概况

上海长江大桥主通航孔桥为（92＋258＋730＋258＋92）m 的双人字形塔双索面分离式钢箱梁斜拉桥（如图 6.3-13 所示），设计荷载为公路－Ⅰ级，双向 6 车道，预留两线轨道交通。主塔为人字形独柱钢筋混凝土塔，梁体采用分离式双主梁形式，箱梁全宽 1.5m，两主梁间距为 10m，梁高 4m。斜拉索采用空间扇形双索面布置形式，顺桥向主梁索距为 15m，塔上索距为 2.3m。主梁与拉索采用钢锚箱锚固形式。索梁锚固区构造示意如图 6.3-14 所示。

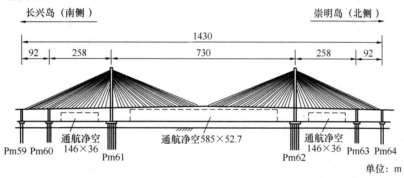

图 6.3-13 总体布置示意

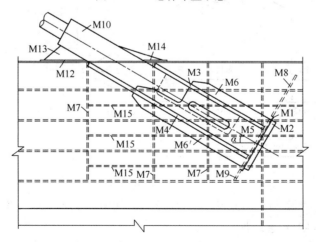

图 6.3-14 索梁锚固区构造示意

上海长江大桥预留了城市轨道交通，荷载引起的斜拉索索力变化大，钢锚箱疲劳破坏远远比汽车荷载单独作用大，不能直接借鉴国内已有索梁锚固区疲劳试验成果。因此，对上海长江大桥索梁锚固区进行了足尺模型疲劳试验。

图 6.3-15　疲劳试验加载机

2. 试验方法

试验试件选用上海长江大桥的 Z23 梁段锚箱区域分割出来的部分结构，并在对疲劳强度没有显著影响的前提下做了局部修改，如顶、底板的 U 形加劲肋变更为 I 形加劲肋（略）。设计了 0.65m 长的加载过渡段。纵向取 4.830m 长，竖向取到主梁底板位置，整个模型纵向长 5.5m，竖向高 1.558m，重约 15.5t。

疲劳加载机如图 6.3-15 所示，采用液压油缸通过 25cm 的加载垫块对锚箱垫板 M2 施加疲劳荷载。试验流程如图 6.3-16 所示。

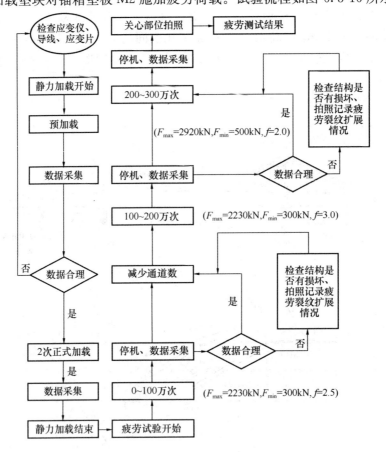

图 6.3-16　试验流程

最大静力试验荷载为 2960kN，按 0，300，600，900，1200，1500，1800，2100，2400，2700，2960（kN）逐级加载。

疲劳试验加载采用常幅正弦波荷载，加载次数共计 300 万次。0 ～ 200 万次疲劳加载阶段最大疲劳荷载为 2 230kN，最小疲劳荷载为 300kN，荷载幅为 1930kN，约为设计荷载幅的 1.7 倍；200～300 万次疲劳加载阶段，最大疲劳荷载为 2920kN，最小疲劳荷载为 500kN，荷载幅为 2420kN，约为设计荷载幅的 2.1 倍。

图 6.3-17 给出了 M4（见图 6.3-14）板与腹板焊缝在最大静力试验荷载为 2960kN 时

各测点的测试值和有限元计算结果。从图 6.3-17 结果可以看出，静载测试与 FEM 分析的应力分布规律基本相同，大部分结果比较吻合。

3. 疲劳试验结果

在试验过程中，往返加载达到 100 万次、200 万次和 300 万次时，试验机停止重复加载，进行如同前文所述的静载试验测试，得到疲劳试验测试值。M4 腹板主焊缝应力测试结果如图 6.3-18 所示。

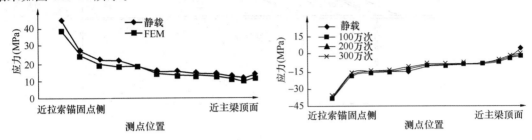

图 6.3-17 腹板关键测点静载试验与有限元计算结果　　图 6.3-18 M4 腹板主焊缝应力测试结果

在 2920kN 最大荷载作用下，试验模型总体应力水平较低，最大应力值位于 M3 与腹板相交焊缝上部和 M4 与腹板相交的上部。试验结果表明，该桥钢锚箱式索梁锚固区结构构造细节所产生的应力集中不影响结构的疲劳性能。

端承板 M3、M4 下部与腹板通过一条长大焊缝连接，是钢锚箱式索梁锚固区结构最为关键的传力焊缝，测试结果显示，此区域总体应力水平较低。

4. 结论

（1）对比构件在静载、循环加载 100 万次、200 万次、300 万次的应力测试结果，四者应力差值很小，说明各测点的应力没有随荷载重复作用次数的增加有明显的应力重分布现象，且各测点测得的应力都远小于屈服应力，即测点处的材料还处于弹性阶段。

（2）经过疲劳试验 300 万次（实际等效加载次数 2000000＋3364256536.4 万次），钢锚箱仍完好无损，构件具有较大的抗疲劳安全储备，钢锚箱式索梁锚固区结构构造细节设计合理，具有良好的抗疲劳性能，满足设计要求。

6.3.5 湛江海湾大桥（钢箱梁斜拉桥）索梁锚固区足尺模型抗疲劳性能测评[8]、[9]

1. 概况

湛江海湾大桥主桥为双塔双索面钢箱梁斜拉桥。索梁锚固结构采用锚拉板结构形式，如图 6.3-19 所示。锚拉板与顶板加强板的连接焊缝达 4m，焊缝处的抗疲劳性能与材质及焊接工艺密切相关。为此，针对湛江海湾大桥锚拉板式索梁锚固结构进行了足尺模型的疲劳试验，以研究锚箱附近的应变和应力状态，焊趾附近的疲劳抗力及可能的疲劳裂纹萌生和发展状况，验证锚固结构设计的合理性、安全性。

钢箱梁全宽 28.5m，标准梁段长 12.8m。先建立实际结构钢箱梁梁段的有限元模型，然后在此模型基础上，截取一定长度及宽度的钢箱梁，并对比锚拉板及其附近板件的应力分布规律。在试验模型可以代表实际模型应力分布规律的情况下确定出试验钢梁模型的宽度为 1.4m，长 8.5m。采用有限元分析软件 ANSYS 对试验所采用的局部模型进行理论计算以保证模拟的正确性，计算模型采用空间板壳单元建立。

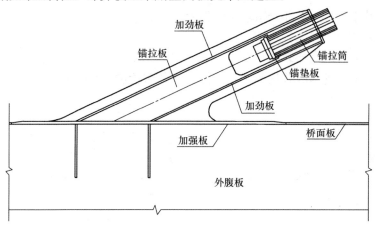

图 6.3-19　锚拉板式索梁锚固结构

2. 疲劳试验模型设计

疲劳试验模型包括：模型主体（钢箱梁和板）、加载锚固基座和立柱部分，试验模型中锚拉板采用和实际结构一样的尺寸，钢箱梁采用了 8.5m 长的节段，宽度 1.4m。锚拉板及与之连接的桥面板和腹板采用了与实际结构一致的连接方式，但焊缝由双面贴角焊缝变化为单面贴角焊缝。现场焊接方法采用 CO_2 气体保护焊，焊接材料采用 ER50-6 实芯焊丝。钢材为 Q345qC。疲劳模型试件倾斜放置，使斜拉索加力方向竖直向下。在疲劳模型试件倾斜的钢梁下端设置锚固基座接地，在疲劳模型试件上端设置立柱牛腿，连接立柱接地，如图 6.3-20 所示。

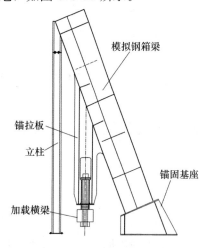

图 6.3-20　疲劳试验模型

3. 疲劳试验

采用美国 MTS 公司制造的 100t 全自动液压伺服疲劳试验机，加载精度为静载 ±0.5%，动载 1.0%。设置杠杆作为传力装置。

测试方案：

应变的测量采用电测法，锚拉板上受力复杂，全部测点布置三向应变花。在试验中钢箱梁加强板和锚拉板连接焊缝附近布置较多测点，钢箱梁的其他部位只布置少量测点监视其他部位的应力，试验模型的测点布置如图 6.3-21 所示，共 96 个测点。疲劳试验前对模型进行了静力试验，应变数据采集系统采用日本 KYOWA 公司生产的 UCAM-70A 高速应变仪。

疲劳试验采用常幅正弦波荷载，上限 $P_{max}=$ 912kN，下限 $P_{min}=152kN$。

在疲劳试验的 200 万次加载循环中，每加载 20 万次，停机进行静载应变测量，并检查是否出现开裂或异常情况。200 万次循环加载完成后，再加载至 240 万次，仅检查是否出现开裂情况。试验 100 万次、200 万次 $P_{max}=$ 912kN 时锚固结构的测试结果与对应静载试验的测试结果列于表 6.3-8。

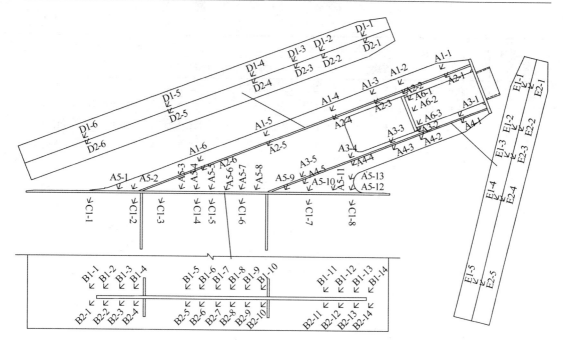

图 6.3-21　疲劳试验测点布置

静力试验的最大荷载 $P_{\max}$ 取 912kN，与疲劳加载的上限一致，荷载分级为 0kN、152kN、304kN、456kN、608kN、760kN、912kN。

4. 疲劳试验结果

有限元计算结果表明：主拉应力计算值最大为 33.50MPa，出现在锚拉板与锚拉筒的连接塑性区圆弧处的锚拉板上；主压应力计算值最大为 27.8MPa，出现在锚拉板与锚拉筒的连接圆弧处的锚拉筒上；Von. Mises（折算应力）计算值最大为 35.0MPa，出现在锚拉板与锚拉筒的连接区圆弧处的锚拉板上。另外，锚拉板与顶板加强板连接焊缝附近应力也相对较大。因此锚拉筒与锚拉板的连接焊缝、锚拉板与顶板加强板的连接焊缝有明显的应力集中，这些部位是疲劳试验重点研究区域。

静力试验模型上的测点应力与荷载呈线性关系。另外，卸载后测量得到的残余应变值均很小，说明整个结构在受荷载过程中处于弹性工作阶段。

从表 6.3-8 中循环加载试验结果可见，随着加载循环次数的增加，锚拉板上主拉应力测试值最大的测点 A2-2 测试值有所降低，加强板上测点 B1-2 应力测试值略有增加，加劲板上测点 D2-3 应力测试值基本保持一致。

循环加载 $P_{\max}=912$kN 与相应静载的试验结果（主拉应力和等效应力值）　表 6.3-8

位置	测点	主拉应力 σ_1（MPa）			Von. Mises 应力 σ_e（MPa）		
		1000 万次	200 万次	静力	1000 万次	200 万次	静力
锚拉板	A2-2	46.2	44.1	49.3	43.5	41.5	46.5
	A2-3	25.7	24.2	26.8	24.9	23.9	25.9
	A5-3	12.6	13.7	15.1	12.2	14.0	13.4
	A5-7	8.2	9.6	10.5	7.3	8.5	9.2
	A5-11	10.4	12.7	12.5	11.8	12.5	12.7
	A5-13	23.3	24.0	23.9	22.2	22.7	22.6

续表

位置	测点	主拉应力 σ_1（MPa）			Von. Mises 应力 σ_e（MPa）		
		1000 万次	200 万次	静力	1000 万次	200 万次	静力
加劲板	D1-3	21.7	21.4	22.7	20.7	20.3	21.8
	D1-6	15.6	15.6	15.2	16.6	16.2	15.8
	D2-3	22.2	22.2	20.6	21.2	20.9	19.4
	E1-2	17.7	18.3	18.6	19.5	19.4	20.0
	E2-2	19.3	19.8	20.5	20.3	20.8	21.1
	E2-3	21.6	21.8	22.5	22.6	22.9	23.4
锚拉筒	A6-1	−30.5	−29.1	−32.3	31.8	31.0	32.8
	A6-2	−27.2	−39.5	−36.5	38.7	39.6	39.9
	A6-3	−49.7	−48.9	−52.0	43.0	42.3	45.0
外腹板	C1-1	17.4	17.7	11.3	19.1	18.9	16.3
	C1-2	10.4	10.0	18.4	9.7	9.3	10.3
	C1-6	6.3	6.4	7.8	5.6	5.8	6.7
加强板	B1-2	19.4	25.5	20.4	19.0	24.0	21.0
	B1-4	15.6	14.9	16.6	21.9	20.9	21.9
	B1-8	5.9	5.9	6.0	7.5	8.0	8.3
	B2-1	17.3	17.0	20.8	18.9	16.7	21.4
	B2-4	13.9	15.1	30.4	19.2	19.2	35.0
	B2-9	5.7	5.2	7.5	5.9	5.1	7.0

5. 疲劳试验结果分析

按照相关规范规定的疲劳容许应力来检验锚拉板与钢箱梁焊缝连接可靠性。根据试验测试结果，锚拉板与钢箱梁连接焊缝的应力幅均取为30MPa。根据规范对双单边 V 形坡口角焊缝的疲劳强度进行检算：

按《公路桥涵钢结构及木结构设计规范》JTJ 025—86，本试验锚拉板焊接构造细节为 a 类熔透角接焊缝，容许应力类别为 D 类，其最大应力为拉应力时疲劳容许应力计算式为：

$$145/（1-0.6\rho）\leqslant [\sigma]$$

式中：$[\sigma]$ 为钢材的基本容许应力；

ρ 为应力比，$\rho= |\sigma_{min}| / |\sigma_{max}|$，同号应力为正，反之为负。湛江海湾大桥锚拉板式锚固结构的 ρ 介于0~1之间，当取 $\rho=0$ 时，疲劳容许应力 $[\sigma_n] = 145$MPa$>$30MPa，满足要求。

对照表6.3-8中的主拉应力和等效应力值，可知所有测试点的应力都满足要求，且绝大部分点的应力远小于疲劳容许应力。

6. 结论

湛江海湾大桥锚拉板与钢箱梁顶板的连接焊缝满足桥梁动载作用下的疲劳强度要求，锚拉板式索梁锚固结构具有较好的疲劳性能和安全储备。

6.4 海洋钢结构焊接接头脆性断裂及断裂韧性(CTOD)控制

6.4.1 概述[10]、[11]、[12]

海洋石油平台工作在复杂的环境下，在服役期间可能要承受台风、地震和海浪以及温度骤变的侵袭，加之其结构复杂，导致出现各种危险情况的可能较大。例如我国渤海老2号3座海洋平台在1969年倒塌，使用的是Q345（16Mn）和Q235A钢，它们在低温下韧性很低，对裂纹扩展的抵抗能力很差。此外，焊接接头中存在夹杂物和未焊透的类裂纹，有些断面没有焊透，有些焊口存在夹渣等焊接缺陷，对管节点未作特殊要求，验收标准低，焊口的原始缺陷为后来的低温脆性断裂埋下了隐患。1979年渤海2号钻井船也发生翻沉事故。再如1980年，北海中一条半潜式平台亚历山大·基兰德号发生倾覆，122人葬身海底，其倾覆起源于平台支承腿的一条支管出现了疲劳裂纹。又如英国北海的帕玻尔·阿尔法（Piper Alpha）平台，1988年发生事故死亡167人，2001年巴西P-36半潜平台倾覆事故等。

因此，如何充分保证海洋石油平台服役期间的安全性是开发和制造部门高度重视的问题。国内海洋开发的步伐不断向深海迈进，平台结构所使用钢板的厚度不断增加，因此，其焊接接头发生脆性破坏的可能性也更大。

焊后消除应力热处理是改善焊接接头韧性的传统方法，但受到构件尺寸的限制，在严格控制平台用钢板的质量且采用合理的焊接方法、焊接材料及焊接工艺，并能够充分保证所建造平台断裂韧性的前提下，如果可以免除焊后消除应力热处理，必将产生巨大的经济效益和社会效益。这在API，AWS，DNV等制定的相应平台建造规范中都已有较为明确的规定。因此，如何科学准确地评价海洋平台用钢焊接接头的低温韧性是问题的关键。大量试验研究表明，对海洋平台广泛使用的中、高强度低合金钢而言，与传统的夏比V形缺口试验冲击韧度比较，CTOD值更能有效准确地评价钢材的抗脆断能力。依据API，AWS，DNV的相应平台建造规范的规定，如果焊接部位（包括焊缝和热影响区）有足够CTOD值，构件厚度小于或等于试验厚度时就可免除焊后热处理。有鉴于此，相关业界学者进行了大量针对免除焊后热处理的CTOD试验，探讨了高强钢厚板焊接接头免除焊后热处理的可能性，取得了有益的成果。

1. 海洋钢结构涉及的主要规范[13]

（1）海洋钢结构设计规范

主要规范有DNV-OS-C101-2004和DNV-OS-C201-2005，它们规定符合以下情况的焊接接头的工艺评定中要做CTOD试验：对于要在同一地点服役5年以上的海洋结构物当设计温度在+10℃以下、特殊的连接部位、连接部件中至少有一个部件的屈服极限大于等于420MPa。

（2）海洋钢结构建造规范

主要规范有DNV-OS-C401-2004，它规定屈服强度超过350MPa的钢板其焊接接头焊缝中心和熔合线必须做CTOD试验，它对熔合线试样的疲劳裂纹位置作了严格要求以保证有效试样的疲劳裂纹准确位于试样熔合线上。并规定对焊缝和熔合线各做3个有效试样，共计6个试样的特征CTOD值都不小于0.15mm为合格。在3个有效的焊缝试样或熔合线试样中若有特征值小于 0.15mm，则应当补做试验。

海洋管线系统建造规范 DNV-OS-F101-2000 则规定：管线钢母材纵向横向都应进行 CTOD 试验；焊接接头的焊缝和热影响区均应进行 CTOD 试验。

（3）通用钢结构建造规范

挪威规范 Norske Standard 规定，钢板厚度超过 50mm 的焊接接头必须做 CTOD 试验；若屈服强度超过 500MPa 时，则钢板厚度大于 30mm，其焊接接头就必须做 CTOD 试验。需要特别强调的是该规范指出：如果 CTOD 值足够则焊接接头可以免除焊后热处理。该规范为一般的钢结构建造规范但它已被应用于海洋钢结构建造中。

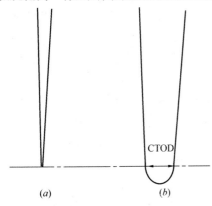

图 6.4-1　裂纹尖端张开位移（CTOD）
(a) 受载前（原始）裂纹；(b) 受载后裂纹

2. 断裂韧性（CTOD）试验技术与标准[13]

所谓 CTOD（Crack Tip Openning Displace-ment），即裂纹尖端张开位移，系指裂纹体受张开型载荷后原始裂纹尖端处两表面所张开的相对距离，见图 6.4-1。CTOD 的量纲为长度，常用单位是毫米，CTOD 值的大小反映了裂纹尖端材料抵抗开裂的能力，在 CTOD 试验中把待测材料做成带有预制疲劳裂纹的试样，加上外载后裂纹尖端处有一个可以被测定的张开位移 CTOD 值，CTOD 值越大表示裂纹尖端材料的抗开裂性能越好，即断裂韧性越好。反之，CTOD 值越小表示裂纹尖端材料的抗开裂性能越差即断裂韧性越差。

（1）断裂韧性试验主要规范

目前使用较多的用来测金属材料焊接接头 CTOD 特征值的试验规范，在英国有 BS7448-Part2，1997。在美国试验规范最新版本是 ASTM E1290-2002。

在我国相关国家标准是用来测金属材料特征值和阻力曲线的，目前已根据 ISO 12135：2002（E）＜金属材料 准静态断裂韧度的统一试验方法＞并进行修改，发布了国家标准 GB/T 21143—2007《金属材料 准静态断裂韧度的统一试验方法》。并代替 GB/T 2038 — 91《金属材料延性断裂韧度 J_{IC} 试验方法》及 GB/T 2358—1994《金属材料裂纹尖端张开位移试验方法》。

（2）试样形式

试样形式有三点弯曲试样及不同形状的紧凑拉伸试样，目前应用较广泛的（BS7448-Part2，1997）的三点弯曲试样，其尺寸及裂纹面方向定义见图 6.4-2、图 6.4-3。GB/T 21143—2007 的三点弯曲、直通型及台阶型缺口紧凑拉伸试样的尺寸和公差见图 6.4-4～图 6.4-6。

（3）CTOD 试验步骤与数据处理[14]

CTOD 试验主要步骤和试验装置如图 6.4-7、图 6.4-8 所示。

用三点弯曲试样，在试验中测得有关数据后，可从下式计算 δ 值：

$$\delta = \delta_e + \delta_p = \left[\frac{FS}{BW^{1.5}} \times f\left(\frac{a_0}{W}\right)\right]^2 \cdot \frac{(1-\mu^2)}{2\sigma_{YS}E} + \frac{0.4(W-a_0)V_p}{0.4W+0.6a_0+z}$$

式中，δ 为裂纹尖端张开位移（CTOD）；δ_e 为 CTOD 的弹性分量；δ_p 为 CTOD 的塑

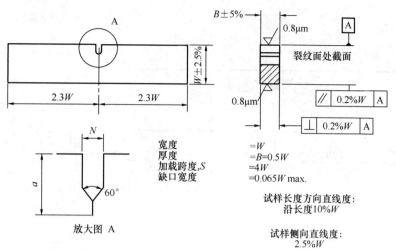

宽度
厚度
加载跨度，S
缺口宽度

$=W$
$=B=0.5W$
$=4W$
$=0.065W$ max.

试样长度方向直线度：
沿长度10%W

试样侧向直线度：
2.5%W

放大图 A

通常裂纹长度，$a=0.45W$ to $0.70W$
（见 BS 7448:Part 1:1991 及 BS 7448:Part 4:1997）
矩形截面弯曲试样

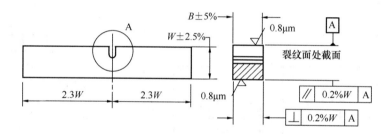

图 6.4-2　CTOD 三点弯曲试样的尺寸及公差（BS 7448-Part2，1997）

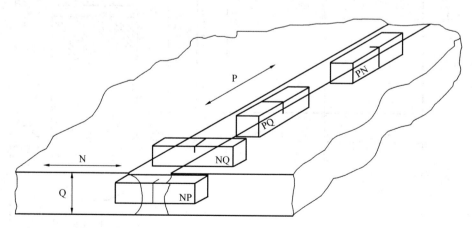

N：垂直于焊缝方向；
P：平行于焊缝方向；
Q：焊缝厚度方向。

图 6.4-3　CTOD 试样裂纹面方向定义（BS7448-Part2，1997）

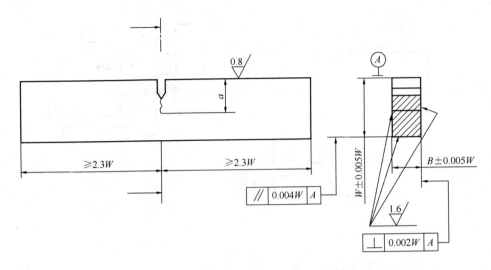

图 6.4-4　CTOD 三点弯曲试样的尺寸及公差（GB/T 21143—2007）

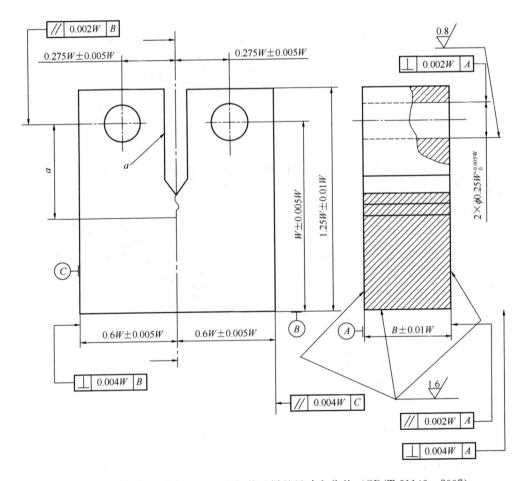

图 6.4-5　CTOD 直通型缺口紧凑拉伸试样的尺寸和公差（GB/T 21143—2007）

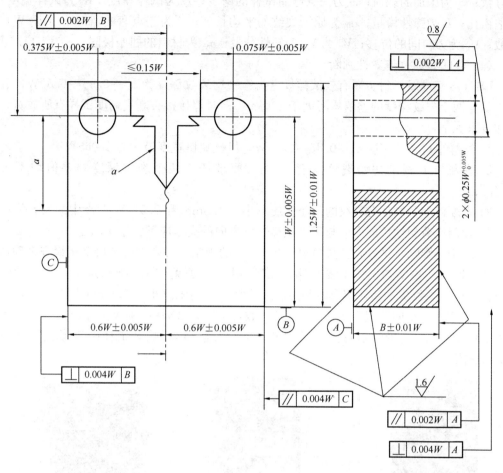

图 6.4-6　CTOD 台阶型缺口紧凑拉伸试样的尺寸和公差（GB/T 21143—2007）

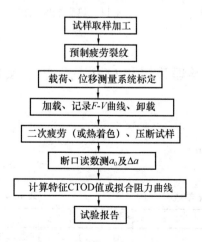

图 6.4-7　CTOD 试验主要步骤示意

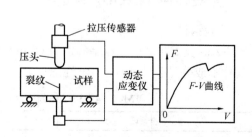

图 6.4-8　CTOD 试验装置示意

性分量；F 为施加的载荷；S 为三点弯曲试样的跨度；B 为试样厚度；W 为试样宽度；μ 为泊松比；E 为弹性模量；a_0 为原始裂纹的平均长度；f 为三点弯曲情况下（a_0/W）的函数；V_g 为刀口间的位移；V_p 为 V_g 的塑性分量；σ_{YS} 为材料的屈服极限；z 为刀口厚度。

（4）CTOD 试样有效性判断

BS7448 标准对母材金属有效试样规定为：平均裂纹深度为 $a_0 = 0.45\sim0.55W$，裂纹前缘任意两个裂纹深度的差值均不大于 $10\% a_0$，但对焊接接头断裂韧度试样有所放宽，其具体要求如下：

1）试样平均裂纹深度 $a_0 = 0.45\sim0.70W$，机械缺口宽度最大为 $0.065W$；

2）在断口上测量初始裂纹深度 a_0 时，要求任意两个裂纹深度的差值均不大于 $20\% a_0$；

3）在断口上预制疲劳裂纹的最小值应不小于 1.3mm 和 2.5%W 两者中的较大值；

4）预制疲劳裂纹扩展方向与垂直试样长度方向的夹角应不大于 $10°$；

5）对于热影响区试件，根据 DNV-OS-C401 的规定，必须进行断口金相检查来确认其有效性。断口金相检查工作主要是测量 $\Sigma N\lambda_1$ 指标。所谓 $\Sigma N\lambda_1$ 指标是指试件厚度中间 75%区域内，裂纹尖端落在熔合线和预制疲劳裂纹之间距离小于 0.5mm 范围内的累积长度，DNV-OS-C401 同时规定 $\Sigma N\lambda_1$ 指标的验收标准，即 $\Sigma N\lambda_1$ 必须大于等于试件 75%厚度值的 20%。$\Sigma N\lambda_1$ 测量的示意图例见图 6.4-9。焊缝、热影响区试样断口形貌图例见图 6.4-10、图 6.4-11。

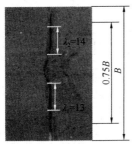

图 6.4-9　$\Sigma N\lambda_1$ 测量
示意图例

图 6.4-10　焊缝试
样断口形貌

图 6.4-11　热影响区试样
断口形貌

6.4.2　大厚度海洋工程结构钢（TMCP）单丝埋弧焊和 CO_2 气保护焊接接头断裂韧性（CTOD）评定[15]

1. 试验钢材

F36-Z35 及 E36-Z35，板厚分别为 60mm 及 90mm。

其化学成分见表 6.4-1，力学性能见表 6.4-2。

TMCP 钢 F36-Z35 及 E36-Z35 的化学成分（10^{-2}%）　　　　表 6.4-1

	C	Si	S	P	Ni	Mn	Cr	Mo	Al	Cu	Nb	V	Ti
F36-Z35	9	37	3	9	0.4	152	3.2	0.4	31	0.4	4	5	1
E36-Z35	9	35	2	11	0.4	150	1.9	0.4	32	0.7	4	5	1.2

TMCP 钢 F36-Z35 及 E36-Z35 的力学性能　　　　表 6.4-2

	屈服强度（MPa）	抗拉强度（MPa）	伸长率（%）	冲击功（J）	ψ_z（%）
F36-Z35	419	525	30	256 （－60℃）	73
E36-Z35	442	568	27	156 （－40℃）	78

试验标准：按 BS 7448-1991-Part Ⅱ《确定焊缝 K_{IC}、临界 CTOD 和 J 积分的方法》试验标准，对海洋平台焊接接头的焊缝和热影响区进行低温（0℃）特征 CTOD（δ_c、δ_m、δ_u）的测试。

2. 焊接工艺条件

（1）焊接方法：单丝埋弧焊和 CO_2 气保护药芯焊丝焊。

热影响区试板采用 K 形坡口，焊缝金属试板采用 X 形坡口。

（2）焊接材料：所用的埋弧焊丝和焊剂以及 CO_2 气保护焊所使用的药芯焊丝均为美国林肯公司生产。

3. 试样形式

试验采用带预制疲劳裂纹的三点弯曲标准试样，试样宽度 $W＝2B$（F36-Z35）和 $W＝B$（E36-Z35）两种。保证裂纹总长度 a 在 0.45～0.70W 的有效范围内。

试验方法略

E36-Z35 钢单丝埋弧焊工艺的焊缝和热影响区的 CTOD 试验结果如表 6.4-3 所示，F36-Z35 钢单丝埋弧焊工艺 CTOD 试验结果如表 6.4-4 所示，E36-Z35 钢 CO_2 气保护焊横焊工艺状态的 CTOD 试验结果如表 6.4-5 所示。

4. 试样有效性判断

试验中的全部试样都获得很好的裂纹前缘形状，完全符合 BS7448 Part Ⅱ标准的规定。全部试样裂纹前缘任意两个裂纹深度的差值都小于 $10\% a_0$，a/w 均小于 0.7。对 90mm 板厚热影响区试件剖面测量 $\Sigma N\lambda_1$，其值都大于 13.5mm（20%×75%B）。对 60mm 板厚热影响区试件剖面测量 $\Sigma N\lambda_1$，其值都大于 9mm（20%× 75%B），满足挪威船级社 DNV-OS-C401 标准的要求，因此，全部热影响区试件均为有效试件。

E36-Z35 钢单丝埋弧焊工艺的焊缝和热影响区的 CTOD 试验结果　　表 6.4-3

焊材	焊接方法	缺口位置	试件编号	CTOD（mm）	$\Sigma N\lambda_1$（mm）	有效性判定结果
LA-71	SAW	焊缝	L16	1.3316	—	有效
			L17	2.2705	—	有效
			L18	0.5021	—	有效
		热影响区	N1	0.6249	27	有效
			N2	0.4461	50	有效
			N3	2.0860	19	有效
			N4	1.2172	29	有效
			N5	1.2405	14	有效
			N6	1.2073	23	有效

F36-Z35 钢单丝埋弧焊工艺的焊缝和热影响区的 CTOD 试验结果　　　表 6.4-4

焊材	焊接方法	缺口位置	试件编号	CTOD（mm）	$\Sigma N\lambda_1$（mm）	有效性判定结果
LA-85	SAW	焊缝	015	1.9305	—	有效
			016	0.9176	—	有效
			017	0.4194	—	有效
		热影响区	P1	2.0852	23	有效
			P2	0.4756	18	有效
			P3	1.8806	10	有效
			P4	1.8554	12	有效
			P5	0.5401	17	有效
			P6	1.1246	16	有效

E36-Z35 CO_2 气保护焊横焊工艺状态的 CTOD 试验结果　　　表 6.4-5

焊　材	焊接方法	缺口位置	试件编号	CTOD（mm）	$\Sigma N\lambda_1$（mm）	有效性判定结果
LB-52U/ LW-81Ni1	SMAW/ FCAW-G	焊缝	J16	0.4676	—	有效
			J17	0.4491	—	有效
			J18	0.2967	—	有效
		热影响区	K1	1.2854	14	有效
			K2	0.8536	36	有效
			K3	0.8021	18	有效
			K4	0.4774	18	有效
			K5	1.1818	20	有效
			K6	2.2451	42	有效

5. 评定结论

F36-Z35（60mm）及 E36-Z35（90mm）TMCP 钢单丝埋弧焊工艺以及 E36-Z35 的 CO_2 气保护焊横焊工艺的 CTOD 试验结果中，3 个焊缝试件及 6 个热影响区试件 CTOD 值均大于 0.15mm 的验收标准值，根据设计规格书的要求，判定该三项焊接工艺通过了 CTOD 试验检查，相关工艺被确定能够免除焊后热处理。

6.4.3　海洋平台用钢 D36 超大厚度各种焊接位置接头断裂韧性（CTOD）评定[11]

1. 试验钢材

试验所用钢材为 D36，板厚为 80mm。

2. 焊接条件

焊接方法为单丝埋弧焊和 CO_2 气体保护焊，其中 CO_2 气体保护焊有平焊、立焊和仰焊三种位置。焊接材料为国产埋弧焊丝、焊剂和 CO_2 气体保护焊药芯焊丝。对于热影响区试板采用 K 形坡口，焊缝金属试板采用 X 形坡口。

3. 试样形式

按照 BS 7448 标准规定，试验采用带预制疲劳裂纹的三点弯曲（TPB）标准试样，试样宽度 $W = B$。试样加工至截面为 $B \times B$（74mm×74mm）的最终尺寸。对焊接接头的焊缝和热影响区进行了低温（0℃）特征 CTOD（δ_c，δ_m，δ_u）的测试。

表 6.4-6～表 6.4-9 分别为 80mm 及 70mm 板厚单丝埋弧焊、CO_2 气体保护焊平焊和立焊及仰焊位置以及 CO_2 气体保护焊立焊位置 CTOD 试验结果。

4. 试样有效性判断

试验中的全部试样都获得很好的裂纹前缘形状，完全符合 BS7448：1997-Part Ⅱ标准的规定。全部试样裂纹前缘任意两个裂纹深度的差值都小于 $10\%a_0$，a/W 均小于 0.7。对 80mm 板厚热影响区试件剖面测量 $\Sigma N\lambda_1$，其值都大于 11.1mm（$20\%\times 75\%B$），对 70mm 板厚热影响区试件剖面测量 $\Sigma N\lambda_1$，其值都大于 9.6mm（$20\%\times 75\%B$），满足挪威船级社 DNV-OS-C401 标准的要求。因此，全部热影响区均为有效试件。

80mm 板厚单丝埋弧焊 CTOD 试验结果 表 6.4-6

缺口位置	试件编号	CTOD δ(mm)	$\Sigma N\lambda_1$（mm）	有效性判定结果
焊缝	Q2004-16-W1	0.0964	—	有效
	Q2004-16-W2	0.0784	—	有效
	Q2004-16-W3	0.0668	—	有效
热影响区	Q2004-16-H1	0.9281	18.5	有效
	Q2004-16-H2	0.3757	16.5	有效
	Q2004-16-H3	0.7502	18.5	有效

70mm 板厚单丝埋弧焊 CTOD 试验结果 表 6.4-7

缺口位置	试件编号	CTODδ（mm）	$\Sigma N\lambda_1$（mm）	有效性判定结果
焊缝	Q2004-42-W3	0.3925	—	有效
	Q2004-42-W4	0.3422	—	有效
	Q2004-42-W5	0.2456	—	有效
热影响区	Q2004-42-H3	0.1990	43.0	有效
	Q2004-42-H4	1.0569	43.5	有效
	Q2004-42-H5	1.7878	55.5	有效

CO_2 气体保护焊平焊和立焊及仰焊位置 CTOD 试验结果 表 6.4-8

	缺口位置	试件编号	CTODδ（mm）	$\Sigma N\lambda_1$（mm）	有效性判定
平焊	焊缝	Q2004-17-W1	0.1770	—	有效
		Q2004-17-W2	0.2803	—	有效
		Q2004-17-W3	0.2207	—	有效
	热影响区	Q2004-17-H1	0.1840	52	有效
		Q2004-17-H2	0.1657	32	有效
		Q2004-17-H3	0.7197	42	有效
立焊	焊缝	Q2004-18-W1	0.2649	—	有效
		Q2004-18-W2	0.1077	—	有效
		Q2004-18-W3	0.2346	—	有效
	热影响区	Q2004-18-H1	0.0801	30	有效
		Q2004-18-H2	0.1534	21	有效
		Q2004-18-H3	0.1657	17	有效

续表

	缺口位置	试件编号	CTODδ（mm）	ΣNλ₁（mm）	有效性判定
仰焊	焊缝	Q2004-19-W1	0.1726	—	有效
		Q2004-19-W2	0.3261	—	有效
		Q2004-19-W3	0.1408	—	有效
		Q2004-19-W4	0.2646	—	有效
		Q2004-19-W5	0.2782	—	有效
		Q2004-19-W6	0.3258	—	有效
	热影响区	Q2004-19-H1	0.1795	24	有效
		Q2004-19-H2	0.342	20	有效
		Q2004-19-H3	0.2020	44	有效

CO_2 气体保护焊立焊位置 CTOD 试验结果（补做）　　　表 6.4-9

缺口位置	试件编号	CTOD δ（mm）	ΣNλ₁（mm）	有效性判定结果
焊缝	Q2004-42-W3	0.1552	—	有效
	Q2004-42-W4	0.5221	—	有效
	Q2004-42-W5	0.4146	—	有效
热影响区	Q2004-42-H3	1.3572	11	有效
	Q2004-42-H4	1.5348	18	有效
	Q2004-42-H5	1.2210	30	有效

5. 评定结论

（1）CO_2 气体保护焊平焊只做了 6 个试件就顺利地通过，能够免除焊后热处理。而 CO_2 气体保护焊仰焊和立焊位置通过追加试件数量的方法也通过，可免除相应的焊后热处理。

（2）80mm 板厚单丝埋弧焊 CTOD 试验没有通过，不能免除焊后热处理；厚度 70mm 单丝埋弧焊免除焊后热处理的 CTOD 试验得以通过，可免除焊后热处理。

（3）在平台施工建造过程中通过钢材和焊接材料国产化以及利用 CTOD 试验来免除焊后消应热处理方法可以大大降低建造成本，并且明显缩短生产周期，降低劳动强度，产生巨大的经济和社会效益。

6.4.4　海洋平台用钢 EQ70、EQ56 焊条电弧焊不同线能量焊接接头的断裂韧性（CTOD）评定[16]

1. 试验钢材

钢板包括 AB 级 EQ70（60mm、38mm）和 AB 级 EQ56（38 mm）。均由日本住友金属工业株式会社鹿岛制铁所提供，供货状态均为调质态。

钢板的化学成分及部分力学性能见表 6.4-10、表 6.4-11。

母材化学成分（质量分数）　　　表 6.4-10

序号	C	Si	Mn	P	S	Cu	Ni	Cr	Mo	V	Zr	Ti	Nb	Al	N
1	0.12	0.08	0.85	0.010	0.003	0.24	0.47	0.74	0.35	0.04	0.005	0.013	0.016	0.048	0.0028
2	0.14	0.08	0.86	0.011	0.002	0.26	0.49	0.76	0.32	0.04	0.005	0.013	0.016	0.064	0.0023
3	0.14	0.08	0.86	0.011	0.002	0.26	0.49	0.76	0.32	0.04	0.005	0.013	0.016	0.064	0.0023

母材力学性能 表 6.4-11

序号	钢材牌号	σ_S （MPa）	σ_b （MPa）
1	EQ70（60 mm）	780	829
2	EQ70（38 mm）	780	816
3	EQ56（38 mm）	679	737

2. 焊接条件

焊条电弧焊，焊条等级为 AWS A5.5：E11018M-H4。化学成分见表 6.4-12。主要力学性能（常温）：$\sigma_S=764$MPa，$\sigma_b=820$MPa。

采用对接焊缝，等角 K 形坡口（角度为 45°）。K 形坡口的直边垂直于试板平面。采用多层多道焊接，预热温度 70℃，焊后保温（210～230℃）1 h。两次不同焊接工艺参数 CTOD 试验的主要工艺参数见表 6.4-13。

焊材化学成分（质量分数） 表 6.4-12

C	Si	Mn	P	S	Cr	Ni	Mo	Nb	Cu	V	Ceq
0.06	0.47	1.54	0.018	0.013	0.06	2.30	038	0.01	0.0	0.01	0.50

两次不同焊接工艺参数 CTOD 试验的主要工艺参数 表 6.4-13

批次	焊道序号	直径 (mm)	电流 (A)	电压 (V)	焊速 (mm·min⁻¹)	最大线能量/ (kJ·mm⁻¹)	平均线能量/ (kJ·mm⁻¹)
第一次	1	3.2	130～160	20～25	69	3.62	2.85
	其他	4.0	170～195	22～27	77	4.10	3.51
第二次	1	3.2	120～145	23～30	104	2.88	2.02
	其他	4.0	180～196	25～35	112	3.68	3.02

3. 试样形式

采用三点弯曲试样。试样横截面采用 $2B \times B$ 型，即 $W=2B$。取向为 NP 方向，N 为试样纵向垂直于焊缝方向，P 为切口平行于焊缝方向。试样取样和制备均符合规范 BS 7448—1、BS 7448-2 和 DNV—OS—C401 规定的要求。

4. 试样有效性检验

BS 7448—1 第 10 章列出了有效性检验项目，主要包括原始裂纹长度的有效性、疲劳预制裂纹的有效性（长度、方向及其平直度）等。BS 7448—2 针对焊接接头又补充了一些要求，特别是关于试样切口加工前的金相学定位和试验后裂纹位置的金相学评价。另外，对于热影响区 CTOD 试验试样，裂纹尖端与熔合线的吻合程度还必须满足规范 DNV—OS—C401 的要求，即：当 20mm < $t \leqslant$ 80mm 时，$\Sigma N\lambda_1 \geqslant 0.15t$（见图 6.4-12）。

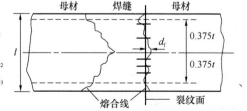

图 6.4-12 热影响区试样裂纹尖端位置

图中：t—试样厚度；

$\lambda_1 - d_f \leqslant 0.5$mm 的一段长度；

$N - d_f \leqslant 0.5$mm 的总段数；

d_f—裂纹面与熔合线之间距离。

经如上有效性检验，所有试样均是有效的。

5. 评定结果

各母材试样和各焊接接头试样的 CTOD 值分别见表 6.4-14～表 6.4-17。表中括号内的数字表示试样序号；δ_m 为最大载荷 CTOD 值，即最大载荷点或最大载荷平台开始点所对应的 CTOD 值；δ_u 为脆性失稳的 CTOD 值，即稳定裂纹扩展量时的 $\Delta a > 0.2$mm 脆性失稳断裂点或突进点所对应的 CTOD 值。

各母材试样 δ_u 值（mm）　　　　表 6.4-14

EQ70T60			EQ70T38			EQ56T38		
(1)	(2)	(3)	(1)	(2)	(3)	(1)	(2)	(3)
0.637	0.824	0.865	0.400	0.464	0.525	1.020	0.940	1.024

第一次焊接工艺参数下 EQ70（厚度 60mm）试样 δ_u 值（mm）　　　　表 6.4-15

裂纹位置					
熔合线			焊缝中心		
(1)	(2)	(3)	(1)	(2)	(3)
0.129	0.248	0.122	0.076	0.071	0.105

第一次焊接工艺参数下 EQ70＋EQ56（厚度 38 mm）试样 δ_u 值（mm）　　　　表 6.4-16

裂纹位置					
熔合线			焊缝中心		
(1)	(2)	(3)	(1)	(2)	(3)
0.090	0.127	0.094	0.099	0.137	0.122

第二次焊接工艺参数下 EQ70（厚度 60mm）试样 δ_u 值（mm）　　　　表 6.4-17

裂纹位置						
熔合线						
(1)	(2)	(3)	(4)	(5)	(6)	(7)
0.172	0.094	0.170	0.224	0.049	0.090	0.084
焊缝中心						
(1)	(2)	(3)	(4)	(5)	(6)	
0.135	0.163	0.171	0.062	0.136	0.0146	

6. 评定结论

(1) 第一次焊接工艺参数下 EQ70（厚度 60mm）及 EQ70＋EQ56（厚度 38mm）试样焊缝中心 δ_u 值均小于标准规定的 0.15mm，熔合线则分别有 2 个及 3 个试样全部 δ_u 值小于标准规定。第二次减小线能量的焊接工艺参数下 EQ70（厚度 60mm）试样焊缝中心及熔合线均仍有半数以上试样的 δ_u 值小于标准规定。

（2）各母材试样和焊接接头试样的 CTOD 值 都存在一定的离散性，各类型试样 CTOD 值的离散性呈现出按母材、焊缝中心和熔合线依次增大的规律。这一定程度上证明了熔合线处比焊缝中心更危险。

（3）第二次焊接工艺的第一焊道及其他焊道的平均线能量分别降低了 20.44% 和 10.24% 。在两次不同焊接工艺参数下的 EQ70（60mm）和 EQ70＋EQ56（38mm）焊接接头焊缝中心试样的 CTOD 值都有明显的提高。由此可见，适当降低焊接线能量，可以提高焊缝中心的 CTOD 值，但熔合线试样的 CTOD 值则没有明显变化，说明仅减小焊接线能量不足以提高焊接接头整体的断裂韧性。

6.4.5 海洋平台导管架单、双丝埋弧焊及焊条电弧焊补焊接头断裂韧性（CTOD）评定[17]

1. 试验钢材

DH40 钢（GB712—2000），为海洋平台用钢，厚度为 90mm，由舞阳钢铁有限责任公司生产，供货状态为正火。其基本力学性能为 $\sigma_s = 455MPa$，$\sigma_b = 570MPa$，化学成分如表 6.4-18 所示。

DH40 钢化学成分 表 6.4-18

成分	C	Si	Mn	P	S	Cu	Al	Cr	Ni	Ti	Mo	Nb	V
质量分数/0.001%	140	270	1440	13	5	140	28	60	220	13	22	25	61

2. 焊接工艺条件

（1）19 号工艺（PWPS19）

1）焊接方法：气体保护焊/自动埋弧焊。

2）焊丝数：根部焊道为单丝．其他焊道：一面单丝，另一面双丝。

3）填充金属

①焊丝：JM-58（AWS A5.18，ER70S-G），LA-85（AWS A5.23）。

②焊剂：F8500（AWS A5.23 F7A6）。

4）最低预热温度 150℃，最高层间温度 256℃。

（2）20 号工艺（PWPS20）

1）焊接方法：先用气体保护焊/自动埋弧焊，后用焊条电弧焊模拟焊接返修。

2）焊丝数：

①气体保护焊/自动埋弧焊：根部焊道，单丝；其他焊道，一面单丝，另一面双丝。

②焊条电弧焊：单焊条。

3）填充金属

①焊丝：JM-58（AWS A5.18 ER70S-G），LA-85（AWS A5.23）。

②焊剂：F8500（AWS A5.23 F7A6）。

③焊条：Jet LH-8018-C1 MR（AWS A5.5，E8018-C1）。

4）最低预热温度 150℃，最高层间 温度 256℃。

（3）28 号工艺（PWPS28）

1）焊接方法：气体保护焊/自动埋弧焊。

2）焊丝数：单丝。

3）填充金属

①焊丝：JM-58（AWS A5.18 ER70S-G），LA-85（AWS A5.23）。

②焊剂：F8500（AWS A5.23 F7A6）。

4）最低预热温度 150℃，最高层间温度 256℃。

3. 试样形式

按规范 BS7448-1 和 BS7448-2，采用三点弯曲试样，试样长度方向垂直于焊缝方向，焊缝试样横截面为 $2B=W$ 的矩形（B 是试样厚度，W 是试样宽度），裂纹尖端开在焊缝中心，裂纹取向为 NP 方向；热影响区试样横截面为 $B=W$ 的正方形，裂纹尖端开在熔合线上，裂纹取向为 NQ 方向．按规范要求，裂纹尖端位置离开熔合线的距离不能超过 0.5mm。

三项工艺 PWPS19，PWPS20 和 PwPS28 的试样的主要尺寸和特征 CTOD 值分别列于表 6.4-19～表 6.4-21。表中 B 是试样厚度，W 是试样宽度。a_0 为原始裂纹长度。δ_m 是最大载荷点或最大载荷平台开始点所对应的 CTOD 值，称为最大载荷 CTOD 值，试验平均温度为 15℃。

4. 试验结果

试验结果见表 6.4-19～表 6.4-21 中所列。

PWPS19 号工艺试样主要参数及特征 CTOD 值　　　　表 6.4-19

试样编号	裂纹位置	力学性质	B（mm）	W（mm）	a_0（mm）	a_0/W	δ_m（mm）
1901	焊缝	$\sigma_\mathrm{s}=528.5$MPa $\sigma_\mathrm{b}=583.05$MPa $E=228.68$GPa $\mu=0.295$	82.11	164.05	82.88	0.505	0.679
1903			82.09	164.09	83.60	0.510	1.159
1905			82.06	164.08	83.38	0.510	0.663
1908	热影响区	$\sigma_\mathrm{a}=510.87$MPa $\sigma_\mathrm{b}=625.69$MPa $E=245.49$GPa $\mu=0.272$	82.12	82.06	36.57	0.45	0.567
19010			82.11	82.11	36.85	0.45	0.562
19012			82.09	82.09	36.99	0.45	0.570

PWPS20 号工艺试样主要参数及特征 CTOD 值　　　　表 6.4-20

试样编号	裂纹位置	力学性质	B（mm）	W（mm）	a_0（mm）	a_0/W	δ_m（mm）
2002	焊缝	$\sigma_\mathrm{s}=528.5$MPa $\sigma_\mathrm{b}=583.05$MPa $E=228.68$GPa $\mu=0.295$	82.10	164.09	83.36	0.510	0.577
2003			82.08	164.09	83.32	0.510	0.723
2005			82.03	164.09	83.08	0.505	0.686
2009	热影响区	$\sigma_\mathrm{s}=516.57$MPa $\sigma_\mathrm{b}=612.75$MPa $E=201.75$GPa $\mu=0.272$	82.09	82.09	37.03	0.45	0.742
2010			82.10	82.08	36.85	0.45	0.603
2011			82.07	82.08	36.79	0.45	0.674

PWPS28 号工艺试样主要参数及特征 CTOD 值

表 6.4-21

试样编号	裂纹位置	力学性质	B (mm)	W (mm)	a_0 (mm)	a_0/W	δ_m (mm)
2802	焊缝	σ_s＝528.5MPa	82.12	164.09	82.88	0.505	0.591
2805		σ_b＝583.05MPa	82.10	164.07	82.58	0.50	0.628
2806		E＝228.68GPa	82.08	164.10	83.64	0.51	0.575
		μ＝0.295					
2810	热影响区	σ_s＝493.69MPa	82.07	82.08	37.28	0.45	0.798
2811		σ_b＝623.29MPa	82.10	82.08	36.67	0.45	0.793
2812		E＝252.15GPa	82.11	82.13	37.06	0.45	0.984
		μ＝0.272					

5. 评定结果

（1）所有特征 CTOD 值都大于设计规格书的要求（ 为 0.254mm），并且还有较大的安全储备．因此，将这三项工艺直接用于海洋平台导管架的施工建造，只要导管架的钢板厚度不超过所评定的板厚（90mm），其焊接接头可以不进行焊后热处理。

（2）PWPS19 号双丝自动埋弧焊工艺与 PWPS28 号单丝自动埋弧焊工艺的焊接接头的特征 CTOD 值很接近，因此，在导管架的建造中，选择采用 PWPS19 号双丝自动埋弧焊工艺，以提高建造施工效率，缩短施工工期．

（3）PWPS20 号工艺先是用气体保护焊和自动埋弧焊进行焊接，焊接完成后，再用焊条电弧焊模拟焊接返修。比较表 6.4-19 和表 6.4-20，可以看到，两种工艺的试样具有相近的特征 CTOD 值，并且都大于设计所要求的 CTOD 允许值。因此，用 PWPS20 号工艺进行返修补焊，仍可确保导管架的建造质量。

（4）对于如海洋平台导管架这样的大型结构，还有如大型桥梁的钢箱梁，焊后热处理是比较困难的，况且焊后热处理可能会产生消除应力处理裂纹。因此，合理选择焊接材料、焊接工艺，以使焊接接头的特征 CTOD 值满足设计要求．既保证了导管架建造质量，又可以免除焊后热处理工序，缩短建造工期，也节省热处理所需的成本。

6.4.6 海上浮式生产储油船(FPSO)模块支墩焊接接头低温断裂韧性(CTOD)评定[18]

渤海湾 PL19 3 油田是我国最大的海上油田。该油田使用一艘目前世界上在浅水域中最大、重达 300kt 的 FPSO。这艘 FPSO 的上部模块与主甲板系支墩相连接。模块支墩不仅承受上部模块巨大的重力（单个模块质量达 3kt），还要承受由于 FPSO 摇摆、升降等引起的巨大惯性力。在这种动载荷的长期作用下，加之模块支墩所用钢板很厚（面板厚达 70mm），因此，模块支墩的焊接接头易产生裂纹进而导致破坏。模块支墩是海上浮式生产储油船（FPSO）中连接上部模块与主甲板的关键结构，必须有效保证其焊接接头的韧度以防在服役期间产生裂断。按照国际通用规范 BS 7448 和 DNV—OS—C401 的要求，对我国渤海 PL19 3 油田 FPSO 的模块支墩焊缝和熔合区进行了全厚度焊接接头低温（−18℃)裂纹尖端张开位移（CTOD）的试验研究。

1. 试验钢材：

F36 高强钢（EN133—001，日本产），主要化学成分列于表 6.4-22，最大碳当量为

0.34%，板厚为 80mm。主要力学性能：$\sigma_s = 455\text{MPa}$，$\sigma_b = 501\text{MPa}$，$\delta_5 = 34\%$。

F36 钢的主要化学成分（%）　　　　　　　　表 6.4-22

C	Si	Mn	P	S	Cu	Ni	Cr	Mo	V	N_b	N	Ti
0.05	0.17	1.31	0.004	0.001	0.3	0.67	0.02	0.01	0	0.012	0.0048	0.013

2. 焊接工艺

采用对接焊缝，等角 K 形坡口（角度为 45°），无钝边，对口间隙 0～1mm。K 形坡口的直边垂直于试板平面。采用焊条电弧焊（SMAW）进行多层多道焊接，预热温度为 112℃，最高层间温度为 173℃。主要焊接工艺参数列于表 6.4-23。

焊条电弧焊（SMAW）工艺参数　　　　　　　　表 6.4-23

焊道序号	焊条	焊条直径（mm）	电流（A）	电压（V）	极性	行走速度（mm·min⁻¹）	线能量（kJ·mm⁻¹）
1	Kryol	3.2	125～135	19～23	DCRP	66	2.83
其他		4.0	175～185	21～27		54～99	2.26～5.79

3. 试样形式

采用三点弯曲试样。试样纵向垂直于焊道。试样横截面采用 $B \times B$ 型，切口取向为 NP 方向。

4. 评定结果

试样的主要尺寸和特征 CTOD 值列于表 6.4-24。该表中的 δ_u 是脆性失稳的 CTOD 值，即稳定裂纹扩展量时的 $\triangle a > 0.2\text{mm}$ 脆性失稳断裂点或突进点所对应的 CTOD 值；δ_m 是最大载荷 CTOD 值，即最大载荷点或最大载荷平台开始点所对应的 CTOD 值。

试样有效性检验：四个熔合线试样中，FH11 的 $\Sigma N\lambda_1$ 小于 10.8mm，不满足 DNV—OS—C401 的要求（当 20mm < t ≤ 80mm 时，$\Sigma N\lambda_1 \geq 0.15t$）。该试样无效。其他三个熔合线试样及焊缝都有效。

试样主要参数及特征 CTOD 值（−18℃）　　　　表 6.4-24

试样号	裂纹位置	B（mm）	W（mm）	a_0（mm）	δ_a（mm）	δ_m（mm）	有效性
FH1		72.09	72.09	38.160		0.870	有效
FH3	熔合线	72.05	72.09	39.406	0.427		有效
FH9	（FL）	72.02	72.02	38.860		0.838	有效
FH11		72.10	72.09	36.785	0.064		有效
FH5	焊缝	72.03	72.10	36.920	0.188		有效
FH6	（WP）	70.08	70.07	37.483	0.149		有效
FH13		72.04	72.09	37.351		0.976	有效

试验结果表明：选用的焊接工艺可用于 FPSO 模块支墩的建造施工，并且模块支墩可以免除焊后热处理。模块支墩的安全性和可靠性是建造 FPSO 船的关键技术之一，而要保证模块支墩的安全性和可靠性，关键是保证其焊缝和熔合区都具有足够的韧性。在 FPSO 船建造实践中，通过选择恰当的焊接材料与焊接方法，调整优化焊接工艺，然后运用 CTOD 试验技术进行韧性评定，合理控制模块支墩焊接接头的韧性以免除焊后热处理。这样既可保证模块支墩的质量、缩短施工工期，又可降低建造成本。

6.4.7 香港后海湾大桥钢箱梁焊接接头的断裂韧度评定[19]

港深西部通道是连接香港和深圳两地的第四条跨界通道，其中位于香港段的后海湾大桥是一座特大型桥梁，它的主桥为独斜塔单索面斜拉桥，采用了四跨连续钢箱梁，最大跨度为 210m，总质量约 9500t。钢箱梁宽 39m，高 4.2m，总长为 458m，材料采用进口 S355ML 和 S355M 钢板，最大厚度达 120mm，中腹板厚度达到 65mm。在建造中，严格执行英国标准，对于板厚超过 50mm 的钢材，必须进行焊缝金属及热影响区试验，以控制钢箱梁的焊接质量。

1. 试样钢材

日本产的 S355ML 钢板（TMCP），板厚 65mm，最大碳当量为 0.45%，其化学成分见表 6.4-25。主要力学性能参数：屈服强度 R_{eL} = 423MPa，抗拉强度 R_m = 526MPa。

S355ML 钢化学成分（质量分数，%） 表 6.4-25

C	Si	Mn	P	S	Cu	Ni	Cr	Mo	V	Nb	N	Ti
0.09	0.27	1.45	0.011	0.002	0.08	0.05	0.01	0.002	0.001	0.12	0.38	0.12

2. 焊接工艺

钢箱梁常用埋弧自动焊（SAW）、（DC+）平焊和焊条电弧焊（SMAW）立向上焊接。

焊丝：H10Mn2G（BZJ116-97）。焊条：QSH-J507Ni（AWS A5.5，E7015-G）。

两种焊接工艺，均采用双 V 形坡口，其最低预热温度为 60℃。最高层间温度为 300℃，见表 6.4-26 及表 6.4-27。

埋弧自动焊（PWPS017）工艺参数 表 6.4-26

烟道序号	焊丝	直径 D (mm)	电流 I (A)	电压 U (V)	极性	送丝速度 v_1 (m·min⁻¹)	行走速度 v_2 (mm·min⁻¹)	热输入 E (kJ·mm⁻¹)
1	H10Mn2G (BZJH6-97)	5.0	644～756	28～32	DC+	1.2～1.4	353～414	3.3
其他		5.0	671～788	28～32		1.2～1.4	342～403	3.5
盖面焊		5.0	651～761	28～32		1.2～1.4	353～414	3.3

焊条电弧焊（PWPS016）工艺参数 表 6.4-27

烟道序号	电焊条	直径 D (mm)	电流 I (A)	电压 U (V)	极性	行走速度 v_2 (mm·min⁻¹)	热输入 E (kJ·mm⁻¹)
1	QSH-J507Ni (AWSA5.5)	3.2	100～120	20～22	DC+	50～75	1.8
其他		4.0	120～150	22～26		75～100	1.8
盖面焊	E7015-G	4.0	120～150	22～26		75～100	1.8

3. 试样形式

按英国标准 BS 7448-1、BS 7448-2 制备三点弯曲试样。试样长度垂直于焊缝方向。焊缝（WP）试样横截面为 $B×2B$ 型的矩形（B 是试样厚度，$2B=W$ 是试样宽度），裂纹开在焊缝中心，取向为 NP 方向；热影响区（HAZ）试样横截面为 $B \times B$ 型，裂纹开在熔合线上，取向为 NQ 方向，裂纹尖端位置离开熔合线的距离不能超过 $0.5mm$。

母材、埋弧自动焊和焊条电弧焊试样的主要参数及特征 CTOD 值分别列于表 6.4-28、表 6.4-29。试验平均温度为 $15℃$，在该温度下母材试样（C-J01-1）的最大载荷 CTOD 值 $\delta_m = 0.940mm$。

（埋弧自动焊）PWPS017 工艺试样主要参数及特征 CTOD 值　　　　表 6.4-28

试样编号	裂纹位置	力学性能	试样厚度 $B(mm)$	试样宽度 $W(mm)$	裂纹长度 $a_0(mm)$	a_0/W	最大载荷 $\delta_m(mm)$	平均值 $\delta_m(mm)$
C-ZB01-2 C-ZB01-3 C-ZB01-4	焊缝 (WP)	$R_{eL}=396.78MPa$ $R_m=482.05MPa$ $E=209.31GPa$ $\mu=0.262$	54.00 54.13 54.00	107.73 108.09 108.13	54.25 54.31 54.17	0.50 0.50 0.50	0.750 0.763 0.630	0.714
C-ZB01-2 C-ZB01-4 C-ZB01-6	热影响区 (HAZ)	$R_{eL}=420.84MPa$ $R_m=520.04MPa$ $E=213.30GPa$ $\mu=0.269$	54.07 54.10 54.10	54.06 54.18 54.00	26.84 26.68 26.48	0.50 0.49 0.49	1.083 1.797 1.879	1.586

焊条电弧焊（PWPS016）工艺试样主要参数及特征 CTOD 值　　　　表 6.4-29

试样编号	裂纹位置	力学性能	试样厚度 $B(mm)$	试样宽度 $W(mm)$	裂纹长度 $a_0(mm)$	a_0/W	脆性失稳 CTOD 值 $\delta_u(mm)$	平均值 $\delta_u(mm)$
C-SB01-1 C-SB01-4 C-SB01-6	焊缝 (WP)	$R_{eL}=518.39MPa$ $R_m=61268MPa$ $E=210.59GPa$ $\mu=0.267$	54.00 54.14 54.12	108.17 107.88 108.11	54.91 54.98 54.85	0.51 0.51 0.51	0.243 0.605 0.206	0.351

4. 评定结果

表 6.4-28 中埋弧自动焊工艺（PWPS017）焊缝 CTOD 平均值为 $0.714mm$，最小值为 $0.630mm$。热影响区 CTOD 平均值为 $1.586mm$，最小值为 $1.083mm$，甚至大于母材 CTOD 值（$\delta_m = 0.940mm$），这主要是热影响区晶粒细化从而提高了韧度。参考有关钢结构规范 DNV-OS-C401：2001、DNV-OS-F101：2000 和同类钢结构设计许可值，将 CTOD 允许值定为 $0.25mm$。上述埋弧自动焊（PWPS017）接头 CTOD 值较大，超过了允许值（$0.25mm$），该工艺可用于钢箱梁建造。

表 6.4-29 中焊条电弧焊（PWPS016）焊缝 CTOD 最小值仅为 $0.206mm$，小于允许值（$0.25mm$），韧度不够，该工艺需要调整。

对母材、PWPS017 工艺焊缝和 PWPS016 工艺焊缝的 CTOD 试样断口的电镜试样观察表面微区组织、成分。图 6.4-13 是母材试样（C-J01-1）断口电镜照片，显示有较多等轴韧窝。有些韧窝中含有的颗粒，用 X 射线分析的成分如下：铁 87.92%、锰 2.63%、硅 3.98%、铝 5.49%，还有少量的钨。韧窝是由垂直于断口总平面的正应力所产生的空洞聚集而成的，是韧性断裂的主要电子金相特征。

图 6.4-14 为埋弧自动焊（PWPS017）焊缝试样断口上的韧窝群。未发现有解理台阶。存在一些颗粒，能谱分析表明这些颗粒的成分是铁、锰等基体，还有硅、铝和钙等。

图 6.4-15 是焊条电弧焊（PWPS016）焊缝断口，有许多解理台阶夹杂物的成分是 Cl、Ca、K、Si 和 S 等。气泡和夹杂物等产生应力集中，降低焊缝韧度。同时，硫化物易使焊缝金属产生结晶微裂纹，从而影响焊缝韧度。

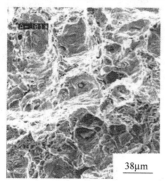

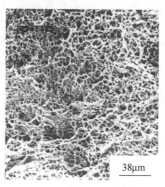

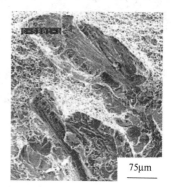

图 6.4-13　母材电镜照片　　　图 6.4-14　埋弧焊焊缝断口　　　图 6.4-15　焊条电弧焊焊缝断口

5. 评定结论

依据英国标准 BS 7448，对两种焊接工艺厚钢板接头，进行了常温 CTOD 断裂韧度试验。表明埋弧自动焊的焊缝和热影响区的断裂韧度较高，可以用于钢箱梁的焊接施工；焊条电弧焊工艺的焊缝的断裂韧度过低，原因是存在含有硫元素的夹杂物、气泡和微裂纹，不能用于后海湾大桥钢箱梁的焊接建造。

6.5　建筑钢结构关键焊接节点抗震性能及其改善

6.5.1　概述[20]、[21]

地震作用会在钢框架焊接节点处带来高应变率和大塑性应变，现有的研究指出，地震作用下钢框架焊接节点应变率在 0.1/s 到 10/s 之间。应变率的提高会使钢材的屈服强度提高而韧性降低。同时大的塑性应变会提高韧脆转变温度。试验表明，大的塑性应变使钢材的韧脆转变温度提高 30～50℃。由此可知，钢框架焊接节点处在地震作用下，其韧性大为降低。加上焊接缺陷的影响，较易发生脆性断裂。从 1995 年阪神地震中钢框架焊接节点发生的断口分析和大尺寸钢框架焊接节点试验论证的基础上，提出钢框架焊接节点超低周疲劳断裂过程有三个阶段：

——延性裂纹在焊址热点区起始阶段；

——延性裂纹稳定扩展阶段；

——最后在脆性模式下断裂阶段。

日本焊接工程协会（Japan Welding Engineering Society，JWES）考虑了预应变（Prestrain）、应变率对发生脆性断裂的影响，预应变定义为未发生脆性断裂的循环阶段下的累积塑性应变。此外还考虑了钢材小尺寸常规冲击韧性试件与实际焊接节点尺寸、板厚的不同对裂纹尖端位移塑性约束的差异，及其对断裂韧性影响的差异。

WES2808 通过钢材脆性转变温度的提高（转换温度升高值 ΔT_{PD}）来说明预应变和应

变率对钢材韧性的影响，图 6.5-1 所示为同一钢材在静载无预应变条件下及动载有预应变条件下的温度—断裂韧性（δ_c）关系曲线，在同一、已定的服役温度 T 时，动载有预应变条件下节点的 δ_c 明显降低；对节点 δ_c 值要求相同时，静载无预应变条件下节点的服役温度可以允许降低至 $T-\Delta T_{PD}$。

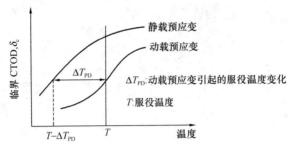

图 6.5-1　钢材的温度-断裂韧性（δ_c）关系曲线

　　钢结构具有强度高、自重轻、抗震性能好、施工速度快、占用面积小，工业化程度高、外形美观等一系列优点，与混凝土结构相比它是环保型的和可再次利用的。由钢梁、钢柱构件通过节点连接构成的钢框架结构，在中低层到高层建筑中广泛应用，钢框架结构中，梁—柱连接节点是保证梁与柱协同工作形成结构整体的关键部件，在正常使用状态下，钢结构梁柱节点将梁与柱连成整体，使结构能够有效地承受重力、风载等外部荷载。它的性能直接影响结构体系的刚度稳定性和承载能力，20 世纪 60 年代末期和 70 年代初期，焊接在钢结构梁柱连接中逐渐地被广泛采用，实际工程中多数采用梁翼缘与柱子翼缘全熔透焊接，梁腹板与柱翼缘螺栓连接的方式，如图 6.5-2（a），其滞回性能曲线饱满，刚度和强度稳定。栓焊混合连接成为标准的抗震连接形式。日本中、高层钢结构柱较多采用冷弯方/矩形钢管，同时设计采用梁贯通型节点连接形式，见图 6.5-2（b）所示。[22]

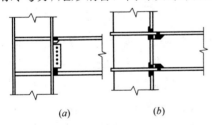

图 6.5-2　梁柱刚性连接的两种常见形式
（a）一柱贯通型节点（H 形柱）；
（b）梁贯通型节点（箱形柱）

　　1. 钢框架结构梁—柱连接节点强震下断裂破坏形式[23]

　　在强震作用下节点应能保证结构产生塑性变形，在梁内产生塑性铰，通过塑性区的形成和转动耗散地震输入的能量，使节点免于破坏，并保证结构的整体性使其免于倒塌，实现"强柱弱梁"、"强节点弱杆件"的设计思想，达到"大震不倒、小震可修"的目标。

　　然而在 1994 年的北岭（Northridge）地震和 1995 年的阪神（Hyogoken-Nanbu）地震中，采用这种节点的数百栋钢结构建筑有很多在节点部位出现了严重的脆性破坏，其破坏形式各不相同，与其主梁连接结构的形式不同有关。前者为柱贯通型节点，后者为梁贯通型节点。

　　（1）北岭（Northridge）地震中梁—柱节点破坏形式

　　典型的破坏方式是梁下翼缘与柱子之间的全熔透焊缝出现裂纹，而梁下翼缘裂纹明显多于梁上翼缘。梁下翼缘裂纹根据连接细节的不同沿不同路径扩展至不同的深度，如图 6.5-3（a）所示是全熔透焊缝与柱翼缘母材之间沿熔合线出现裂缝；图 6.5-3（b）是与梁焊接在一起的柱翼缘被撕裂，但裂缝并没有贯穿柱翼缘整个厚度；图6.5-3（c）是裂缝贯穿柱子翼缘；图6.5-3（d）是裂纹贯穿整个柱翼缘及腹板；图6.5-3（e）是裂纹从焊根向柱翼缘延伸；图6.5-3（f）是裂纹从焊根向柱翼缘延伸并贯穿；图6.5-3（g）是裂纹从焊根开始贯穿柱翼缘并延伸至柱腹板；图6.5-3（h）是裂纹从梁的过焊孔下边缘向梁下翼缘延伸以致使其断裂的情况。可以看出，其中有7类（a~g）是从梁翼缘和柱翼缘交界处起裂，这也正是衬垫板与梁柱交界的区域。由于通常衬板与柱翼缘之间仅由定位焊缝连接，其间存在的缝隙实际上形成了"人工裂纹"。

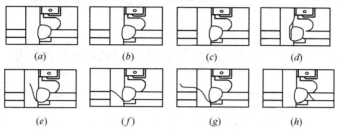

图6.5-3 北岭地震中梁柱节点的几种裂纹特征

（2）阪神（Hyogoken-Nanbu）地震中梁—柱节点破坏形式

据日本阪神地震后统计，在破坏严重的2396个焊接节点中，有79个完全断裂，其中仅20.5%的破坏发生在母材，图6.5-4所示为阪神地震中梁柱节点各种不同破坏位置所占比例。其梁柱焊接节点断裂特征如图6.5-5所示，图中"1"表示翼缘从过焊孔边缘处起裂并断裂，"2"和"3"表示翼缘热影响区断裂，"4"表示柱横隔板从柱焊缝焊趾处起裂并断裂，节点的连接发生上述破坏时，梁翼缘已有显著屈服或局部屈曲现象，该现象在美国北岭地震中没有出现。另外，对比图6.5-3和图6.5-5可以看出，两次地震中梁柱节点的断裂特征明显不同。阪神地震中裂纹主要向梁一侧扩展，而北岭地震中裂纹主要向柱一侧扩展，这种差别与梁柱节点的构造形式有关。

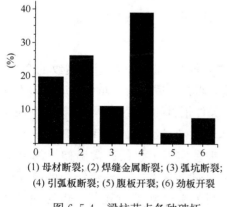

(1) 母材断裂; (2) 焊缝金属断裂; (3) 弧坑断裂;
(4) 引弧板断裂; (5) 腹板开裂; (6) 劲板开裂

图6.5-4 梁柱节点各种破坏
特征所占比例

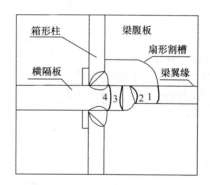

图6.5-5 日本阪神地震中梁柱焊接
节点的破坏形式

2. 断裂破坏原因

众多学者对传统钢梁柱连接节点的破坏现象和破坏原因进行了系统的分析和总结，认为主要是以下原因使得钢梁—柱节点易发生脆性破坏。

（1）应力因素

和梁的应力相比，节点部位的应力相对较大，该时期设计的梁—柱连接节点板域相对较弱，且设计时假定梁翼缘与柱子之间的焊缝只承担弯矩，但实际上由于柱子的变形，梁下翼缘在传递弯矩的同时还承担一部分剪力，较大的板域剪切变形使得与其相连的梁翼缘的应力进一步增加；梁翼缘过焊孔附近存在严重的变形集中，严重降低了钢材的低周疲劳性能；由于梁翼缘焊在设有水平加劲肋的宽大柱翼缘上，其焊接部位的变形受到限制，三向受拉的钢材由于无法形成侧向收缩或剪切滑移，将在没有明显屈服现象时就发生脆性破坏。

（2）焊接节点构造设计因素

过焊孔是梁翼缘全熔透焊缝通过腹板而设置的，过焊孔处存在应力集中，其形状、大小等对连接性能有显著影响。

一般通用形式过焊孔孔端与构件的夹角较大引起垂直于板边的应力分量，地震时极易引发裂缝。如图 6.5-6（a）所示的传统标准的梁下翼缘过焊孔的形式，图 6.5-6（b）所示的我国建筑钢结构发展初期至上世纪末广泛采用的形式。Reclesa Jm 通过现场调查、试验研究、理论分析和数值模拟，对 9 种不同过焊孔的连接试件进行了研究，其中含不设置过焊孔的试件和设置传统孔的试件，发现传统节点通常在过焊孔附近首先出现延性破坏，传统过焊孔会使连接性能劣化。

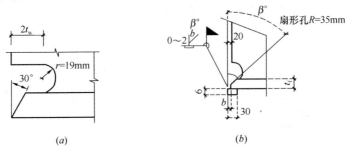

图 6.5-6　早期采用的过焊孔的形式

（3）材性因素

钢材和焊接材料韧性低时，不但在一定的焊接应力条件下促使焊接过程裂纹的产生，也在交变应力状态下使裂纹扩展速率提高。北岭地震和阪神地震以前，非承受动载即不需要验算疲劳强度的建筑钢结构构件，其设计选材主要关注钢材的强度、对于钢材的韧性要求往往更多考虑满足结构的使用温度要求和经济性，因而很多使用了仅保证常温韧性的 B 级钢甚至对钢材韧性无要求，导致结构的抗震性能低劣。钢材的韧性除了与轧制、热处理工艺有关以外，还与杂质元素的含量有直接关系，图 6.5-7、图 6.5-8 表示钢材中 S、P 含量对钢材冲击韧性的影响。由于 N 含量与冷作硬化有关，因而也影响其冲击韧性，图 6.5-9 表示钢中自由 N 含量及冷作变形量对 0℃冲击功的影响。

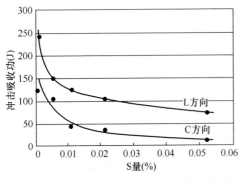

图 6.5-7　S 含量对钢材冲击韧性的影响

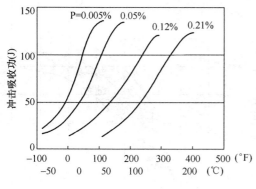

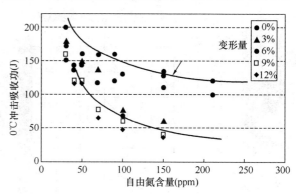

图 6.5-8 P 含量对钢材冲击韧性的影响

图 6.5-9 钢材中自由 N 含量及加工变形对 0℃冲击功的影响

焊缝的韧性也受 S、P、N 含量的影响同时还取决于焊材本身的韧性。通常钢材焊接后接头 HAZ 的韧性会下降，下降程度与母材的碳当量以及对焊接热输入敏感的其他因素有关。图 6.5-10 所示为单道焊时母材冲击功 A_{KV} 平均值（0℃，J）与 HAZ 冲击功的关系，从该图中可以看出，对于 SN490 钢，HAZ 冲击功约下降 40%～50%。为保证焊接接头整体的韧性，要求钢材自身韧性达到一定标准是很重要的。

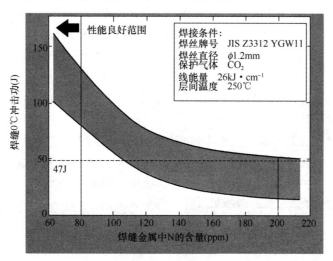

图 6.5-10 焊缝金属中 N 含量对其冲击韧性的影响（焊丝强度为 490MPa 级）

通常焊接热循环的加热和冷却过程导致接头热影响区（HAZ）HAZ 的韧性下降（图 6.5-11 所示为母材冲击功 A_{KV} 平均值与 HAZ 冲击功的关系），而下降程度与钢材的碳当量及线能量（直接决定焊缝及热影响区的冷却速度）有关，碳当量越高、则 HAZ 硬度越高，导致韧性下降。线能量过高时 HAZ 晶粒粗大，韧性降低，线能量过低时，产生脆性组织也使韧性下降。图 6.5-12 所示为母材碳当量与 HAZ 最高硬度关系。

（4）施工焊接因素[23]

梁下翼缘与柱子之间的现场安装焊缝一般为仰焊位置施焊，并要求全焊透，对焊工技艺要求高，尤其是梁翼缘中部焊缝施焊时受腹板阻挡，在过焊孔处，要求各焊道的起弧、

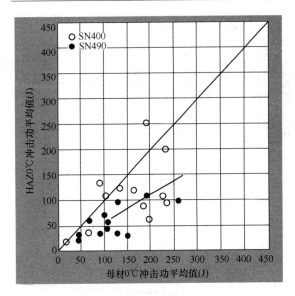

图 6.5-11 母材冲击功 A_{KV} 平均值
与 HAZ 冲击功的关系（0℃，J）

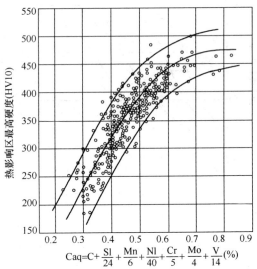

图 6.5-12 母材碳当量与
HAZ 最高硬度关系

熄弧点相互错开，不得重叠，否则质量不能保证。而且下翼缘与腹板连接处焊缝的缺陷不易于探测，为满足焊接质量要求，我国《建筑钢结构焊接技术规程》JGJ 81—2002 借鉴了日本建筑钢结构焊工资质认证的经验，规定了梁柱连接焊缝加障碍施焊的附加考试要求，并需按此要求严格培训通过考试，实际施工时还必须依靠焊工严格执行相关操作规程。

再者，由于过焊孔的尺寸大小所限，因而施焊困难，在梁腹板中点所对应的焊缝处或多或少的存在一些缺陷，如裂纹、夹渣和气孔。并容易在焊根部位形成未熔合。这些缺陷都可能成为裂纹的起裂点。

在焊接工艺参数方面，焊接过程中过高的线能量和道间温度会显著降低 HAZ 的断裂韧度，见图 6.5-13、图 6.5-14。焊接电压及含 N 量对焊缝冲击功的影响见图 6.5-15，电压过高时，电弧长保护不良导致含 N 量高则焊缝冲击功下降。

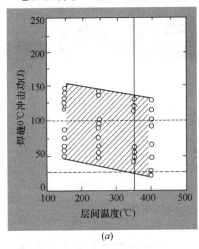

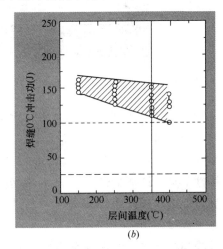

(a)　　　　　　　　　　　(b)

图 6.5-13 层间温度对焊缝 0℃冲击功 A_{KV}（J）的影响（线能量 40kJ·cm^{-1}时）
(a) 焊丝抗拉强度为 490MPa 级；(b) 焊丝抗拉强度为 520MPa 级

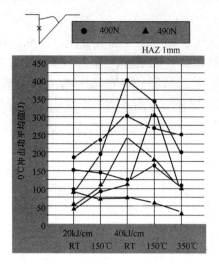

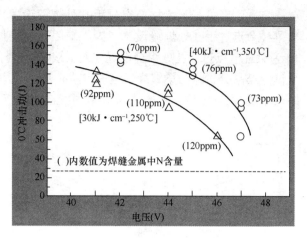

图 6.5-14 焊接线能量、层间温度与 HAZ
（熔合线外 1mm）0℃冲击功关系

图 6.5-15 焊接电压及含 N 量
对焊缝冲击功的影响

单面坡口焊缝钢衬板的应用在保证焊透又不烧穿焊漏的同时，如无适当的特殊处理，也带来了"人工裂纹"的祸害，见前图 6.5-3。

以上各种不利因素都导致在承受地震载荷时，降低节点对脆性断裂的抗力。

6.5.2 梁—柱连接节点抗震性能改善措施

1. 提高材料韧性

材料的选取除了满足强度要求，还应具有很好的韧性。建筑结构的钢材在常温要满足一定的冲击韧性的指标，而且对焊态下韧度值也要有所要求。

（1）钢材韧性要求

北岭地震和阪神地震以后日本制定了《建筑结构用热轧钢材》JIS G 3136－2005，钢号为 SN400、SN490，与《焊接结构用热轧钢材》JIS Z3106 中 SM400、SM490 的 S、P 含量最小值 0.035％相比，SN400、SN490 的 B、C 级钢含 S 量最小值大幅分别下降至 0.015％、0.030％，B、C 级钢 P 的最小值分别为 0.008％、0.020％。并规定了 C 级钢厚度方向断面收缩率最小值为 25％。我国为提高结构钢的抗震性能制定了《建筑结构用钢板》GB/T 19879－2005，其 S、P 含量也已下降。表 6.5-1 为两标准的比较。

JIS G 3136 与 GB/T 19879 规定的 S、P 含量及 Z 向拉伸性能　　　　表 6.5-1

序号	国家标准名称	钢材牌号	S_{max} （％）	P_{max} （％）	ψ_{Zmin} （％）
1	《建筑结构用热轧钢材》JIS G 3136—2005	SN400B、490B	0.015	0.030	25
		SN400C、490C	0.008	0.020	25
2	我国《建筑结构用钢板》GB/T 19879—2005	Q235GJB、C	0.015	0.025	15、25、35（按订货要求提供）
		Q235GJD、E		0.020	
		Q345GJC	0.015	0.025	
		Q345GJD、E		0.020	

（2）焊缝金属韧性要求

日本学者进行了梁柱节点过手孔处焊缝设置"人工缺陷"反复加载试验，图 6.5-16 为梁柱节点过手孔处焊缝设置"人工缺陷"反复加载试验条件示意，图 6.5-17、图 6.5-18 为梁柱节点过手孔处焊缝设置"人工缺陷"试样及其冲击功与梁的断裂强度系数关系。从试验结果分析认为梁翼缘焊缝冲击功必须达到 70J，梁柱节点的断裂强度系数（梁翼缘断裂强度/设计强度）才能达到 1.0，并按此概念对实际工程焊缝金属韧性提出要求。

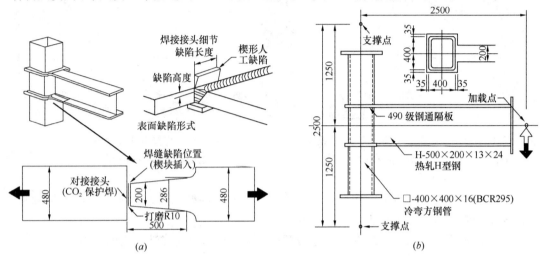

图 6.5-16　带有"人工缺陷"拉伸试验及梁柱节点构件循环加载试验条件示意
（a）梁柱节点过手孔焊缝"人工缺陷"设置图；（b）足尺梁柱节点反复加载试样图

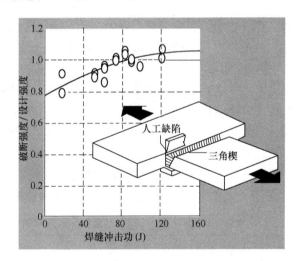

图 6.5-17　带有"人工缺陷"接头拉伸试样形式，焊缝冲击功与梁断裂强度系数的关系

我国《建筑抗震设计规范》GB 50011—2001 规定 8 度乙类建筑和 9 度时，梁翼缘与柱翼缘间焊缝夏比冲击功在 -20℃时应不低于 27J，而 2010 版则取消了"8 度乙类建筑和 9 度时"的限制，显然提高了要求。实际上我国焊接材料标准早已与国际接轨，并且焊材生产厂基本资质条件是通过国际船级认证，因此除了轻钢结构常用的酸性焊条（如 E4303）以外，其他钢结构焊条电弧焊通常选用低氢型（碱性）焊条（如 EXX15、16）、

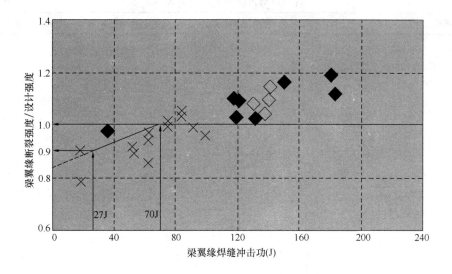

图 6.5-18　梁翼缘焊缝冲击功与梁翼缘断裂强度系数的关系

◆◇：节点构件循环加载试验结果；×：带有"人工缺陷"接头试样拉伸试验结果

二氧化碳气体保护焊焊丝选用焊丝（ERXX-2、6），均能满足焊缝夏比冲击功在－20℃时不低于 27J 的要求。气体保护焊如选用操作性能好的钛型药芯焊丝（偏酸性），则需选用加 Ni 型（如 EXXXTNi）。

2. 改进梁柱节点构造设计

北岭地震和阪神地震后，众多的研究者致力于研究节点破坏机理和寻求抗震性能更为优越的构造措施，主要思路有：对栓焊混合连接的细节进行改进；将塑性铰外移；确保塑性并在预期部位发生破坏。

（1）过焊孔形状尺寸及衬板焊接方法的改进

应尽量减少结构和焊接接头部位的应力集中，如：腹板上的过焊孔应平滑过渡，避免应力集中；在不减小腹板连接强度条件下，适当加大过焊孔，便于施焊，以减少焊缝缺陷；翼缘焊缝的根部要充分与垫板熔合，还可把衬板与柱翼缘之间的"人工裂纹"加以围焊。

通过对梁柱节点滞回性能的实验和数值模拟研究结果表明，过焊孔扩大型节点可以不同程度地缓解局部应力集中，改善节点延性，而且使节点破坏模式转变为梁翼缘的局部屈曲，降低了梁柱对接焊缝发生脆性破坏的可能，对节点延性有较大的改善作用。孔长度的扩大有效地降低了梁柱连接面处的对接焊缝和焊接孔切角端的塑性应变和三轴应力水平，从而降低了这两个薄弱环节开裂以及梁翼缘脆性破坏的可能性，焊接孔长度的扩大对薄弱环节有显著的改善作用，但焊接孔长度过长将导致节点延性的降低和梁侧向稳定的丧失，在设计时应考虑对焊接孔区段内梁段的平面外稳定进行验算。

在分析比较的基础上，国内外新版设计、焊接规范都对过焊孔形状尺寸提出了详细的要求，表 6.5-2 中介绍了各现行规范采用的过焊孔形式，表 6.5-3 为各规范对衬板焊接和处理的要求。

各现行规范采用的过焊孔形式　　　　　　　　表 6.5-2

规范名称	腹板过焊孔形式	标注、说明
FEMA350-2000（美国联邦突发事件管理局，Federal Emergency Management Agency）； 美国《钢结构房屋抗震规程》AISC 341—2005		① 坡口按 AWS D1.1 要求； ② t_{bf} 或 13mm 取较大值，（+0.5t_{bf} 或最小 0.25t_{bf}）； ③ 0.75t_{bf} ～ t_{bf}，最小 19mm（±6）； ④ 最小半径 10mm（＋不限，—0）； ⑤ 3t_{bf}（±13mm）； ⑥ 切割方法和表面要求见 FEMA353。 圆弧开口不大于 25°
我国《高层民用建筑钢结构技术规程》JGJ 99—98； 我国《建筑抗震设计规范》GB 50011—2010	 详图A　　　详图B	新版 JGJ99（已报批）推荐采用 AISC 341—2005 及 JASS 6—2007 规定的过焊孔形式[24]

续表

规范名称	腹板过焊孔形式		标注、说明
	柱贯通型	梁贯通型	
日本《房屋建筑钢结构规范》JASS 6—2007	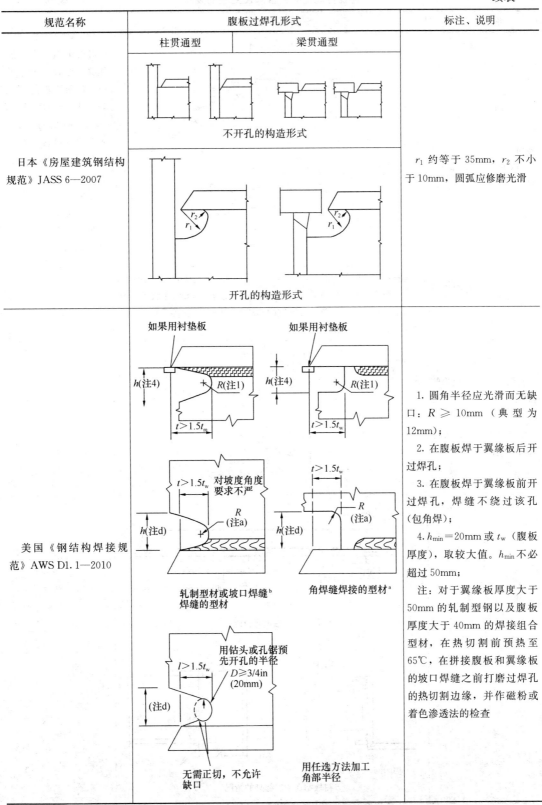		r_1 约等于 35mm，r_2 不小于 10mm，圆弧应修磨光滑
美国《钢结构焊接规范》AWS D1.1—2010			1. 圆角半径应光滑而无缺口：$R \geqslant 10$mm（典型为 12mm）； 2. 在腹板焊于翼缘板后开过焊孔； 3. 在腹板焊于翼缘板前开过焊孔，焊缝不绕过该孔（包角焊）； 4. $h_{min}=20$mm 或 t_w（腹板厚度），取较大值。h_{min} 不必超过 50mm； 注：对于翼缘板厚度大于 50mm 的轧制型钢以及腹板厚度大于 40mm 的焊接组合型材，在热切割前预热至 65℃，在拼接腹板和翼缘板的坡口焊缝之前打磨过焊孔的热切割边缘，并作磁粉或着色渗透法的检查

各现行规范对衬板焊接处理的要求　　　　　　　　　表 6.5-3

规范名称	衬板焊接要求	注、说明
FEMA 350—2000（美国联邦突发事件管理局 Federal Emergency Management Agency ）	①	对梁上翼缘全焊透焊缝，焊后应去除衬板，背面清根清理缺陷，并加焊 8mm（min）高的角焊缝。或者保留衬板并在衬板下面焊接 8mm 高的角焊缝。对梁下翼缘全焊透焊缝，应在焊后去除衬板，背面清根，加焊 8mm 高的角焊缝
美国《钢结构房屋抗震规程》AISC 341—2005	应在焊后去除钢衬板，背面清根清理缺陷，加焊 8mm 高的角焊。余高边缘应去除，修整后表面粗糙度应不低于 $13\mu m$，不允许有沟槽、缺口和尖角。各部分过渡坡度不超过 $1:5$。如清除后低于母材表面 2mm 时应予补焊	
我国《高层民用建筑钢结构技术规程》JGJ 99—98；我国《建筑抗震设计规范》GB 50011—2010	$r=20$　50　6　$35°$　$5\sim10$　$b_w \approx 6$ 长度等于翼缘总宽度	
日本《房屋建筑钢结构规范》JASS 6—2007	引弧板　点焊　衬板　点焊　大于 5mm　$40\sim60mm$　大于 5mm　引弧板和衬板的定位焊　点焊　(a)剖面　(a)　避免点焊　衬板贴在梁翼缘外的情况	

续表

规范名称	衬板焊接要求	注、说明
日本《房屋建筑钢结构规范》JASS 6—2007		
美国《钢结构焊接规范》AWS D1.1—2006	单面施焊全焊透 T 形和角接接头，连接钢衬垫的焊缝可以在接头内施焊也可以在接头坡口外施焊。承受周期横向拉伸（疲劳）荷载的接头的衬垫必须除去，且接头背面必须修整以与正面焊缝一致。由于清除衬垫而发现或导致的不合格缺陷必须修补，以符合规范的合格标准	有关衬板的其他规定：纵向坡口焊缝和角接接头：钢衬垫应焊接整个长度，并可焊在坡口内或坡口外。全长衬垫：钢衬垫应全长度连续，钢衬垫的所有接头应全焊透
我国《钢结构焊接规范》GB 50661—2011	 (a)梁翼缘板与悬臂梁翼缘板的连接　(b)梁翼缘板与柱身的连接	图（a）节点形式采用悬臂梁（牛腿），在工厂梁翼缘与柱翼缘采用单面坡口立焊或横焊（钢柱横卧），以避免在工地安装焊接后需清除衬板，修整缺陷磨光表面的操作困难；腹板开孔只用以通过衬板，不需加大孔就可连续焊接翼缘焊缝全长并满足探伤要求

从表 6.5-3 中可以看出，各国相关规范对梁柱连接节点中梁下翼缘全焊透焊缝衬板的焊接和处理要求存在差异，AISC 341—2005 及 AWSD1.1 要求焊后去除衬板，背面清根并加焊 8mm 高的角焊缝，以消除衬板与柱翼缘连接处的"人工裂纹"。JASS 6—2007 强调的是衬板及引、熄弧板均不应焊在母材表面，只能焊在坡口内，所关注的是避免衬板用低线能量定位焊接对母材 HAZ 韧性的降低作用，而忽视了"人工裂纹"的有害影响。GB 50011—2010 规定在梁翼缘衬板下焊接全宽度角焊缝，着重的是封闭"人工裂纹"。GB 50661—2011 规定梁柱节点带牛腿的方案，可以避免在工地安装焊接后清除衬板，修整缺陷磨光表面的操作困难；腹板开孔只用以通过衬板，孔径及长度不需加大；翼缘焊缝无腹板阻挡，全长可连续焊接，满足质量及探伤要求，见表 6.5-3 末行中图（a），这种形式目前已在国内广泛采用，有条件时还可采用双面坡口全熔透焊接。

根据国际焊接学会（IIW）推荐使用的危险评估方法（Risk Assessment Procedures），

按照对结构的危害程度列出三个危险等级。在节点制造细节方面，对使用可熔化垫板，焊后去除，清根并封焊，评为等级 1；保留可熔化垫板，在垫板与柱翼缘间焊接 6mm 高的角焊缝，评为等级 2；保留可熔化衬垫板而无其他预防措施则评为等级 3（最低级）。该评级方法可供工程应用时参考。[21]

（2）"强节点弱杆件"设计——节点加强型及梁削弱型

应在避免增加结构的刚度和接头部位的应力集中情况下，以"强节点弱杆件"的原则适当加强节点，在不发生失稳情况下，适当削弱梁，使在梁上出现"塑性铰"。塑性铰外移的目的是为了将塑性铰自柱面外移到距柱面一定距离的梁上，避免由于连接变形能力的恶化而导致脆性破坏。

通过对连接部位进行加强或者对梁截面进行削弱两种方式来实现塑性铰外移。

1）梁腹板开槽形节点[22]、[23]

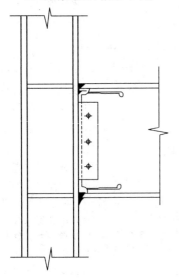

图 6.5-19　梁腹板开槽形节点

梁腹板开槽形节点构造如图 6.5-19 所示，经过大量的实验和理论研究表明，腹板上开槽对腹板的削弱和梁弹性阶段的荷载位移曲线影响并不是十分明显，但能减小梁与柱翼缘焊接焊缝处的应力集中，如典型的栓焊节点或狗骨式连接节点在梁－柱翼缘焊缝的应力集中系数可高达 4～6，而本类型节点则可以降低到 1.4，使梁柱节点在地震作用下塑性铰外移，起到保护焊接节点防止发生脆性破坏的目的。但该类形节点制作工艺复杂，要求精度较高，在槽形孔底部容易形成应力集中点，削弱后的腹板在安装过程中易受到外力冲击而发生变形，违背了原来的设计目的。

2）连接部位加强型节点[25]

连接部位加强型节点是加大梁端截面的焊缝面积或加大梁端的有效面积，使梁端的极限承载力高于梁截面。在地震作用下，加强后的梁端还未进入全截面塑性剪力状态时，梁端附近因梁的截面相对较小，先行形成塑性铰而发生塑性破坏，起到保护节点防止发生脆性破坏的作用。具体的做法有：加盖板法，见图 6.5-20（a）；加侧板法，见图 6.5-20（b）；加腋法，见图 6.5-20（c）；加竖向加劲肋法，见图 6.5-20（d）、（e）。其中加盖板法和加侧板法已有工程应用实例，加竖向肋法实际在结构加固中已有应用。

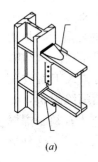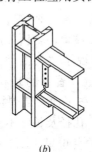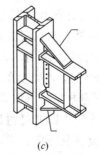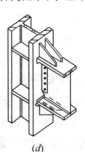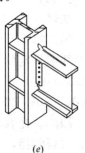

（a）　　　　　（b）　　　　　（c）　　　　　（d）　　　　　（e）

图 6.5-20　几种典型连接部位加强型节点
（a）加盖板；（b）加侧板；（c）加腋；（d）加竖向三角肋；（e）加条状肋

3）梁截面削弱型节点

梁截面削弱型节点利用削弱梁截面的方法人为的限定了塑性铰形成的位置和长度，使削弱处的梁截面的承载力小于节点处的承载力，保护了梁柱的焊缝。在地震作用下，塑性铰发生在梁的削弱处，发生塑性破坏。经大量实验表明在地震力作用下该节点表现出了良好的延性，并在规范中被推荐使用，具体的做法有对梁翼缘进行削弱的狗骨式节点，见图 6.5-21（a）和对梁腹板进行削弱的节点，如在梁腹板开洞，见图 6.5-21（b），或降低梁的高度，见图 6.5-21（c）。

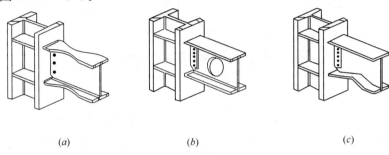

图 6.5-21　典型梁截面削弱型节点

(a) 翼缘削弱；(b) 腹板开洞；(c) 降低梁高

但梁截面削弱型节点它也存在着不足，梁的破坏首先是在梁截面应力最大即截面面积最小处发生，对整个梁来说，它的承载力主要是由削弱处的小截面决定，而中间梁段的大截面的承载力并没有被充分利用，造成了材料浪费，经济效益不是太好。其次，由于梁截面被削弱，在一定程度上降低了梁的承载力和刚度，从而影响了整个框架结构的可靠性，而且为防止引起应力集中，对加工表面精度要求较高。

4）带有耗能元件的连接节点

由于强节点弱构件抗震设计思想是基于框架主要构件框架梁产生塑性变形，实际工程若受到破坏，修复相对困难。

为便于地震破坏的梁柱节点灾后修复，提出了在梁柱节点处设置金属耗能元件来提高节点耗能能力，保护主体结构不受损坏的思路和方法。耗能元件设置在梁下翼缘，破坏后便于修复和替换，经试验验证，设置耗能元件的梁柱节点弯矩转角关系滞回性能稳定，塑性变形集中在耗能元件上，上翼缘附近的连接件没有出现破坏，达到预期效果，节点形式见图 6.5-22（a）和图 6.5-22（b）。但图 6.5-22（a）中 U 形耗能元件仅适用于梁与柱子弱轴方向的连接，而图 6.5-22（b）中，槽形耗能元件设置于梁下翼缘下面，降低了结构使用空间的高度。同时梁下翼缘与柱子之间仅靠槽形耗能器的平面外刚度来保证梁的整体稳定，对梁的整体稳定不利。图 6.5-22（c）所示的节点，其特点是把传统 T 形件连接节点与梁下翼缘相连的 T 形件作为耗能元件，提供节点转动所需塑性变形，而梁上翼缘作为转动中心不发生较大的位移从而保护其不发生破坏。该节点在 T 形件翼缘与柱翼缘之间设置垫板，使 T 形件翼缘能够向正反两个方向发生弯矩屈服，从而增大其耗能能力而且对梁的整体稳定有利。由于耗能 T 形件处于梁翼缘下部，破坏后易于更换，并且没有增加梁的高度，不降低结构使用空间。

3. 优化焊接施工工艺、提高焊接质量

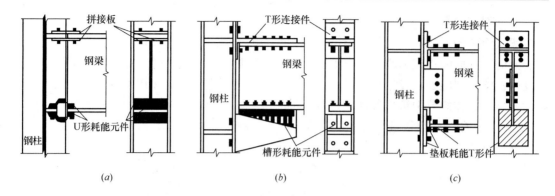

图 6.5-22　带有耗能元件的连接节点形式

(*a*) U 形耗能件；(*b*) 槽形耗能件；(*c*) T 形耗能件

（1）控制焊接热输入、道间温度

根据图 6.5-13、图 6.5-14 焊接层间温度提高，焊缝冲击功下降；对于强度等级 400MPa、490MPa 的钢材，焊接线能量大于 40kJ·cm^{-1} 时，HAZ（熔合线外 1mm）韧性均大幅下降。因此对一般低合金高强钢，如 Q235、Q345，宜控制线能量在 25～40kJ·cm^{-1}，层间温度不超过 250℃。对于更高强度等级的钢材，除应进行焊接性试验外，还应按《钢结构焊接规范》GB 50661—2011 的要求，由焊接工艺评定确定适宜的焊接参数。

（2）减少焊缝中 S、P、N 含量

焊缝的韧性受 S、P、N 含量的影响与钢材相同，应控制焊丝的 S、P 含量，使用碱性焊条、焊剂以加强熔池冶金过程的脱硫、脱磷能力。根据图 6.5-15，电压过高时，电弧长保护不良，导致含 N 量高使焊缝冲击功下降。

焊条电弧焊宜用短弧焊接，电压一般在 24V 左右，对气体保护焊一般宜控制焊接电压约在 40V 以下（均依据焊接工艺评定结果确定，并在施工时严格执行），工地施焊时并应适量提高气体流量约至 50l·min^{-1} 以加强熔池的保护，或使用防风棚施焊。

（3）减少焊缝缺欠，提高焊缝质量

加强焊工技艺培训，减少焊缝缺欠（气孔、夹渣、未熔合、未焊透、微裂纹等），特别是梁柱连接焊缝的焊接，应根据有关规程的要求对焊工进行模拟加障碍的附加考试，以提高梁腹板过焊孔下焊缝的质量，减少焊缝缺欠对梁柱节点断裂强度的影响。

6.5.3　改进节点构造设计实例及其抗震性能

1.10 种梁—柱刚性连接节点足尺试件破坏形式及滞回特性[26]

余海群等以北京城建大厦的钢框架为背景，选用 10 个不同构造的足尺梁柱刚性连接节点在往复荷载作用下进行试验，研究其抗震性能，为工程应用和有关设计规程提供依据。

（1）试件

10 个试件的编号为 TS-1～TS-10，均采用焊接箱形截面柱和热轧工字形梁，梁柱截面尺寸分别相同，如表 6.5-4 所示。柱截面为 550mm@550mm，板厚 30mm，箱形截面内在梁翼缘对应位置设置 20mm 厚的隔板；梁截面高 588mm，翼缘宽 300mm、厚 20mm，腹板厚 12mm。连接梁腹板与柱板件的剪切板厚 8mm。

TS-2、TS-3 和 TS-9 采用长 975mm 的短梁与柱全焊连接，短梁的另一端与梁栓连接。其他试件的梁柱为栓焊连接，即梁翼缘与柱之间采用全熔透坡口焊缝连接，梁腹板通过剪切板与柱连接，剪切板与柱之间采用角焊缝连接、与梁腹板之间采用直径 25mm 的摩擦型高强螺栓连接。

焊条电弧焊采用 E5015 焊条，自动焊采用 H08MnA 焊丝。全部焊缝经超声波检查，质量符合一级焊缝的标准。试件的钢材采用 Q345 钢，实测屈服强度为 410.5N/mm²，实测极限强度为 533.8N/mm²。梁腹板上端焊接工艺孔扇形切角的圆弧半径为 15mm；梁腹板下端焊接工艺孔扇形切角有两种，如图 6.5-23 所示。焊后保留衬板。为了消除衬板的缺口效应，用 6mm 高的角焊缝封闭衬板边缘。TS-2、TS-3 和 TS-9 的衬板为 6mm×23mm，对称布置在翼缘内侧；TS-7 的衬板为 10mm×100mm，其余试件的衬板为 10mm×42mm，布置在翼缘下方。

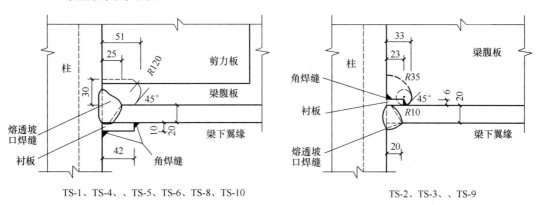

TS-1、TS-4、、TS-5、TS-6、TS-8、TS-10　　　　　TS-2、TS-3、、TS-9

图 6.5-23　梁腹板下端焊接孔扇形切角和衬板详图（单位：mm）

（2）加载和量测

试验加载装置如图 6.5-24 所示。试件的柱水平放置，用四根钢梁和丝杠固定于台座上，柱的两端分别用千斤顶和梁顶住，防止试件水平滑移。用固定于反力墙上的液压千斤顶在梁端施加往复荷载，加载位置距梁根部 1870mm。

试验前用 ANSYS（ED5.5）对试件进行非线性有限元分析，假定材料为各向同性，弹性模量取 2×10^5N·mm^{-2}，泊松比取 0.13，质量密度取 7850kg·m^{-3}，材料非线性采用 Mises 等向强化准则，材料本构关系取理想弹塑性模型，屈服强度取实测值。

试验加载制度：试件弹性极限前分三级加载，位移增量为 $\delta_y/3$，每级位移循环一次；进入塑性后位移增量为 $0.5\delta_y$，每级位移循环 2 次。

δ_y 为试件弹性极限时梁端位移测点的水平位移，称为弹性极限位移，由 ANSYS 非线性有限元分析得到（将翼缘开始屈服、进入塑性定义为试件的弹性极限）。

量测内容：施加的荷载；梁的水平位移（其测点位置距柱面为 1650mm 和 1000mm，称为梁端位移测点）；距梁根部 740mm 范围内梁翼缘的正应变；梁腹板的正应变和剪应变；柱端的水平与竖向位移。图 6.5-24 中所示为 TS-1 的测点布置图，其余试件的测点布置基本与其相同，但 TS-2 和 TS-3 腹板应变的测点距梁根部为 60mm，TS-6 翼缘应变的测点略多。用计算机数据采取系统采集量测的数值。

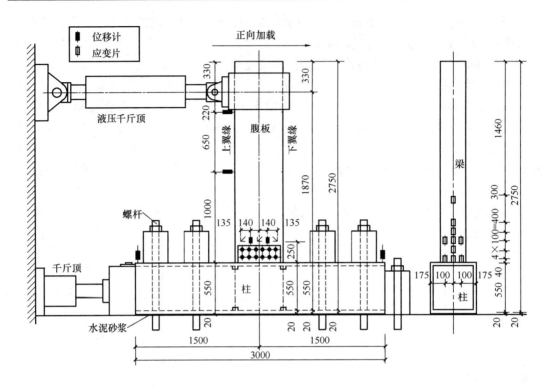

图 6.5-24　试验加载装置和测点布置图（单位：mm）

（3）试验结果

1）裂缝发展状况

除 TS-2、TS-4 和 TS-9 外，其他试件在焊接工艺孔扇形切角处梁腹板与梁翼缘连接的根部出现裂缝，说明该处存在比较严重的应力集中；全焊连接节点 TS-2、TS-3 和 TS-9 的梁腹板与柱板件之间的角焊缝开裂；其他试件的剪切板与柱板件之间的角焊缝开裂（除 TS-4 和 TS-5 外）；TS-1、TS-5、TS-6、TS-8、TS-10 的剪切板与梁腹板之间产生滑移，尤其是采用单排螺栓连接的 TS-5，剪切板与梁腹板之间滑移严重。由于剪切板（或梁腹板）与柱板件之间角焊缝开裂，加上剪切板与梁腹板之间的滑移，使一部分剪力由梁翼缘承担，这对梁根部翼缘的受力不利。各试件最终的裂缝分布如表 6.5-4 所示，从表中各图可以看出裂缝的发展过程和对应的梁端位移。图中，$n\delta_y$ 表示裂缝出现时梁端位移为 n 倍梁端弹性极限位移 δ_y；破坏性裂缝在其引出的左侧边界画了一个黑三角。

由于用角焊缝封闭梁下翼缘衬板边缘，未出现由于衬板与柱之间的焊缝开裂引起梁翼缘坡口焊缝开裂的现象。TS-1、TS-2 和 TS-8 的衬板与柱之间的角焊缝破坏，是由于梁根部下翼缘坡口焊缝破坏或母材破坏后将角焊缝拉裂所致。用角焊缝封闭衬板边缘基本达到了预期的效果。

2）塑性发展状况

试件表面油漆起鼓和脱落的情况，可以反映出塑性发展和最大应力、应变的分布。各试件弹性极限时塑性发展区部位如表 6.5-5 所示，与有限元计算以及试验中实测的翼缘应力分布符合良好。各试件加载结束后扩展情况见表 6.5-5 所示。

表 6.5-4　十种形式节点加载试验后破坏形态

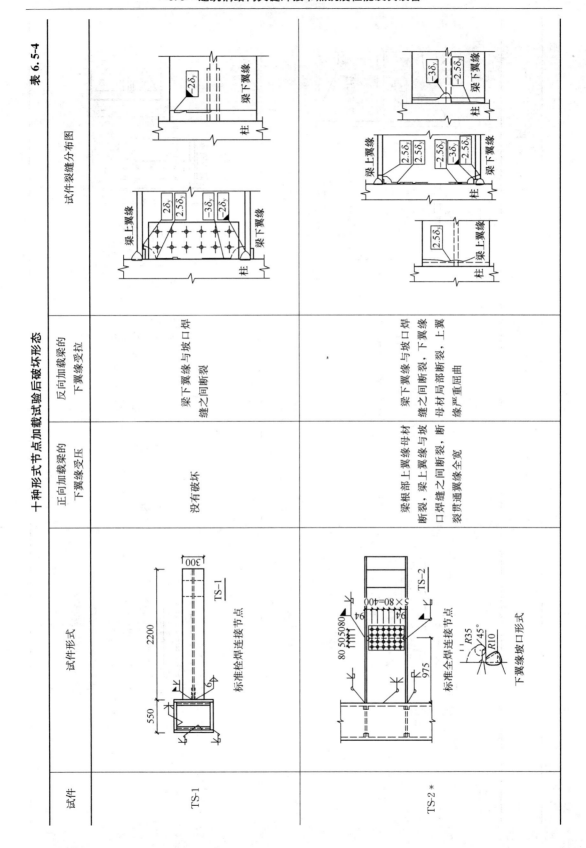

试件	试件形式	正向加载梁的下翼缘受压	反向加载梁的下翼缘受拉	试件裂缝分布图
TS-1	标准栓焊连接节点 550　2200　300 TS-1	没有破坏	梁下翼缘与坡口焊缝之间断裂	梁上翼缘 梁下翼缘 $2\delta_y$　$2.5\delta_y$　$-3\delta_y$　$-2\delta_y$ 柱 梁下翼缘 $-2\delta_y$ 柱
TS-2*	标准全焊连接节点 下翼缘坡口形式 975　80 50 50 80　5×80=400　94 TS-2 $R35$　$45°$　$R10$	梁根部上翼缘母材断裂，梁上翼缘与坡口焊缝之间断裂，断裂贯通翼缘全宽	梁下翼缘与坡口焊缝之间断裂，下翼缘母材局部断裂，上翼缘严重屈曲	梁上翼缘　梁下翼缘 $2.5\delta_y$　$2.5\delta_y$　$-2.5\delta_y$　$-2.5\delta_y$ $-3\delta_y$　$-2.5\delta_y$ 柱 柱 梁上翼缘 $2.5\delta_y$ 柱 $-3\delta_y$　$-2.5\delta_y$ 梁下翼缘

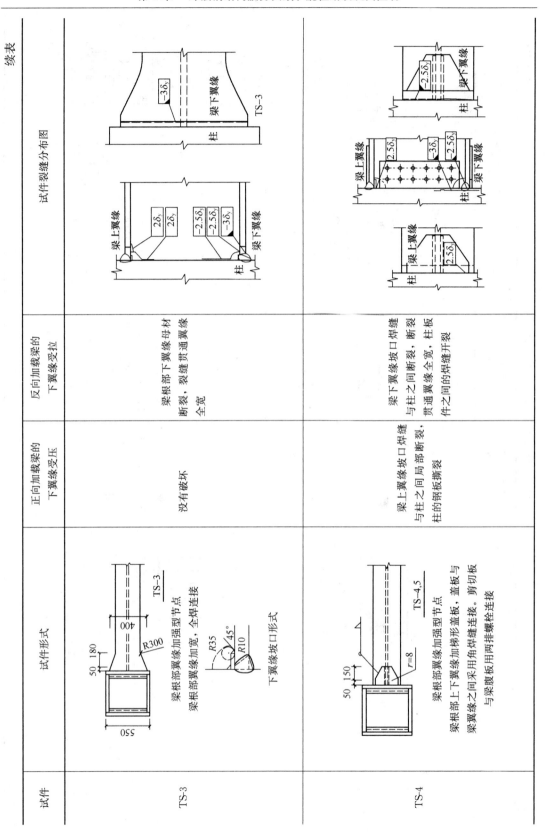

310

续表

试件	试件形式	正向加载的梁下翼缘受压	反向加载的梁下翼缘受拉	试件裂缝分布图
TS-5	梁根部翼缘加强型节点 TS-4.5 $r=8$ 50 150 梁根部上下翼缘之间采用梯形盖板、盖板与梁翼缘之间采用角焊缝连接。腹板采用单排螺栓连接	没有破坏，盖板与上翼缘之间焊缝开裂	梁下翼缘与坡口焊断裂，梁下翼缘坡口局部断裂，梁腹板与柱衬板与剪切板之间严重相对滑移	
TS-6	削弱型节点（狗骨型）梁翼缘圆弧切割削弱 TS-6 $R450$ 09 150 450	平面外侧移过大，没有破坏	梁上翼缘和腹板严重屈曲	

续表

试件	试件形式	正向加载梁的下翼缘受压	反向加载梁的下翼缘受拉	试件裂缝分布图
TS-7	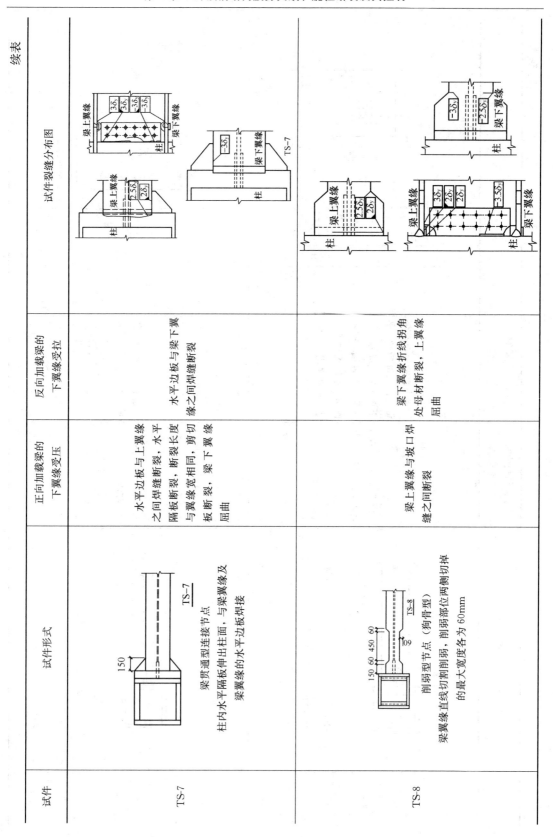 TS-7 梁贯通型连接节点 柱内水平隔板伸出柱面，与梁翼缘及梁翼缘的水平边板焊接	水平边板与上翼缘之间焊缝断裂，水平隔板断裂，剪切裂与翼缘宽相同，下翼缘断裂，梁下翼缘屈曲	水平边板与梁下翼缘之间焊缝断裂	
TS-8	TS-8 削弱型节点（狗骨型） 梁翼缘直线切割削弱，削弱部位两侧切掉的最大宽度各为 60mm	梁上翼缘与坡口焊缝之间断裂	梁下翼缘折线拐角处母材断裂，上翼缘屈曲	

续表

试件	试件形式	正向加载梁的下翼缘受压	反向加载梁的下翼缘受拉	试件裂缝分布图
TS-9	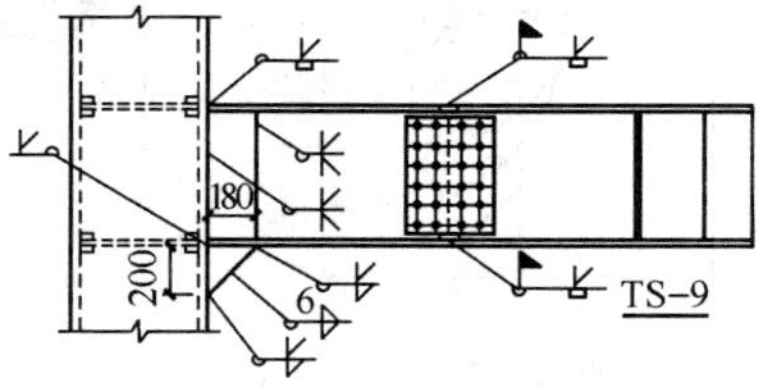 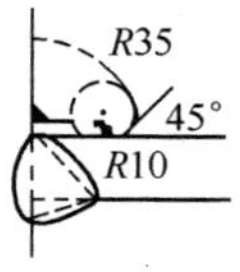 梁根部翼缘加强型节点，全焊连接 梁根部下翼缘加腋 下翼缘坡口形式 （图中标注 200、6、80、R35、R10、45°、TS-9）	梁上翼缘与坡口焊缝之间局部断裂，梁下翼缘屈曲（肋板以外）	梁上翼缘屈曲	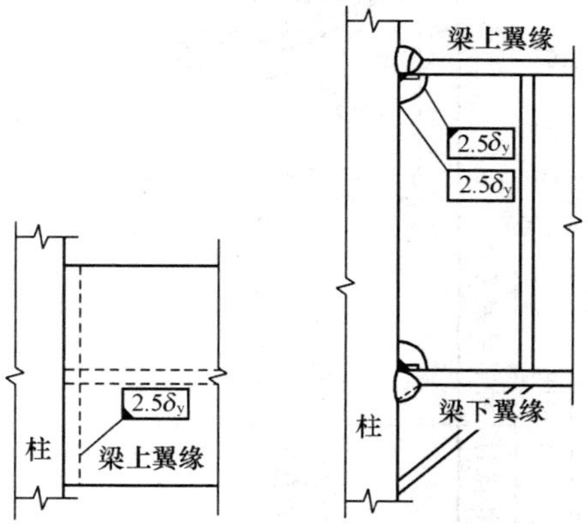 （裂缝分布图，标注 2.5δ$_y$、2.5δ$_y$、梁上翼缘、梁下翼缘、柱、−2δ$_y$）
TS-10	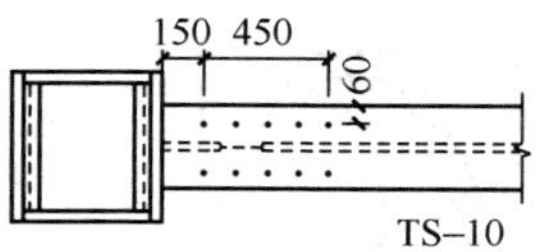 翼缘打孔削弱型节点 梁的上、下翼缘各打两排圆孔，圆孔直径20mm （图中标注 150、450、60、TS-10）	破坏不严重，上翼缘的圆孔成椭圆形	梁下翼缘坡口焊缝与柱之间局部断裂，该处柱的钢板撕裂	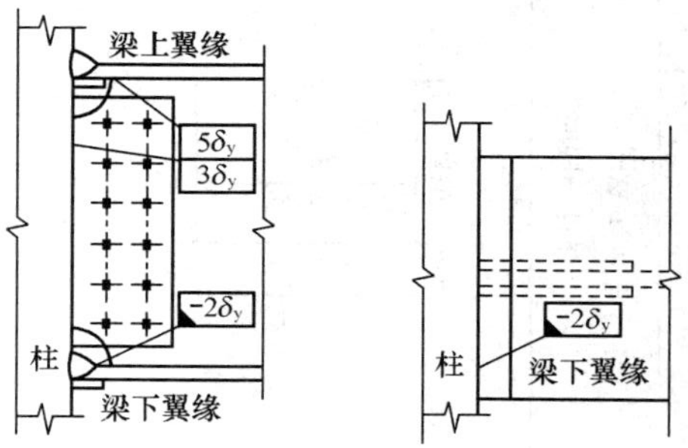 （裂缝分布图，标注 5δ$_y$、3δ$_y$、−2δ$_y$、梁上翼缘、梁下翼缘、柱）

注：试验时先施加推力，使梁的下翼缘受压，称为正向加载；后施加拉力，使梁的下翼缘受拉，称为反向加载。

313

各试件塑性发展区位置及滞回曲线　　　表 6.5-5

试件号	塑性发展区位置			滞回曲线
	示意图（弹性极限时）	位置说明		
		弹性极限时	加载结束后	
TS-1 标准栓焊连接节点		梁根部附近的翼缘上	原位扩展	
TS-2 标准全焊连接节点		梁根部附近的翼缘上	原位扩展	
TS-3 梁根部翼缘加强型节点		梁根部翼缘（少量）	不扩展	
TS-4 梁根部翼缘加强型节点		盖板的焊缝附近	扩展到盖板外的区域	
TS-5 梁根部翼缘加强型节点		盖板的焊缝附近	扩展到盖板外的区域	

试件号	塑性发展区位置			滞回曲线
	示意图（弹性极限时）	位置说明		
		弹性极限时	加载结束后	
TS-6 狗骨型梁削弱型节点		翼缘削弱最严重的部位	梁根部翼缘	
TS-7 梁贯通型连接节点		边板与翼缘相交的焊缝附近	包括边板与翼缘相交的焊缝附近和焊接衬板下方的母材	
TS-8 狗骨型梁削弱型节点		翼缘削弱最严重的部位	梁根部翼缘	
TS-9 梁根部翼缘加强型节点		梁腋、加劲肋和翼缘交界处，范围较小，仅限于两侧的局部	梁根部翼缘	
TS-10 翼缘打孔削弱型节点		圆孔周围		

315

3）破坏形态

除翼缘圆弧切割削弱型节点 TS-7 外，其余节点都在梁根部坡口焊缝或焊缝附近由于裂缝扩展导致最终破坏。

试件 TS-1 正向加载到位移 32mm 时，由于受到千斤顶加载能力的限制；TS-6 正向加载到位移 40mm 时平面外侧移过大；TS-3、TS-5 和 TS-10 反向加载破坏后，均无法继续正向加载。TS-9 正向加载破坏后，反向无法继续加载。图 6.5-25 为试件典型的破坏照片。

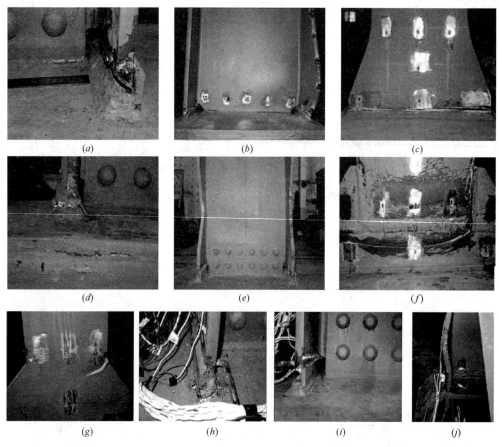

图 6.5-25 试件典型的破坏照片

（a）梁下翼缘与坡口焊缝之间断裂（TS-1，TS-2，TS-5）；（b）梁翼缘与坡口焊缝之间断裂，翼缘母材局部断裂，翼缘严重屈曲（TS-2）；（c）梁根部下翼缘母材断裂（TS-3）；（d）梁下翼缘坡口焊缝与柱之间断裂，柱板件之间的焊缝断裂（TS-4）；（e）梁上翼缘和腹板严重屈曲（TS-6）；（f）水平隔板断裂（TS-7）；（g）梁下翼缘切割折线拐角处母材断裂（TS-8）；（h）梁下翼缘坡口焊缝与柱之间局部断裂，柱钢板撕裂（TS-10）；（i）梁上翼缘与坡口焊缝之间断裂（TS-8，TS-9）；（j）梁下翼缘屈曲（TS-9）

4）滞回曲线

各试件梁根部弯矩（M）—梁端塑性转角（θ_p）滞回曲线如表 6.5-5 中各图所示。图中，$M=VH$，$\theta_p=\theta-\theta_e$；V 为施加的水平力，H 为梁端水平力加载点高度，$H=1870$mm；θ、θ_e 分别为水平力为 V 时的梁端转角和对应的弹性转角部分，$\theta=\delta/h$，$\theta_e=\delta_e/h$，h 为梁端位移测点高度，即 $h=1650$mm，δ、δ_e 分别为水平力为 V 时的梁端测点位

移和对应的弹性位移部分。

总体上，全焊连接节点（TS-2，TS-3）、梁贯通型节点（TS-7）、狗骨型节点（TS-6，TS-8）和梁加腋节点（TS-9）的滞回曲线饱满；梁翼缘加盖板节点（TS-4，TS-5）在试验过程中加载步长过大，滞回曲线出现捏拢，且承载力和刚度降低。

5）承载力

以实测滞回曲线线性段的最大水平力作为实测的弹性极限承载力（即屈服承载力）V_{yt}、以试件达到的最大水平力作为实测的极限承载力 V_{ut}，以非线性有限元计算得到的梁翼缘开始进入塑性时对应的水平力定义为试件的理论弹性极限承载力 V_{ya}、梁端位移达到 60mm 时的水平力作为试件的理论极限承载力 V_{ua}。表 6.5-6 列出了试件的弹性极限承载力和极限承载力的计算值和试验值，除 TS-4 和 TS-5，计算值和试验值比较接近。

承载力试验值与有限元计算值比较　　　　　表 6.5-6

试件	V_{yt}（kN）	V_{ya}（kN）	V_{ua}（kN）		V_{ua}（kN）
			正向	反向	
TS-1	848.4	842.7	1110.0	1115.0	1020.0
TS-2	858.9	842.7	1044.0	1080.0	1020.0
TS-3	835.6	892.2	1012.0	1104.0	1099.0
TS-4	577.1	912.1	931.0	728.0	1132.0
TS-5	774.5	912.1	999.0	803.0	1132.0
TS-6	792.1	815.4	917.5	909.2	892.5
TS-7	888.2	906.6	1084.0	1030.0	1141.0
TS-8	721.6	732.1	781.6	773.2	825.8
TS-9	976.3	894.3	1018.0	1134.0	1114.0
TS-10	822.5	826.0	1096.0	1074.0	1014.0

与标准栓焊连接节点 TS-1 的弹性极限承载力相比，两种狗骨型节点 TS-6、TS-8 分别下降了约 6.6％ 和 14.9％；两种加盖板节点 TS-4、TS-5 承载力下降与加载步长过大有关，如果保持正常的加载步长，其弹性极限承载力应比标准栓焊连接节点 TS-1 高；梁贯通型节点 TS-7 和梁加腋节点 TS-9 分别提高了约 4.6％ 和 15％。

与 TS-1 的极限承载力相比（正向加载），两种狗骨型节点 TS-6、TS-8 的极限承载力分别下降了约 17.3％ 和 29.5％；两种加盖板节点 TS-4 和 TS-5 由于加载步长过大，分别下降了约 16.1％ 和 10.0％，其理论极限承载力比 TS-1 高；其他节点与 TS-1 基本相同。梁翼缘切割削弱造成的承载力损失比较大。

（4）结论

1）大部分节点试件在焊接工艺孔扇形切角处梁腹板与梁翼缘连接的根部出现裂缝；

梁根部翼缘破坏有三种形态：：梁翼缘与坡口焊缝之间断裂；坡口焊缝与柱板件之间断裂，并引起柱钢板撕裂或箱形柱板件之间的焊缝撕裂；梁翼缘母材断裂。

在梁的根部，梁腹板不但承受剪力、同时还承受弯矩，梁翼缘不但承受弯矩、同时还承受剪力。梁根部翼缘的三向应力状态和焊接残余应力，是造成梁根部破坏的重要原因。

2）大部分栓焊连接节点的剪切板与柱之间的角焊缝开裂，部分节点的剪切板与梁腹板之间产生滑移；建议梁柱采用栓焊连接时，剪切板的厚度不宜过薄，剪切板与梁腹板之间应为双排螺栓和角焊缝焊接连接。

大部分全焊连接节点的梁腹板与柱之间的角焊缝开裂。

3）沿梁下翼缘用角焊缝全宽封闭衬板边缘，未出现由于衬板与柱之间焊缝开裂或引起翼缘与柱板件之间坡口焊缝开裂的现象，基本达到了预期的效果。建议梁下翼缘衬板边缘用角焊缝封闭（按图 6.5-23 中左图所示）。

4）梁翼缘切割削弱型节点的弹性极限承载力和极限承载力，与标准栓焊连接节点相比分别下降；加盖板节点的实测承载力下降与加载步长过大有关；其他类型节点的极限承载力与标准栓焊连接节点基本相同。建议钢框架梁柱连接优先采用梁翼缘加梯形盖板和梁下翼缘加腋的加强型节点，也可采用梁翼缘切割的削弱型节点。梁翼缘直线切割时，切割位置两端用圆弧过渡。

5）梁翼缘切割削弱型节点、采用双排螺栓连接的梁翼缘加盖板节点，其梁的极限塑性转角大于 0.03，满足延性抗震框架的要求；梁下翼缘加腋节点和梁贯通型节点，其梁的极限塑性转角有可能达到延性抗震框架的要求。

6）标准栓焊连接节点、标准全焊连接节点以及梁翼缘打孔节点的梁根部最先达到屈服，其他类型节点最先屈服部位移出梁的根部；最终，除加盖板节点的塑性铰移出梁的根部外，其他节点的塑性铰在梁的根部，其长度大体与梁的截面高度相同。

7）钢框架梁柱宜通过短梁连接，短梁与柱翼缘之间采用全焊连接，并采用图 6.5-23 中右图所示的坡口形式。

2. 钢管受弯连接节点加强设计及节点滞回特性

（1）方钢管受弯连接贴板加强型节点[27]

针对国家游泳中心多面体刚架的节点加强设计，进行贴板加强型钢管节点抗震性能试验。

1）试件形式（见图 6.5-26）

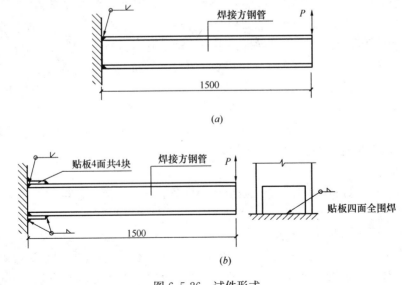

图 6.5-26　试件形式

(a) 未加强的全熔透剖口焊缝连接；(b) 贴板加强型

A1、A2：未加强型，焊接方钢管 200mm×200mm×10mm，2 个试件。

B1、B2：贴板加强型，焊接方钢管 200mm×200mm×10mm，外贴钢板尺寸为 150mm×80mm×10mm，2 个试件。

A、B 系列方钢管均由 Q345B 钢材焊成，实测屈服强度为 385MPa，抗拉强度 545MPa，强屈比 1.42。

BN-200-1 和 BN-200-2：焊接方钢管 200mm×200mm×6mm，外贴钢板的尺寸为 120mm×100mm×10mm。

BN-150-1 和 BN-150-2：焊接方钢管 150mm×150mm×6mm，外贴钢板的尺寸为 100mm×80mm×10mm。

BN 系列采用 Q345C 钢材，实测屈服强度 440MPa，抗拉强度 517MPa，强屈比 1.17。

2）试验方法

采用弯（剪）拟静力试验方法（低周反复加载），利用已有反力架实现对试件的反复加载。试件底板采用厚 30mm 的钢板，通过高强螺栓与反力架上的底板连接。在反力架的两竖向支柱上通过高强螺栓各连接一只牛腿，牛腿上水平放置千斤顶，通过 2 个千斤顶对试件上端反复加载，试件下端承受弯矩和水平剪力。试件高 1600mm，加载点位置在 1500mm 处。

采用控制作用力法进行加载。各试件在加载的开始阶段，每级荷载反复 2 次；接近屈服荷载后，每级荷载反复 3 次；在接近破坏阶段时，每级荷载反复 4 次。每级荷载增量根据试件承载力和加载阶段确定，通常为 10kN 或 5kN。

试件侧移由百分表测量，由于加载点侧向位移很大，限于百分表量程，选择低于加载点的位置布置百分分表，最终加载点的侧移则通过悬臂梁的挠度曲线计算而得。为考察试件在加载过程中的应力变化情况，在连接焊缝附近位置沿试件纵向布置了若干应变片。除在整个试件的根部各布置 2 个应变片，还在加强区上方（即未加强区的底部）的相应位置布置应变片。所有应变通过自动应变采集仪采集，最终加载点的侧移则通过悬臂梁的挠度曲线计算而得。

3）试验过程及试件破坏形态（见表 6.5-7）

各试件加载过程裂缝发展及破坏形态 表 6.5-7

试件	开裂阶段			破坏阶段			
	荷载（kN）	反复周次	裂缝发展情况	荷载（kN）	反复周次	破坏形态描述	破坏形态照片
A1 方钢管未贴板	100、110、18	10、11	试件根部两个角部焊缝处出现肉眼可见的微小裂缝另两个角部也出现了裂缝，但裂缝没有贯通	145	21	钢管与底板连接处的焊缝突然拉裂，试件丧失承载能力，呈脆性破坏	
A2 方钢管未贴板	105 155	12 42	试件根部焊缝的一个角部出现微小裂缝焊缝上方钢管上出现裂缝并在其后加载中不断扩大	165	52	钢管拉裂，丧失承载能力，试件破坏表现出一定的延性	

续表

试件	开裂阶段			破坏阶段			
	荷载 (kN)	反复周次	裂缝发展情况	荷载 (kN)	反复周次	破坏形态描述	破坏形态照片
B1 高强屈比方钢管贴板四面围焊	125 / 170	21 / 41	根部焊缝的一个角部出现微小裂缝 钢管与贴板的连接处在贴板前端的角部出现裂缝	195	62	裂缝由贴板角部贯通至钢管角部，裂缝变宽，试件丧失承载能力，试件破坏表现出良好的延性	
B2 高强屈比方钢管贴板四面围焊	110 / 170	12 / 40	根部焊缝的一个角部出现微小裂缝 贴板前端角部位置出现裂缝	190 / 195	62	试件变形已很大但裂缝发展比较慢，试件仍可继续承载。 裂缝贯通到钢管角部，裂缝变宽，试件丧失承载能力。试件破坏表现出良好的延性	
BN-200-1 低强屈比方钢管贴板四面围焊	115	15	贴板前端一个角部的角焊缝处出现第一条很小裂缝，反向荷载作用下可以闭合。荷载增大时，未加强钢管的根部出现局部轻微的外鼓和内凹	125	25	位移突然增大，钢管局部屈曲，试件丧失承载能力	
BN-200-2 低强屈比方钢管贴板四面围焊	115	15	贴板前端一个角部的角焊缝处出现第一条裂缝；其后的加载过程中，裂缝发展很慢，未加强钢管的根部可观察到轻微的局部外鼓和内凹	122	23～24	位移突然增大，钢管局部屈曲，试件丧失承载能力	
BN-150-1 低强屈比方钢管贴板四面围焊	70 加载步长 10kN	8	贴板前端一个角部的角焊缝处出现裂缝，同时位移增幅有所加大	反向80正向78 / 卸载后又反向加载至72	9	试件变形过大，顶住了反力架上的牛腿 钢管局部压曲，试件丧失承载能力。 注：加载步长取得太大（10kN）导致试件很快出现破坏，试验效果不理想	

试件	开裂阶段			破坏阶段			
	荷载 (kN)	反复周次	裂缝发展情况	荷载 (kN)	反复周次	破坏形态描述	破坏形态照片
BN-150-2 方钢管贴板围焊	71 步长: 10、5、3、2(kN) 76	24 31	贴板前端一个角部的角焊缝处出现裂缝，在随后的反复荷载作用下，裂缝逐渐增大 裂缝也有所发展，钢管外鼓和内凹已经十分严重	74 预期 78 实际 75	28 35	未加强钢管的根部出现明显的局部内凹和外鼓变形 试件变形过大顶住牛腿	
				卸载后又从反向加载至71		钢管局部压曲，试件丧失承载能力	

由表 6.5-7 中所述可以看出：

A、B 系列各试件表现出两种基本的破坏模式：试件根部焊缝拉裂（A1）以及钢管拉裂（A2、B1、B2）。焊缝拉裂时表现为脆性破坏，钢管拉裂时表现出一定的延性。

未加强型的 A 系列试件，弯矩最大处的根部焊缝拉断破坏（试件 A1）是预料中的破坏模式。而由于钢管与底板之间除了全熔透剖口焊缝连接，尚有一定的加强角焊缝，因而也出现钢管根部拉裂的破坏模式（试件 A2）。

贴板加强型的 B 系列试件，薄弱区在外贴钢板前端的未加强钢管处，试件破坏表现为该处的钢管被拉裂，表现出良好的延性。

BN 系列 4 个试件的最终破坏均表现为未加强钢管根部的局部压屈破坏，但两组试件的裂缝发展以及破坏过程还是有明显区别的。对于 BN-200 试件，贴板前端角部的焊缝处出现了裂缝，但在以后的加载过程中裂缝一直基本没有发展，未加强钢管根部的局部变形也并不明显，然后突然出现钢管根部的失稳破坏。而对于 BN-150 试件，贴板前端角部的焊缝处也出现了裂缝，而且在加载过程中裂缝有一定的发展，同时未加强钢管根部的局部内凹和外鼓变形十分明显，且随着荷载的反复增加局部变形不断发展，最后才表现为钢管的压屈破坏，表现出良好的延性。

4）滞回特性

图 6.5-27 为 A、B 系列典型的荷载—位移滞回曲线，可以看出，未加强型节点的滞回曲线显得瘦长、不丰满，滞回环面积很小；而贴板加强型节点的滞回曲线明显显得丰满，滞回环面积比较大。

图 6.5-28 为 A、B 系列典型的荷载—应变滞回曲线，对未加强的 A 系列试件，滞回曲线中给出了试件根部位置一个测点的结果，应变发展并不充分，滞回曲线也不丰满。对

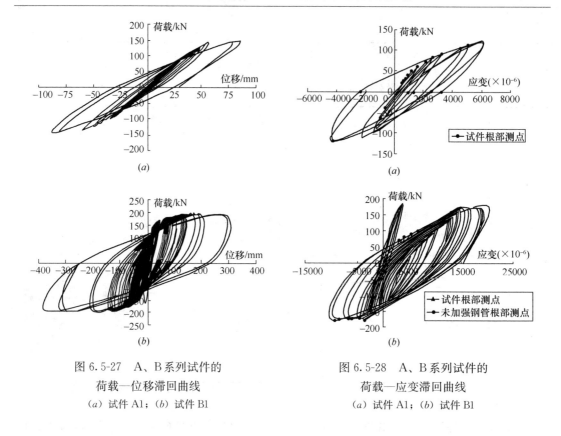

图 6.5-27　A、B 系列试件的
荷载—位移滞回曲线
(a) 试件 A1；(b) 试件 B1

图 6.5-28　A、B 系列试件的
荷载—应变滞回曲线
(a) 试件 A1；(b) 试件 B1

加强型的 B 系列试件，滞回曲线中同时给出了分别位于试件根部和未加强钢管根部的两个测点的结果。可见随着荷载的循环反复增加，试件根部的应变基本保持线性变化，滞回曲线基本没有发展；而未加强钢管根部的应变则不断发展，滞回环面积不断扩大，滞回曲线十分丰满。这表明钢管端部局部加强后，由于加强区截面惯性矩的增大，应变发展区由弯矩最大的试件根部外移到了未加强钢管的根部，即实现了塑性发展区的外移。

综合分析位移滞回曲线和应变滞回曲线，贴板加强可较为有效地改善节点的滞回特性，使节点具有较好的延性，同时可使塑性发展区外移，避免试件根部应力发展导致的根部焊缝脆性破坏。

图 6.5-29 为 BN 系列典型的荷载—位移滞回曲线，BN-200 试件的滞回曲线不丰满，滞回环面积小；而 BN-150 试件的滞回曲线显得丰满，滞回环面积比较大。

图 6.5-30 为 BN 系列典型的荷载—应变滞回曲线，图中给出了分别位于整个试件根部和未加强钢管根部的两个测点的结果。随着荷载的循环反复增加，试件根部的应变基本保持线性变化，滞回曲线没有明显发展；而未加强钢管根部的应变则不断发展，滞回环面积不断扩大，滞回曲线十分丰满。这表明钢管端部局部加强后，应变发展区由弯矩最大的试件根部外移到了未加强钢管的根部，有效实现了塑性发展区的外移。

总体上看，对由强屈比较小的钢材加工而成的钢管节点，当钢板的宽厚比较小时（150×150×6 钢管，宽厚比 23），贴板加强的方式仍可较为有效地改善节点的滞回特性，使节点具有较好的延性；但钢板宽厚比较大时（200×200×6 钢管，宽厚比 31.3），钢板的局部失稳使节点的延性较差。

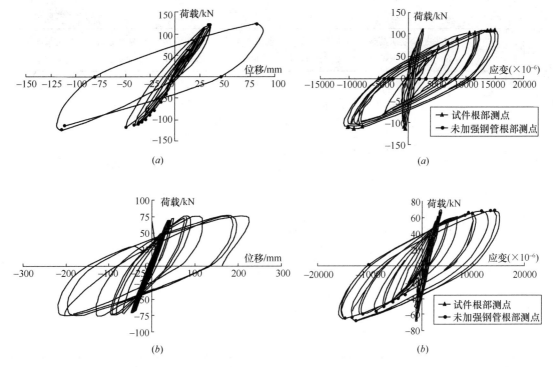

图 6.5-29　BN 系列试件的荷载—位移滞回曲线
(*a*) 试件 BN-200-1；(*b*) 试件 BN-150-2

图 6.5-30　BN 系列试件的荷载—应变滞回曲线
(*a*) 试件 BN-200-1；(*b*) 试件 BN-150-2

5) 骨架曲线和延性系数

反复荷载作用下结构的延性反映了结构或构件进入破坏阶段后，在承载力无显著降低情况下的塑性变形能力。结构或构件的延性越大，表示其耗散地震能量和承受非弹性变形的能力越强，即抗震性能越好。位移滞回曲线和应变滞回曲线的观察分析可以较为直观地、从定性的角度比较不同节点的延性，而延性系数则是反映结构或构件的延性大小的定量指标。

延性系数指结构或构件的极限位移 Δu 与屈服位移 Δy 的比值，即 $\mu = \Delta u / \Delta y$。极限位移可以根据试验实测结果确定。为确定屈服位移，先根据荷载—位移滞回曲线确定骨架曲线，将位移滞回曲线（图 6.5-27、图 6.5-29）的峰点连线，得到图 6.5-31、图 6.5-32 所示的位移骨架曲线。各试件位移骨架曲线的主要特征参数及计算求得的延性系数见表 6.5-8 及表 6.5-9。

A、B 系列试件的骨架曲线特征值实测数据及延性系数　　　　表 6.5-8

试件	百分表	加载方向	屈服荷载（kW）	屈服位移 Δy（mm）	极限荷载（kN）	极限位移 Δu（mm）	延性系数 $\Delta u/\Delta y$	平均延性系数
A1	表 1	正向	140	31.8	145	46.5	1.46	1.35
		反向	130	31.3	140	40.7	1.30	
	表 2	正向	140	34.0	145	46.0	1.35	
		反向	135	30.2	140	38.4	1.27	

323

试件	百分表	加载方向	屈服荷载（kW）	屈服位移Δy(mm)	极限荷载（kN）	极限位移Δu(mm)	延性系数Δu/Δy	平均延性系数
A2	表1	正向	150	34.7	165	98.1	2.83	2.96
		反向	145	38.6	165	116.7	3.02	
	表2	正向	145	33.0	165	99.4	3.01	
		反向	140	39.4	165	117.0	2.97	
B1	表1	正向	160	46.4	195	321.0	6.92	8.16
		反向	155	31.3	195	291.5	9.31	
	表2	正向	160	42.2	195	302.0	7.16	
		反向	160	28.5	195	263.0	9.23	
B2	表1	正向	155	31.6	195	295.7	9.36	9.33
		反向	155	32.0	195	303.0	9.47	
	表2	正向	155	31.5	195	276.0	8.76	
		反向	160	37.3	195	363.0	9.73	

BN 系列试件的骨架曲线特征值实测数据及延性系数　　　表 6.5-9

试件	百分表	加载方向	屈服荷载（kW）	屈服位移Δy（mm）	极限荷载（kN）	极限位移Δu（mm）	延性系数Δu/Δy	平均延性系数
BN-200-1	表1	正向	120	34.3	125	113.6	3.31	3.04
		反向	115	41.7	125	115.3	2.76	
	表2	正向	120	36.9	125	111.3	3.02	
		反向	110	34.6	125	105.9	3.06	
BN-200-2	表1	正向	110	30.0	120	41.9	1.40	3.33
		反向	115	38.0	122	200.7	5.28	
	表2	正向	115	34.4	120	43.0	1.25	
		反向	115	37.9	122	203.9	5.38	
BN-150-1	表1	正向	70	42.1	78	361.3	8.58	8.32
		反向	70	47.6	72	383.8	8.06	
	表2	正向	70	42.9	78	365.4	8.52	
		反向	70	47.1	72	382.1	8.11	
BN-150-2	表1	正向	68	40.3	71	374.1	9.28	6.69
		反向	68	41.0	75	218.8	5.34	
	表2	正向	71	50.9	71	369.5	7.26	
		反向	71	46.0	75	224.1	4.87	

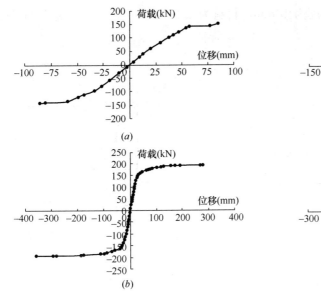

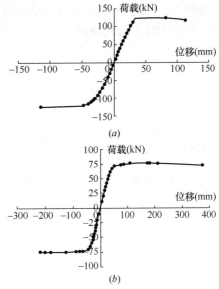

图 6.5-31　A、B 系列试件的荷载—位移骨架曲线
(a) 试件 A1；(b) 试件 B2

图 6.5-32　BN 系列试件的荷载—位移骨架曲线
(a) 试件 BN-200-1；(b) 试件 BN-150-2

总体上看，BN-150 试件的延性系数较大（平均 7.5，已接近钢材强屈比达 1.4 的贴板加强型节点的平均延性系数 8.7），表明其具有良好的延性；而 BN-200 试件的延性系数较低，说明钢板宽厚比过大所导致的失稳破坏不利于实现节点的延性，工程设计中应对其有所限制。

试验结果均表明，贴板加强型节点可有效改善节点的延性。国家游泳中心的多面体空间刚架已采用这种加强方式。

6）结论

贴板加强型节点方式可较为有效地改善节点的滞回特性，使节点具有较好的延性，同时可使塑性发展区外移，避免试件根部应力发展导致的焊缝脆性破坏。

对连接方式的延性系数分析进一步从定量的角度表明，未加强型节点的延性较差，贴板加强型节点的延性有明显改善，使塑性发展区外移，有利于实现"强节点弱构件"的设计思想。

对由强屈比较小（1.17）的钢材加工而成的钢管节点，采用贴板加强的方式仍能有效改善节点的延性，

为使钢管节点具有良好的延性，工程设计中应对钢管的板件宽厚比进行一定的限制，否则钢板本身的局部失稳不利于实现节点的延性。

（2）圆钢管受弯连接贴板加强型节点[28]

1）试件形式

D1、DZ、D3：为圆钢管试件，采用 $\phi219\times6mm$ 圆钢管。

E1、E2：为方钢管试件，采用 200mm×200mm×10mm 焊接管，材料均为 Q345C。

总体尺寸见图 6.5-33，钢管通过全熔透坡口焊缝与底板相连，试件底部的钢管四周分别外贴 1 块下部矩形、上部梯形的钢板，贴板与钢管及底板采用角焊缝连接但前端不

焊。外贴钢板尺寸见图 6.5-34，厚度为 10mm，材料为 Q235，其中圆钢管的贴板从 $\phi219\times10$mm 的钢管上直接裁取。

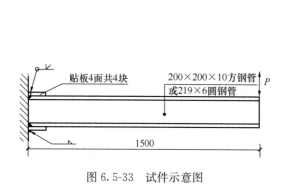

图 6.5-33　试件示意图　　　　图 6.5-34　贴板形状、尺寸与焊接要求

2）试验方法

同（1）。

3）试验结果及试件破坏形态

各试件在低周反复荷载作用下的受力过程类似，首先由弹性工作阶段进入弹塑性工作阶段，在此前后出现裂缝且裂缝不断发展，最后达到破坏阶段。表 6.5-10 所示为 5 个试件的主要受力过程及破坏形态，试件破坏照片见图 6.5-35。

5 个试件的主要受力过程及破坏形态　　　　表 6.5-10

试件	塑性阶段		开裂阶段			破坏阶段		
	荷载（kN）	反复周次	荷载（kN）	反复周次	裂缝发展情况	荷载（kN）	反复周次	破坏形态描述
D1	50	17	58	26	一侧梯形贴板前端 1 个角部的焊缝处出现裂缝，逐渐向钢管母材发展	64	34	裂缝由焊缝发展进入钢管母材，未加强钢管底部彻底被压屈，试件丧失承载能力
D2	50	17	60	21	一侧贴板的前端角部焊缝处出现裂缝，逐渐向钢管母材发展	64	28	裂缝由焊缝发展进入钢管，未加强钢管底部被压屈，试件丧失承载能力
D3	50	17	58	25	一侧贴板前端角部的焊缝处出现裂缝，逐渐向钢管母材发展	64	30	裂缝由焊缝发展进入钢管，未加强钢管底部被压屈，试件丧失承载能力
E1	140	19	100	10	贴板前端的 1 个角部的角焊缝出现裂缝，逐渐向钢管母材发展	178	44	裂缝发展进入钢管母材，未加强钢管底部受压侧的翼缘板以及两侧腹板均被压屈，试件失去承载能力
E2	140	19	140	19	贴板前端 1 个角部的焊缝处出现裂缝，逐渐向钢管母材发展	191	47	裂缝由焊缝发展进入钢管母材，管受压侧的翼缘板以及两侧翼板均被压屈，试件失去承载能力

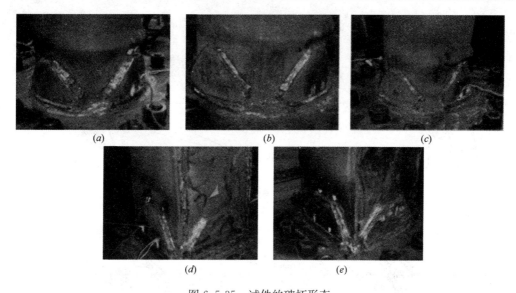

图 6.5-35 试件的破坏形态

(*a*) 试件 D1；(*b*) 试件 D2；(*c*) 试件 D3；(*d*) 试件 E1；(*e*) 试件 E2

试验结果分析：

5 个试件的加载过程与破坏形式有类似之处。随着反复荷载的增加，在贴板前端的 1 个角部位置首先出现角焊缝开裂进而裂缝发展至钢管母材；加载过程中裂缝有一定的发展，但直到试件破坏，裂缝开展仍不显著，从试验过程看，裂缝的出现与发展对试件的承载没有明显影响。而同时，未加强钢管根部的局部内凹外鼓变形十分明显，且随着荷载的反复增加局部变形不断发展，各试件的最终破坏均表现为未加强钢管根部的局部压屈破坏，表现出良好的延性。

上述破坏形式与采用 4 面围焊矩形贴板的节点完全不同，后者是由于贴板角部的裂缝不断发展最后导致未加强区根部钢管的拉裂。从耗能的角度，通过屈服后钢管的局部反复变形来消耗能量显然优于钢管母材的拉裂。这表明，由于取消了贴板前端焊缝，可避免焊接引起的钢材材性变化影响到钢管的整个横断面，从而有效减少焊接的不利影响，同时采用梯形贴板避免了节点附近的刚度突变。因此，对贴板加强节点的改进有利于进一步改善节点的抗震延性性能。

从加载过程看，圆钢管节点的延性小于方钢管节点。这一方面是由于方钢管翼缘板的局部变形受到腹板的约束，且翼缘局部压屈后腹板尚能继续承载，而圆钢管的局部变形缺乏有效约束；另一方面是由于试验中圆钢管的壁厚较薄，不利于延性的发展，若壁厚增加，延性可望进一步改善。

因此，为确保节点具有良好的延性，对方钢管的板件宽厚比应有一定限制，对圆钢管的径厚比也应有一定的限制。

4）滞回特性

图 6.5-36 给出了各试件的荷载—位移滞回曲线。试件 D1、D2、D3 的滞回曲线比较相似，都存在比较瘦长的滞回环突然加宽的现象。这是由于加载步长较大（受控制加载的压力表精度限制，最小加载步长取为 2kN），导致试件变形增长较快、破坏也比较突然。E1 和 E2 试件的滞回曲线都比较丰满，而且滞回环的发展是逐渐丰满的过程。

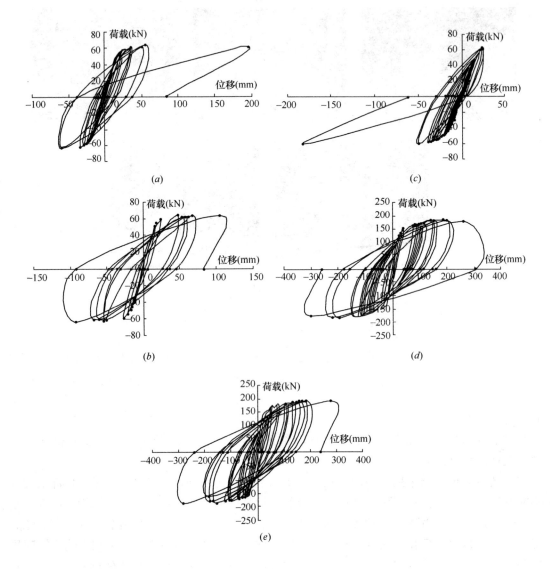

图 6.5-36　各试件的荷载—位移滞回曲线
(*a*) 试件 D1；(*b*) 试件 D2；(*c*) 试件 D3；(*d*) 试件 E1；(*e*) 试件 E2

　　总体上看，5 个试件的滞回曲线都比较丰满，滞回环面积较大，说明这 5 个试件都具有较好的延性。

　　图 6.5-37 给出了各试件的荷载—应变滞回曲线，每个图中给出了分别位于整个试件根部（测点 1 或 2）和未加强钢管根部（测点 3 或 4）的结果。由图可见，试件根部的应变随着荷载的循环反复增加基本保持线性变化，滞回曲线没有明显发展；而未加强钢管根部的应变则随着荷载的循环增加不断发展，滞回环面积不断扩大，滞回曲线十分丰满。这表明钢管端部局部加强后，由于加强区截面惯性矩的增大，应变发展区由弯矩最大的试件根部外移到了未加强钢管的底部，从而有效实现了塑性发展区的外移。

　　5）骨架曲线和延性系数

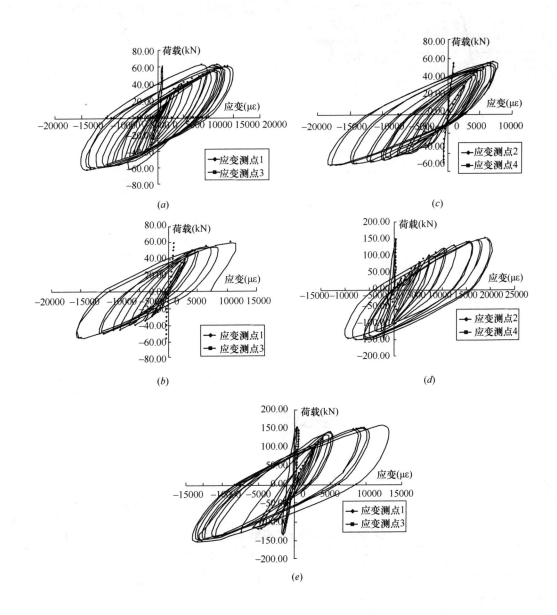

图 6.5-37　各试件的荷载—应变滞回曲线
(*a*) 试件 D1；(*b*) 试件 D2；(*c*) 试件 D3；(*d*) 试件 E1；(*e*) 试件 E2

　　各试件的骨架曲线（见图 6.5-38）表现出比较一致的特点：试验节点在低周反复荷载作用下，经历了弹性阶段、屈服阶段，达到极限荷载而破坏；在由弹性阶段向屈服阶段的发展过程中骨架曲线上存在一个比较明显的拐点，该点即认为是屈服点，它所对应的荷载和位移分别为屈服荷载和屈服位移。各试件位移骨架曲线的主要特征参数及计算求得的延性系数见表 6.5-11（百分表表 1、表 2 分别布置于试件受弯方向的两侧）。

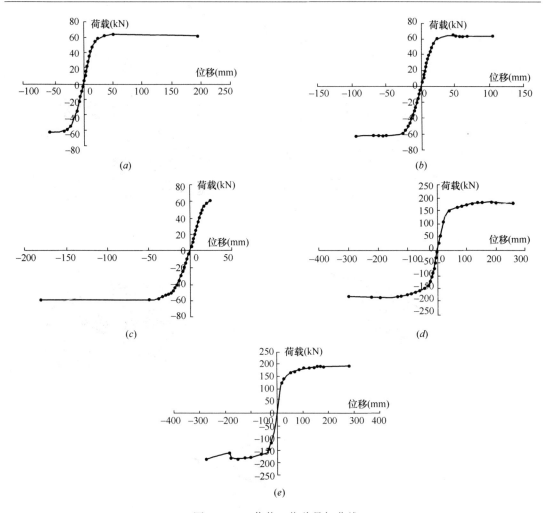

图 6.5-38　荷载—位移骨架曲线

(a) 试件 D1；(b) 试件 D2；(c) 试件 D3；(d) 试件 E1；(e) 试件 E2

试件的骨架曲线特征值实测数据及延性系数　　　　　　　表 6.5-11

试件	百分表	加载方向	焊缝开裂荷载 (kN)	屈服荷载 (kW)	屈服位移 Δy(mm)	试件最大荷载 (kN)	试件破坏荷载 (kN)	极限位移 Δu(mm)	延性系数 $\Delta u / \Delta y$	平均延性系数
D1	表1	正向	58	50	15.69	64	62	195.06	12.43	7.55
		反向	60	52	19.37	64	64	60.78	3.14	
	表2	正向	58	52	18.38	64	64	61.36	3.34	
		反向	60	50	17.38	64	62	196.09	11.28	
D2	表1	正向	62	50	15.23	65	64	105.67	6.94	5.87
		反向	60	50	17.28	64	64	93.14	5.39	
	表2	正向	60	50	16.75	64	64	94.96	5.67	
		反向	62	55	19.58	64	64	107.29	5.48	

续表

试件	百分表	加载方向	焊缝开裂荷载(kN)	屈服荷载(kW)	屈服位移 Δy(mm)	试件最大荷载(kN)	试件破坏荷载(kN)	极限位移 Δu(mm)	延性系数 $\Delta u/\Delta y$	平均延性系数
D3	表1	正向	60	52	16.02	62	62	25.17	1.57	5.97
		反向	58	44	17.70	60	60	182.14	10.29	
	表2	正向	58	42	15.96	60	60	163.18	10.22	
		反向	60	48	15.46	62	62	27.54	1.78	
E1	表1	正向	175	130	26.66	185	178	260.43	9.77	10.21
		反向	180	140	27.59	185	178	300.15	10.88	
	表2	正向	180	140	26.66	185	178	291.37	10.93	
		反向	175	130	26.66	185	178	246.94	9.26	
E2	表1	正向	170	140	24.69	191	191	281.49	11.40	10.14
		反向	145	130	27.62	185	186	279.82	10.13	
	表2	正向	145	160	38.18	185	186	278.56	7.29	
		反向	170	140	24.39	191	191	286.28	11.74	

三个圆钢管试件的平均延性系数为 6.5，两个方钢管试件的平均延性系数达 10.2。这从定量的角度证明，采用改进的贴板加强方式可进一步改善节点的延性。

6) 结 论

与 4 面围焊的矩形贴板相比，采用前端不焊的梯形贴板对方钢管杆端进行加强，可有效减少由于焊接引起的母材材性改变所带来的不利影响，节点的破坏形式由未加强区根部的钢管拉裂改变为未加强区底部钢管的局部压曲破坏，节点的耗能能力更强、延性更好。

对圆钢管连接节点，采用改进的贴板加强方式也能有效地改善节点的延性。为确保圆钢管节点的良好延性，应对钢管径厚比进行一定的限制。

参 考 文 献

[1] 《钢结构的脆性断裂和疲劳》，教材，道客巴巴
[2] 《焊接吊车梁腹板开裂原因及防止措施》，钢结构，2010.1，夏光军
[3] 《循环载荷下钢结构焊接接头的疲劳失效分析》，山西建筑，2009.6，王晓锋等
[4] 《大跨度斜拉桥正交异性板疲劳试验研究》，钢结构，2009.05，荣振环等
[5] 《苏通大桥钢箱梁桥面板关键构造细节疲劳试验》，桥梁建设，2007.4，周建林等
[6] 《天兴州桥正交异性板焊接部位疲劳性能研究》，中国铁道科学，2008.2，荣振环等
[7] 《上海长江大桥索梁锚固区疲劳分析研究》，世界桥梁，2009 年增刊 1，戴清
[8] 《湛江海湾大桥索梁锚固结构的疲劳试验研究》，中外公路，2006 年 10 月，卫星等
[9] 《钢箱梁斜拉桥索梁锚固区的抗疲劳性能试验研究》，工程力学，2007.8，包立新等
[10] 《TMCP 钢焊接接头疲劳裂纹扩展特性试验研究》，中国造船，2009.11，曹军等
[11] 《海洋平台用钢 D36 超大厚度焊接接头 CTOD 试验》，焊接学报，2007.8，王志坚等
[12] 《中外海工水工重大事故分析》，石油科技论坛，2006.4，袁中立等
[13] 《海洋钢结构韧性问题与 CTOD 试验技术》，钢结构，2008.2，苗张木等
[14] 《港深西部通道钢箱梁低温 CTOD 试验》，钢结构，2005.3，苗张木等

［15］　《大厚度 TMCP 钢焊接接头 CTOD 试验》，2009 全国钢结构学术年会论文集，2009.10，虞毅等

［16］　《海洋平台用钢及其焊接接头的韧性研究》，船海工程，2010.10，粟京等

［17］　《裂纹尖端张开位移试验在导管架建造中的应用》，武汉理工大学学报（交通科学与工程版）2006.4，No.2，苗张木等

［18］　《FPSO 模块支墩焊接接头低温 CTOD 韧度试验研究》，中国造船，2007.9（第 3 期），苗张木

［19］　《钢箱梁焊接接头的断裂韧度评定》，焊接学报，2006.4，苗张木等

［20］　《地震作用下焊接节点超低周疲劳断裂问题的工程评估办法（日本焊接工程学会）》，钢结构，2010 增刊，彭洋等

［21］　《地震载荷下钢结构焊接接头断裂行为的研究及评估》，豆丁网，卢庆华

［22］　《钢结构梁柱连接节点抗震性能研究进展》，福州大学学报（自然科学版），2011 年 10 月，吴兆旗等

［23］　《焊接钢结构梁柱节点地震下的断裂行为研究》，钢结构，2000.4，姚国春等

［24］　《〈高层民用建筑钢结构技术规程〉修订纪要》，建筑钢结构进展，2012.12，蔡益燕

［25］　《钢框架梁端翼缘板式加强型节点力学性能试验研究》，工程力学，2011.3，王燕等

［26］　《足尺钢梁柱刚性连接节点抗震性能试验研究》，建筑结构学报，2006.12，余海群等

［27］　《国家游泳中心方钢管受弯连接节点加强试验研究》，建筑结构学报，2005.12，赵阳等

［28］　《改进贴板加强的钢管受弯连接节点试验研究》，土木工程学报，2007.12，邢丽等